简明无机及分析化学

王香兰　赵秀琴　董元彦　主编

科学出版社
北京

内 容 简 介

无机及分析化学是化学类、生物类及医、药、农、环境等化学近源专业的一门重要的专业基础课程。它涵盖的内容广泛，基础性强，在四大基础化学的教学中有举足轻重的地位。本书首先从宏观上介绍分散体系的基本性质和化学反应的基本原理，进而从微观上介绍物质结构的基本知识；然后简述定量化学的基础知识，论述溶液中各种类型的化学平衡以及在滴定分析中的应用；最后对常用的仪器分析方法做了简介。本书注重无机化学与分析化学两部分内容的衔接，以及本课程与物理化学、有机化学、生物化学等其他相关课程的联系，文字叙述力求深入浅出，通俗易懂，便于自学。

本书可作为高等学校化工、材料、环境、生物、制药工程等专业教材，也可供冶金、食品、农、林、地质等相关专业使用。

图书在版编目(CIP)数据

简明无机及分析化学/王香兰，赵秀琴，董元彦主编. —北京：科学出版社，2015

ISBN 978-7-03-045262-7

Ⅰ.①简… Ⅱ.①王…②赵…③董… Ⅲ.①无机化学-高等学校-教材②分析化学-高等学校-教材 Ⅳ.①O61②O65

中国版本图书馆 CIP 数据核字(2015)第 174019 号

责任编辑：赵晓霞 / 责任校对：张小霞
责任印制：赵 博 / 封面设计：迷底书装

科学出版社出版
北京东黄城根北街 16 号
邮政编码：100717
http://www.sciencep.com
天津市新科印刷有限公司印刷
科学出版社发行 各地新华书店经销
*
2015 年 8 月第 一 版 开本：787×1092 1/16
2024 年 7 月第八次印刷 印张：14 1/2 插页：1
字数：320 000

定价：35.00 元

(如有印装质量问题，我社负责调换)

《简明无机及分析化学》编写委员会

主　编　王香兰　赵秀琴　董元彦

副主编　陈凤华　何自强　黄晓琴

编　委（按作者姓名拼音排序）

陈凤华　董元彦　何自强　黄晓琴

李耀仓　马红霞　秦中立　王香兰

张　舟　赵秀琴

前　言

近年来，国内外高等院校教学改革十分火热，教学改革的主题围绕“教学时数缩减；课程目标更新；提高学生能力和素养”开展。因此，本书在编写过程中以“层次分明、重点突出、易教好学、适用面宽”为原则，选用的内容既要适应高等院校培养目标的需要，也要适应当前学生的实际；既要适应当今无机及分析化学学科发展的趋势，又要适应无机及分析化学课程本身系统讲授的需要。在理论阐述方面，力求做到深度适当、讲解清楚。在编写方式上，在深化基础知识的基础上，增加探究性内容，以培养学生的创新精神。在总体框架上，体现出知识系统传授、能力综合培养、价值观培养的创新教育目标理念，落实立德树人根本任务。

本书注重无机化学与分析化学两部分内容的衔接，以及本课程与物理化学、有机化学、生物化学等其他相关课程的联系。全书内容包括：化学的基本原理（气体、溶液和胶体，化学热力学基础，化学反应速率与化学平衡，物质结构基础，分析化学概论等）；溶液中的化学平衡及其应用（酸碱平衡与酸碱滴定法，沉淀溶解平衡与沉淀滴定法，配位平衡与配位滴定法，氧化还原平衡与氧化还原滴定法）；重要元素及化合物以及现代仪器分析概论等内容。全书内容分为三个层次：第一层次是教学基本要求的内容；第二层次是深入提高的内容，书中用星号标出，供教学中选用；第三层次是拓宽知识面的内容，书中用小号字排版，供学生阅读参考。编写时强调对化学知识的掌握，避免不必要的推导和证明。全书计量单位采用 SI 单位制。

增加习题讨论课是缩减讲授、提高教学效果的重要途径。因此，编者花了许多精力编写习题，注意习题的多样性和难易程度，提高所选习题的质量，使所选习题既能复习、巩固所学知识，又能提高读者分析、解决问题及演算的能力，力求充分发挥习题的思考功能、操作功能和讨论功能。

参加本书编写的有王香兰（绪论、第 1 章）、马红霞（第 2 章）、赵秀琴（第 3 章）、何自强（第 4、5 章）、张舟（第 6 章）、黄晓琴（第 7 章）、秦中立（第 8 章）、陈凤华（第 9、10 章）、李耀仓（第 11 章），董元彦审阅全稿，最后由王香兰修改、定稿。

由于编者水平有限，不妥之处在所难免。诚恳地希望兄弟院校的老师和同学在使用本书后能提出宝贵意见和建议。

编　者

2023 年于武汉生物工程学院

目　　录

绪　论

0.1　化学科学研究的对象与内容

化学是最古老和涉及范围最广的学科之一。化学是研究物质的组成、结构、性质与变化的一门自然科学，研究内容包括对化学物质的分类、合成、反应、分离、表征、设计、性质、结构、应用以及它们的相互关系。尽管化学学科之间的界限不是很分明，而且相互交叉，由于研究方法目标和目的不同，有必要将化学进行分类。按传统分类，可将化学分为四大分支：无机化学、有机化学、物理化学和分析化学。

无机化学的内容为化学的基本原理，主要包括各种化学元素的性质和相关的化学反应。迄今，已发现和人工合成的化学元素已有 110 多种。有一个重要元素碳(C)，构成了化学的另外一个重要分支：有机化学。有机和无机的结合衍生出有机元素化学或称金属有机化学，主要研究有机化合物与金属(M)之间以 C—M 形成的化合物。此外，部分碳化学，包括碳的氧化物、含氧离子或碳化物等，属于无机化学研究范畴。研究化学的能量变化、反应机理、键能、分子的聚合、发生的表面和界面的反应等，可以归属为物理化学。许多令人振奋的研究成果往往出现在学科的交叉点上，无机化学与其他学科交叉，同样功不可没。这些交叉学科包括地球化学、无机生物化学、材料科学和冶金学。分析化学是进行化学研究的基础，包括定性分析和定量测定、仪器分析等。

当前，资源的有效开发利用、环境保护与治理、社会和经济的可持续发展、能源问题、生命科学、人口与健康及人类安全、高新材料的开发和应用等向化学科学工作者提出一系列重大的挑战性难题，迫切需要化学家在更深、更高层次上进行化学的基础和应用基础研究，发现和创造出新的理论、方法和手段，并从学科自身发展和为国家目标服务两个方面不断提出新的思路和战略设想，以适应 21 世纪科学发展的需求。

0.2　化学与其他学科的关系

化学是重要的基础科学之一，在与物理学、生物学、自然地理学、天文学等学科的相互渗透中，得到了迅速的发展，也推动了其他学科和技术的发展。例如，核酸化学的研究成果使今天的生物学从细胞水平提高到分子水平，建立了分子生物学；对各种星体的化学成分的分析，得出了元素分布的规律，发现了星际空间有简单化合物的存在，为天体演化和现代宇宙学提供了实验数据，还丰富了自然辩证法的内容。

化学是一门实用的学科，它与数学、物理等学科共同成为自然科学发展的基础。化学的核心知识已经应用于自然科学的各个区域。化学是创造自然、改造自然强大力量的重要支柱。目前，化学家运用化学的观点来观察和思考社会问题，用化学的知识来分析和解决社会问题，如能源问题、粮食问题、环境问题、健康问题、资源与可持续发展等。

化学与其他学科的交叉与渗透产生了很多边缘学科，如生物化学、地球化学、宇宙化学、海洋化学、大气化学等，使得生物、电子、航天、激光、地质、海洋等科学技术迅猛发展。

21世纪是生命科学的世纪，因此，对生命构成体的研究成为必要。生命科学的研究在解决粮食、能源、人体健康等人类社会主要问题中有重要作用。生命科学的研究离不开化学的研究，它是生物学、化学、物理学、数学、医学、环境学等学科之间互相渗透形成的交叉学科，缺一不可。

化学家曾从大量的动植物体中分离、提纯化学物质，并应用于人们的生产和生活之中（实用），目前此类工作仍在大量进行。现在，人们已经开始开展从海洋生物体内分离、提取和提纯化合物，这些化合物的分离和结构确定也体现出化学的创造性。通常，我们不可能从动植物体中分离得到大量新的药物，因为这种做法不但破坏性极强，而且造价昂贵。取而代之，化学家用其他简单化合物，通过化学合成，制备出新的化合物，达到临床应用的目的。有时，天然化合物的结构可以通过创造性的化学合成而改变，进而考察性质方面的改善。生物可产生强烈的抗生素，防止和治疗细菌的侵害，人们同样可以模仿生物，合成出这样的抗生素，用于预防和治疗由细菌感染而引起的疾病。化学家涉足的工业领域如下所示。

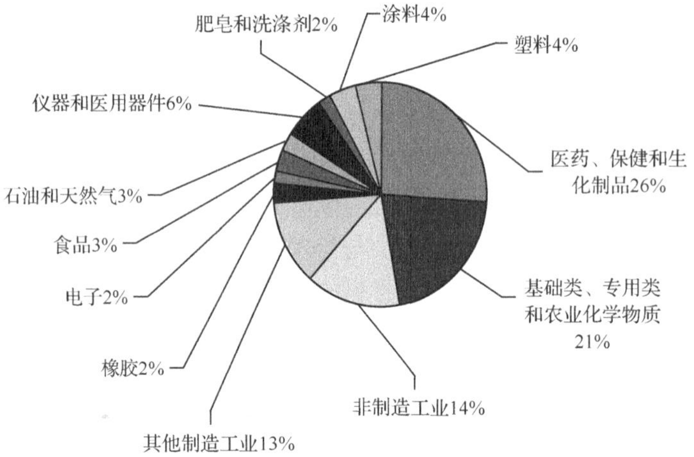

0.3 无机及分析化学的学习方法

无机及分析化学是化学类、生物类及医、药、农、环境等化学近源专业的一门重要的专业基础课程。它涵盖的内容广泛，基础性强，在化学的教学中有举足轻重的地位。本课程体系包括绪论，气体、溶液和胶体，化学热力学基础，化学反应速率与化学平衡，物质结构基础，分析化学概论，酸碱平衡与酸碱滴定法，沉淀溶解平衡与沉淀滴定法，配位平衡与配位滴定法，氧化还原平衡与氧化还原滴定法，重要元素及化合物，现代仪器分析概论等模块。这些模块有机地综合了无机化学、分析化学两门基础化学课程的内容。学习这门课的主要方法是：

(1) 有动力:做任何事情都需要有动力,学习化学同样要有动力,只有明确了为什么要学化学,自己想学化学,才有可能学好化学。通过系统学习无机化学、分析化学的基本原理,并能够初步地应用这些理论的结论从宏观的角度(涉及热力学原理及化学平衡原理)及从微观的角度(涉及结构原理及元素周期律)去学习、研究无机物的性质及其变化规律,并运用有关原理去研究、讨论、说明、理解、预测相应的化学事实,从而培养思考问题、提出问题、分析问题、解决问题的能力。

(2) 重视实践的指导作用:做好实验,认真完成作业,善于思考,学会自学。

(3) 讲究方法:找出最适合自己的学习方法。在学习的过程中,应努力学习前人是如何进行观察和实验的,是如何形成分类法、归纳成概念、原理、理论的,并不断体会、理解创造的过程,形成创新的意识,努力去尝试创新。在学习的过程中,应努力把握学科发展的最新进展,努力将所学的知识、概念、原理和理论理解新的事实,思索其中可能存在的矛盾和问题,设计并参与新的探索。针对大学学习特点,提出如下要求:

a. 课堂认真听讲,跟上教师讲授思路,有不懂的问题暂且放下,待课后解决,否则,由于讲授速度快,容易积累更多的疑难问题。

b. 作好课堂笔记,留下一定的空白处,做标记,提出问题,写出结论。

c. 化学是以实验为基础的学科,实验对于理论的理解十分重要。

第 1 章　气体、溶液和胶体

1.1　分　散　系

气态、液态和固态是物质单独存在的三种基本形式。此外，我们还常看到一种（或多种）物质分散于另一种物质的形式，这种形式称为分散系。例如，氯化钠溶解于水中形成氯化钠溶液，黏土微粒分散在水中成为泥浆，奶油分散在水中成为牛奶等。在分散系中，被分散了的物质称为分散质，而容纳分散质的物质称为分散剂。例如，氯化钠溶液中氯化钠为分散质，水为分散剂。分散质和分散剂都可以是气态、液态或固态，从而形成不同的分散系。例如，泡沫就是气态分散于固态中形成的。

分散系可根据分散质粒子尺寸大小分为溶液、胶体和粗分散系，见表 1-1。

表 1-1　分散系的分类

分散质粒子大小/nm	分散系类型	分散质	实例
<1	溶液	分子、离子	氯化钠、氢氧化钠等水溶液
1～100	胶体（含高分子溶液和胶体溶液）	高分子或胶团	蛋白质、$Al(OH)_3$、AgI
>100	粗分散系（含悬浊液和乳浊液）	分子的大聚集体	牛奶、泥浆、乳汁

1.2　气　　体

1.2.1　理想气体状态方程

假设有一种气体，它的分子只有位置而不占有体积，是一个具有质量的几何点；并且分子之间没有相互吸引力，分子之间及分子与器壁之间发生的碰撞不造成动能损失。这种气体称为理想气体。

研究结果表明，在高温、低压条件下，许多实际气体很接近于理想气体。因为在上述条件下，气体分子间的距离相当大，于是一方面造成气体分子自身体积与气体体积相比可以忽略，另一方面也使分子间的作用力显得微不足道。尽管理想气体是一种人为的模型，但它具有十分明确的实际背景。

经常用来描述气体性质的物理量有压力（p）、体积（V）、温度（T）和物质的量（n），其关系如下：

$$pV = nRT \tag{1-1}$$

式(1-1)称为理想气体状态方程。在国际单位制中，p 以 Pa，V 以 m^3，T 以 K 为单位，此时 R 为 8.314$J \cdot mol^{-1} \cdot K^{-1}$。

1.2.2　道尔顿分压定律

1801 年，道尔顿(Dalton)指出，混合气体的总压等于组成混合气体的各气体的分压之和，称为道尔顿分压定律。分压是指混合气体中的某种气体单独占有混合气体的体积时所呈现的压力。

$$p_{总} = \sum p_i = p_1 + p_2 + p_3 + \cdots \tag{1-2}$$

根据分压的定义，应有关系式

$$p_i V_{总} = n_i RT$$

混合气体的状态方程可写成

$$p_{总} V_{总} = nRT$$

以上两式相除，得

$$\frac{p_i}{p_{总}} = \frac{n_i}{n}$$

$\frac{n_i}{n}$ 用 x_i 表示，称为混合气体中某气体的摩尔分数，则上式可变形为

$$p_i = x_i p_{总} \tag{1-3}$$

式(1-3)表明了分压与混合气体组成之间的关系。

1.3　溶　　液

NaOH 无论是浓溶液还是稀溶液都为碱性，而有些溶液的性质则与溶质和溶剂的相对含量有关。例如，H_2SO_4 的浓溶液具有氧化性，稀溶液却没有氧化性，只显酸性。饱和溶液中溶质的含量可以用溶解度表示；对于非饱和溶液，则需要标明其浓度。溶液的浓度就是指一定量的该溶液中所含溶质的量。

1.3.1　溶液浓度的表示方法

1. 质量浓度

溶质 B 的质量(m_B)除以溶液的体积(V)，称为 B 的质量浓度，用符号 ρ_B 表示，其 SI 单位为 $kg \cdot m^{-3}$。

$$\rho_B = \frac{m_B}{V} \tag{1-4}$$

2. 物质的量浓度

溶质 B 的物质的量(n_B)除以溶液的体积(V)，称为 B 的物质的量浓度，简称浓度，用

符号 c_B 表示，其 SI 单位为 $mol \cdot m^{-3}$，但常用单位为 $mol \cdot L^{-1}$。

$$c_B = \frac{n_B}{V} \tag{1-5}$$

值得注意的是，凡是与物质的量有关的浓度，都必须标明 B 的基本单元。在不至于引起混淆的情况下，物质的量浓度可简称浓度。

3. 质量摩尔浓度

溶质 B 的质量摩尔浓度 b_B 定义为溶质 B 的物质的量（n_B）除以溶剂 A 的质量（m_A），其 SI 单位为 $mol \cdot kg^{-1}$。

$$b_B = \frac{n_B}{m_A} \tag{1-6}$$

4. 质量分数

溶质 B 的质量分数 w_B 定义为 B 的质量（m_B）与溶液的质量（m）的比值，也称为质量百分浓度，是量纲为一的量。

$$w_B = \frac{m_B}{m} \tag{1-7}$$

5. 摩尔分数

溶质 B 的摩尔分数 x_B 定义为 B 的物质的量（n_B）与溶液总的物质的量（n）之比，其中 $n = \sum n_i$。摩尔分数又称物质的量分数，也是量纲为一的量。

$$x_B = \frac{n_B}{n} \tag{1-8}$$

如果溶液由溶质 B 和溶剂 A 组成，则 $x_A + x_B = 1$。

【例 1-1】 293K 时，质量分数为 98.3%的浓硫酸密度为 $1.84g \cdot mL^{-1}$，试求其物质的量浓度。

解 已知 $w_{H_2SO_4} = 98.3\%$，假设取质量为 m(g)该溶液，则

$$c_B = \frac{n_B}{V} = \frac{\dfrac{m_{H_2SO_4}}{M_{H_2SO_4}}}{\dfrac{m_{溶液}}{\rho_{溶液}} \times 10^{-3}} = \frac{1000 \times m_{H_2SO_4} \times \rho_{溶液}}{M_{H_2SO_4} \times m_{溶液}} = \frac{1000 \times m \times w_{H_2SO_4} \times \rho_{溶液}}{M_{H_2SO_4} \times m}$$

$$= \frac{1000 \times w_{H_2SO_4} \times \rho_{溶液}}{M_{H_2SO_4}} = \frac{1000 \times 98.3\% \times 1.84}{98} = 18.5(mol \cdot L^{-1})$$

从此题可以看出，$c_B = \dfrac{1000 \times w_B \times \rho}{M_B}$ 可作为 c_B 和 w_B 之间的关系转换公式直接应用。

1.3.2 固体在液体中的浓度

当反应中有固体物质参加时，分子间的碰撞只能在固体表面进行，固体的物质的量浓

度对反应速率和平衡没有影响，因此，固体在液体中的“浓度”作为常数处理。

1.4 难挥发非电解质稀溶液的依数性

难挥发非电解质稀溶液某些性质与溶质的种类无关，只与溶液的浓度有关，称为依数性。

1.4.1 溶液的蒸气压下降

1. 饱和蒸气压

在一定温度下，将适量水置于密闭容器中。由于水分子的热运动，一些动能较大的水分子会从液面逸出，进入气相，这个过程称为蒸发。同时，气相中的水分子不停地运动，碰到水面又变为液态水，这个过程称为凝聚。随着液面上方气态水分子数量增多，它们凝结成液态水的速率也增大。当气态水分子的量达到一定数值时，蒸发速率和凝聚速率相等，达到动态平衡。此时液面上方气态水分子所产生的压力称为该温度下水的饱和蒸气压，简称水的蒸气压，用符号 p 表示，单位为 Pa 或者 kPa。其他液体也有蒸气压。

饱和蒸气压与物质的本性和外界温度有关。在同一温度，不同物质具有不同的饱和蒸气压。例如，在 293K，H_2O 和 $(C_2H_5)_2O$ 的饱和蒸气压分别是 2.43kPa 和 57.6kPa。同一物质的饱和蒸气压随温度的升高而增大。这是因为温度越高，液体分子的动能增大，能够离开液面而进入气相的液体分子就越多，导致饱和蒸气压增大。表 1-2 列举了水在不同温度下的饱和蒸气压。

表 1-2 水在不同温度下的饱和蒸气压

T/K	p/kPa	T/K	p/kPa	T/K	p/kPa
273	0.61	323	12.33	373	101.3
283	1.23	333	19.92	383	143.3
293	2.33	343	31.16	393	198.6
303	4.18	353	47.34	403	270.1
313	7.38	363	70.10	413	361.4

在任一指定温度下，固体的饱和蒸气压也有确定的数值。大多数固体的蒸气压都很小，但冰、碘、樟脑等均有较显著的蒸气压，其蒸气压也随温度的升高而增大。冰的一些蒸气压数据见表 1-3。

表 1-3 冰在不同温度下的饱和蒸气压

T/K	253	263	265	267	269	271	273
p/kPa	0.11	0.27	0.31	0.37	0.44	0.52	0.61

2. 溶液的蒸气压

如果向水里加入一些难挥发的非电解质（如蔗糖），溶液的饱和蒸气压总是低于同温度下纯溶剂的饱和蒸气压，这种现象称为溶液的蒸气压下降。因为溶质难挥发，所以溶液的蒸气压实际上是溶剂的蒸气压。

溶液的蒸气压下降是因为在溶剂中加入难挥发的非电解质溶质后，溶质分子占据了部分液面，使单位时间内从液面逸出的溶剂分子数减少，所以溶剂的蒸发速率减小，在较低的蒸气压下气相和液相达到平衡。溶液的浓度越大，占据液面的难挥发溶质分子越多，溶液的蒸气压下降就越显著(图 1-1)。

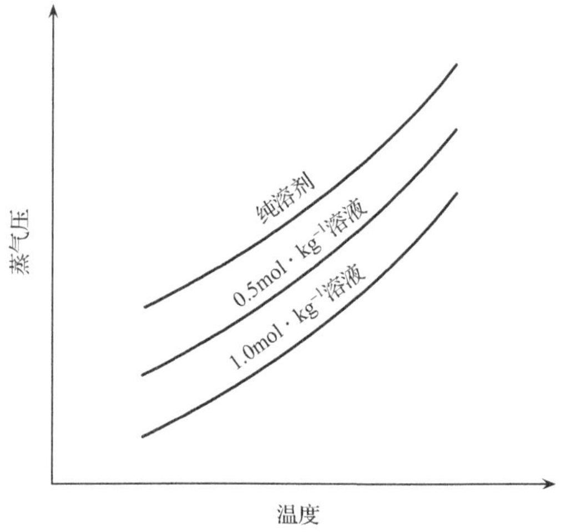

图 1-1　纯溶剂与溶液的饱和蒸气压曲线

3. 拉乌尔定律

在 1887～1888 年期间，法国化学家拉乌尔(Raoult)研究了几十种溶液蒸气压下降与浓度的关系，总结出如下规律：在一定温度下，难挥发非电解质稀溶液的蒸气压下降(Δp)与溶质的摩尔分数(x_B)成正比，而与溶质的本性无关。这个定律称为拉乌尔定律，其数学表达式为

$$\Delta p = p_A^\ominus - p = p_A^\ominus - p_A^\ominus x_A = x_B p_A^\ominus = \frac{n_B}{n_A + n_B} p_A^\ominus \tag{1-9}$$

式中，Δp 为溶液的蒸气压下降值，常用单位为 kPa；$p_A^\ominus$ 和 p 分别为纯溶剂和溶液在相同温度下的蒸气压，常用单位为 kPa；x_A、x_B 分别为 A、B 的摩尔分数；n_A 和 n_B 分别为溶剂和溶质的物质的量，SI 单位为 mol。

对于稀溶液，$n_A \gg n_B$，$n_A + n_B \approx n_A$，则由式(1-9)可得

$$\Delta p = x_B p_A^\ominus \approx \frac{n_B}{n_A} p_A^\ominus$$

如果溶剂的质量为 m_A，溶剂的摩尔质量为 M_A，则

$$x_B = \frac{n_B}{n_A + n_B} \approx \frac{n_B}{n_A} = \frac{n_B}{m_A/M_A}$$

因为 $b_B = \frac{n_B}{m_A}$，所以上式得

$$x_B \approx M_A b_B$$

则

$$\Delta p = p_A^\ominus - p = x_B p_A^\ominus = M_A b_B p_A^\ominus$$

对于指定的温度和溶剂，式中的 M_A 和 $p_A^\ominus$ 均为定值。令 $K = M_A p_A^\ominus$，可得

$$\Delta p \approx K \cdot b_B \tag{1-10}$$

因此，拉乌尔定律也可以表述为：在一定温度下，难挥发非电解质稀溶液的蒸气压下降值近似地与溶质 B 的质量摩尔浓度成正比。

【例 1-2】 20℃时，15.0g 葡萄糖 $C_6H_{12}O_6$（摩尔质量为 $180g \cdot mol^{-1}$）溶解于 200g 水中，试计算溶液的蒸气压。

解　根据公式 $p = p_A^\ominus x_A$ 可得

$$\begin{aligned} p &= p^\ominus x_{H_2O} = p^\ominus \frac{n_{H_2O}}{n_{H_2O} + n_{C_6H_{12}O_6}} \\ &= 2333.14 \times \frac{200/18.02}{200/18.02 + 180/15.0} \\ &= 2315.78(Pa) \end{aligned}$$

此题也可先计算出该溶液蒸气压的降低值，再与纯水的蒸气压相比较，得到溶液的蒸气压值。

1.4.2　溶液的沸点升高

1. 液体的沸点(T_b)

液体的饱和蒸气压随温度升高而增加，当它等于外界气压时，液体开始沸腾，此时的温度称为该液体的沸点。显然，外界气压越大，液体的沸点就越高。液体在 101.3kPa 下的沸点称为正常沸点。

2. 溶液的沸点升高(ΔT_b)

如图 1-2 所示，当温度升到 $T_b^\ominus$ 时，水就沸腾。向水中加入难挥发非电解质，根据拉乌尔定律，溶液的蒸气压降低，水溶液在该温度下不能沸腾；继续升高温度，以便增加溶液的蒸气压，使它重新等于外界压力，此时的溶液温度 T_b 高于纯水的沸点 $T_b^\ominus$。也就是说，含有难挥发非电解质的溶液的沸点比纯溶剂的沸点高，这一现象称为溶液的沸点升高，用符号 ΔT_b 表示。

根据拉乌尔定律，难挥发非电解质稀溶液的沸点升高值 ΔT_b 与溶质的质量摩尔浓度成正比

$$\Delta T_b = T_b - T_b^\ominus = K_b \cdot b_B \tag{1-11}$$

式中，b_B 为溶质 B 的质量摩尔浓度，单位为 $mol \cdot kg^{-1}$；$T_b^\ominus$ 和 T_b 分别为纯溶剂和溶液的沸点；ΔT_b 为溶液的沸点升高值，单位为 K；K_b 为溶剂的摩尔沸点升高常数，单位为

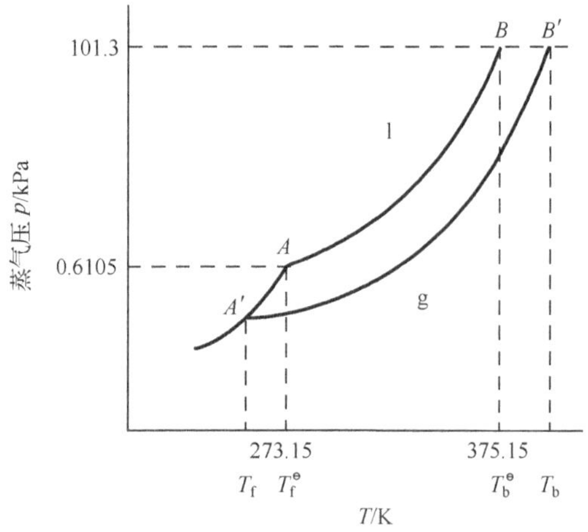

图 1-2 溶液沸点升高和凝固点下降

AB 为纯水蒸气压；*A′B′*为稀溶液蒸气压；*AA′*为冰的蒸气压

$K \cdot kg \cdot mol^{-1}$。

当 $b_B=1mol \cdot kg^{-1}$时，$\Delta T_b=K_b$。因此，某溶剂的摩尔沸点升高常数在数值上等于1mol 物质溶于 1kg 溶剂所引起的沸点升高值。其实不然，因为质量摩尔浓度为 $1mol \cdot kg^{-1}$的溶液已不是稀溶液了。实际上 K_b 数值可由稀溶液的测定值外延到质量摩尔浓度为 $1mol \cdot kg^{-1}$而获得。不同溶剂的沸点升高常数不同，列于表 1-4 中。

表 1-4 几种溶剂的 $T_b^\ominus$、K_b、$T_f^\ominus$、K_f

溶剂	$T_b^\ominus$/K	$K_b/(K \cdot kg \cdot mol^{-1})$	$T_f^\ominus$/K	$K_f/(K \cdot kg \cdot mol^{-1})$
水	373.1	0.512	273.1	1.86
乙酸	391.0	2.93	280.1	3.90
乙醇	351.4	1.22	155.8	1.99
四氯化碳	349.7	5.03	250.2	32.0
苯	353.2	2.53	278.6	5.10
乙醚	307.7	2.02	156.9	1.80
萘	491.0	5.80	353.1	6.90

溶液沸点升高有许多重要的应用。根据实验测定的溶液沸点升高数值，可求出溶质 B 的摩尔质量。若溶剂和溶质的质量分别为 m_A 和 m_B，溶质的摩尔质量为 M_B，则

$$b_B = \frac{m_B/M_B}{m_A} = \frac{m_B}{m_A \cdot M_B}$$

将上式代入式(1-11)，整理得

$$M_B = \frac{K_b}{\Delta T_b} \cdot \frac{m_B}{m_A}$$

另外，钢铁工件进行氧化热处理就是应用沸点升高原理，用每升含 550～650g NaOH

和 100～150g $NaNO_2$ 的处理液，其沸点高达 410～420K。

【例 1-3】 试计算例 1-2 中溶液的沸点。

解　根据 $\Delta T_b = K_b \cdot b_B$，得

$$\Delta T_b = K_b \cdot b_B = 0.512 \times \frac{15.0/180}{200/1000} = 0.213(\mathrm{K})$$

故该溶液的沸点为

$$T_b = 373.15 + 0.213 = 373.36(\mathrm{K})$$

即该溶液的沸点为 100.21℃。

1.4.3　溶液的凝固点降低

1. 纯液体的凝固点($T_f^{\ominus}$)

一定压力下，纯液体的固相蒸气压与液相蒸气压相等时的温度称为纯液体的凝固点。此时，固、液两相可共存。例如，常压下水和冰在 0℃时蒸气压相等，两相达到平衡，所以水的凝固点(又称冰点)是 0℃。

2. 溶液的凝固点降低(ΔT_f)

一定压力下，固态纯溶剂与液态平衡共存时的温度称为溶液的凝固点，即固相蒸气压与液相蒸气压相等时的温度。

难挥发性非电解质稀溶液的凝固点总是低于纯溶剂的凝固点，称为溶液的凝固点降低，用符号 ΔT_f 表示，这是由于溶液的蒸气压下降引起的。

$$\Delta T_f = T_f^{\ominus} - T_f = K_f \cdot b_B \tag{1-12}$$

式中，K_f 称为稀溶液的凝固点降低常数。K_f 只与溶剂本身的性质有关，与溶液的质量摩尔浓度无关。不同溶剂的凝固点降低常数不同，列于表 1-4 中。

利用凝固点降低原理，将食盐和冰(或雪)混合，可以使温度降低到 251K。氯化钙与冰(或雪)混合，可以使温度降低到 218K。这是因为当食盐或氯化钙与冰(或雪)接触时，在食盐或氯化钙的表面形成极浓的盐溶液，而这些浓盐溶液的蒸气压比冰(或雪)的蒸气压低得多，冰(或雪)则以升华或融化的方式进入盐溶液。上述过程都要吸收大量的热，使体系的温度降低。利用这一原理，可以自制冷冻剂。冬天在室外施工，建筑工人在砂浆中加入食盐或氯化钙；汽车驾驶员在散热水箱中加入乙二醇等，都是利用这一原理防止砂浆和散热水箱结冰。

溶液凝固点降低在冶金工业中也具有指导意义。一般金属的 K_f 都较大，如 Pb 的 $K_f \approx 130\mathrm{K} \cdot \mathrm{kg} \cdot \mathrm{mol}^{-1}$，但 Pb 中加入少量其他金属，Pb 的凝固点会大大降低，利用这种原理可以制备许多低熔点合金。金属热处理要求较高的温度，但又要避免金属工件受空气的氧化或脱碳，往往采用盐熔剂来加热金属工件。例如，在 $BaCl_2$(熔点 1236K)中加入 5% NaCl(熔点 1074K)作盐熔剂，其熔盐的凝固点下降为 1123K；若在 $BaCl_2$ 中加入 22.5% NaCl，熔盐的凝固点可降至 903K。

应用溶液凝固点降低还可以测定物质尤其是高分子物质的相对分子质量。

【例 1-4】 将 0.161g 某有机物溶于 40g 苯中，所得溶液的凝固点为 5.24℃，已知苯的凝固点为 5.40℃，求该有机物的摩尔质量。

解 查表 1-4 可知，苯的 $K_f=5.10K \cdot kg \cdot mol^{-1}$，则

$$\Delta T_f = T_f^{\ominus} - T_f = 5.40 - 5.24 = 0.16(K)$$

因为

$$\Delta T_f = K_f b_B$$

所以

$$b_B = \frac{\Delta T_f}{K_f} = \frac{0.161}{5.10} = 0.0316(mol \cdot kg^{-1})$$

又因为

$$b_B = \frac{n_B}{m_A} = \frac{m_B}{M_B m_A}$$

故

$$M_B = \frac{m_B}{b_B m_A} = \frac{0.161}{0.0316 \times 40} = 0.127(kg \cdot mol^{-1})$$

即该有机物的摩尔质量为 $127g \cdot mol^{-1}$。

1.4.4 溶液的渗透压

1. 渗透现象和渗透压

若用一种允许溶剂分子透过，而溶质分子不能透过的半透膜，如细胞膜、萝卜皮、肠衣、人工制备的火棉胶膜、玻璃纸及羊皮纸等，把溶液和纯溶剂隔开(图 1-3)。

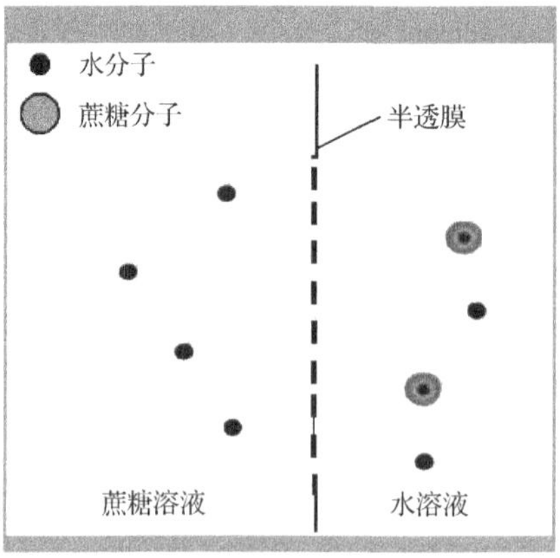

图 1-3　渗透现象与半透膜
右侧为纯水

由于膜两侧单位体积内溶剂分子数不等，单位时间内由纯溶剂进入溶液中的溶剂分

子数要比由溶液进入溶剂的多，其结果是溶液一侧液面升高。这种溶剂分子通过半透膜从纯溶剂向溶液或从稀溶液向较浓溶液的净迁移称为渗透。溶液液面升高后，静水压力随之增加，驱使溶液中的溶剂分子加速通过半透膜，当静水压增大到一定程度后，单位时间内从膜两侧透过的溶剂分子数相等，达到渗透平衡，这时溶液的液面不再变化。要使渗透现象不发生，必须在溶液一侧施加额外压力。为维持只允许溶剂分子通过膜所隔开的溶液与溶剂之间的渗透平衡而需要的最小额外压力称为溶液的渗透压。渗透压的符号为“Π”，单位为 Pa 或者 kPa。当半透膜两侧为浓度不等的同种溶液时，也可以观察到渗透现象。

半透膜的存在和膜两侧单位体积内溶剂分子数不等，即半透膜和膜两侧存在浓度差是产生渗透现象的两个必要条件。渗透的方向总是溶剂分子从纯溶剂向溶液，或是从稀溶液向浓溶液迁移，从而缩小溶液的浓度差。

若在溶液一侧施加大于渗透压的额外压力，则溶液中将有更多溶剂分子通过半透膜进入溶剂一侧。这种使渗透作用反向进行的过程称为反渗透现象。反渗透可用于海水的淡化和废水处理。

2. 范特霍夫定律

1886 年，荷兰化学家范特霍夫(van't Hoff)指出：难挥发非电解质稀溶液的渗透压与溶液浓度和温度有如下关系：

$$\Pi V = n_B RT \quad 或 \quad \Pi = c_B RT \tag{1-13}$$

式中，Π 为渗透压，单位为 kPa；c_B 为 B 的浓度，单位为 $mol \cdot L^{-1}$；R 为摩尔气体常量，其值为 $8.314kPa \cdot L \cdot mol^{-1} \cdot K^{-1}$；$T$ 为热力学温度，单位为 K。式(1-13)称为范特霍夫定律，它表明在一定温度下，稀溶液渗透压的大小仅与单位体积溶液中溶质的物质的量有关，而与溶质的本性无关。

通过测定溶液的渗透压，可以计算溶质的摩尔质量。由定义知

$$c_B = \frac{n_B}{V} = \frac{m_B/M_B}{V}$$

将上式代入式(1-13)，整理得

$$M_B = \frac{RTm_B}{\Pi V}$$

在实际工作中，当溶液浓度很低时，溶质的物质的量浓度与质量摩尔浓度在数值上近似相等。利用这个特点，可以从一种依数性的实测数据估算另一种依数性的数值。渗透压法更适用于大分子化合物(如人工合成的高聚物、天然产物、蛋白质等)的摩尔质量的测定。

【例 1-5】 在 25℃时，1.00L 溶液中含有 5.00g 蛋清蛋白，测得溶液的渗透压为 306kPa，求蛋清蛋白的摩尔质量。

解 因为 $\Pi = c_B RT$，$c_B = \frac{n_B}{V} = \frac{m_B/M_B}{V}$，所以

$$M_B = \frac{m_B}{\Pi V}RT = \frac{5.00}{306 \times 1.00} \times 8.314 \times 298 = 40.483(\text{g} \cdot \text{mol}^{-1})$$

即所求蛋清蛋白的摩尔质量为 40.483g · mol^{-1}。

1.5 胶　体

1.5.1 胶体的分类

胶体是分散质粒子(微小的粒子或液滴所组成)直径为 1～100nm 的分散系，又称胶状分散系。胶体的分散质粒子直径介于粗分散体系(如乳浊液或悬浊液)和溶液之间。

胶体可分为胶体溶液和高分子溶液两种。胶体溶液又称溶胶，按照分散剂状态不同可分为气溶胶(分散剂为气体，如烟扩散在空气中、沙尘暴、雾霾等)、液溶胶[分散剂为液体，如 $Al(OH)_3$、涂料等]、固溶胶(分散剂为固体中形成的分散体系，如有色玻璃、烟水晶、红宝石等)。高分子溶液(如蛋白质胶体等)其实是真溶液，但是因相对分子质量较大而表现出许多与胶体相同的性质，故常将其看作胶体。

1.5.2 胶体的结构

胶体具有很大的表面积，所以它具有较高的表面能。胶体粒子为了减小其表面能，会吸附体系中的其他离子。一旦胶体粒子吸附了其他离子，其表面就会带电。而带电的表面又会通过静电力与体系中其他带相反电荷的离子发生作用，从而形成一个双电层结构。例如，以稍过量的 $AgNO_3$ 与 KI 反应制备碘化银胶体时，首先 Ag^+ 与 I^- 反应生成 AgI 分子，由大量 AgI 分子聚集成 1～100nm 的颗粒，称为胶核。胶核颗粒很小，也具有较高的表面能，能有选择地吸附体系中过量的离子。根据“相似相吸”的原则，胶核优先吸附 Ag^+，因此在胶核表面就会因吸附 Ag^+ 而带正电(被胶核吸附的离子称为电位离子)。此时，由于胶核表面带有较为集中的正电荷，它会吸引带有负电的 NO_3^-。这些带相反电荷的离子称为反离子。胶核、被吸附的电位离子以及部分被较强吸附的反离子形成的整体称为胶粒，而胶粒与反离子形成的不带电的物质称为胶团。所以，AgI 胶团的结构如下：

$$[(\text{AgI})_m \cdot n\text{Ag}^+ \cdot (n-x)(\text{NO}_3^-)]^{x+} \cdot x\text{NO}_3^-$$

胶核　电位离子　反离子

吸附层　扩散层

胶粒

胶团

若以稍过量的 KI 溶液与 $AgNO_3$ 反应制备碘化银胶体，则其胶团结构又不同。应当注意的是，在制备胶体时一定要有稳定剂存在。通常稳定剂就是在吸附层中的离子。否则胶粒就会由于无静电排斥力而相互碰撞，最终聚合成大颗粒而从溶液中沉淀出来。

1.5.3　胶体的性质

胶体能发生丁铎尔(Tyndall)现象。1869年,丁铎尔在实验中发现,当光线照射到透明溶胶上时会发生散射而形成光亮的“通路”,这种现象被后人称为丁铎尔现象,可以用来区分胶体和其他分散系。

胶体能产生布朗(Brown)运动。植物学家布朗发现,溶胶中的分散质粒子在做无休止、无规则的运动,这种现象被后人称为布朗运动。这是因为分散剂粒子从各个方向对分散质粒子进行不断地碰撞,加之溶胶粒子的质量与体积都较小,容易在瞬间受到冲击后产生位移。由于无法预测粒子热运动的方向和大小,所以溶胶粒子的运动是无规则的。

在电场中,溶胶中的溶胶粒子在分散剂中发生定向迁移,这种现象称为溶胶的电泳。若溶胶粒子带正电,在电泳过程中就向阴极移动,故可以通过溶胶粒子在电场的迁移方向来判断溶胶粒子的带电性。

溶胶具有一定的稳定性,这主要是因为胶体粒子的双电层结构。当两个带同种电荷的胶粒相互靠近时,胶粒之间产生静电排斥作用,阻止胶粒相互碰撞,使溶胶趋向稳定。布朗运动也是促进溶胶稳定的原因之一。若破坏胶体粒子的双电层结构或布朗运动,胶粒会碰撞而聚结沉淀,澄清透明的溶胶就会变得浑浊,这现象称为聚沉。在溶胶中加入强电解质、溶胶本身浓度过高、溶胶被长时间加热都可以导致溶胶聚沉。电解质对溶胶的聚沉作用是改变了胶粒所带电荷,导致胶粒更容易发生碰撞而聚结沉淀。一般来说,离子价数越高,对溶胶的聚沉作用就越大。

1.5.4　胶体的应用

胶体由于具有特殊的性质,其在生产中有着广泛的用途。例如,$KAl(SO_4)_2 \cdot 12H_2O$(明矾)、$FeCl_3 \cdot 6H_2O$ 等被用作净水剂,它们对水质无明显副作用,且能在水中自然形成浓度较大的胶体。

$$AlCl_3 + 3H_2O \xlongequal{} Al(OH)_3(\text{胶体}) + 3HCl$$

利用 $Al(OH)_3$ 吸附性可以净水。

阅读材料

表面活性剂

表面活性剂是一类功能性精细化学品,因其分子的两亲结构而具有特殊的性能,它能在界面上富集和在溶液内部自聚,可形成多种形式的分子有序组合体,如胶团、反胶团、囊泡、液晶等。表面活性剂分子的有序组合体表现出多种多样的实用功能,如乳化、增溶、润湿、吸附、渗透、分散、消泡、增稠、润滑等,广泛应用于各个工业领域,被喻为“工业味精”。

表面活性剂和合成洗涤剂形成一门工业可追溯到20世纪30年代,以石油化工原料衍生的合成表面活性剂和洗涤剂打破了肥皂一统天下的局面。经过60余年的发展,1995年世界洗涤剂总产量达到4300万t,其中肥皂900万t。据专家预测,全世界人口从2000年到2050年将翻一番,洗涤剂总量将从5000万t增加到12 000万t,净增1.4倍,这是一个令人鼓舞的数字。

中国的表面活性剂和合成洗涤剂工业起始于20世纪50年代，尽管起步较晚，但发展较快。1995年洗涤用品总量已达到310万t，仅次于美国，排名世界第二位。其中合成洗涤剂的生产量从1980年的40万t上升到1995年的230万t，净增4.7倍，并以年平均增长率大于10%的速度增长。据中国权威部门统计，2015年洗涤用品总量达到1100万t。其中产量超万吨的表面活性剂品种计有：直链烷基苯磺酸钠(LAS)、脂肪醇聚氧乙烯醚硫酸钠(AES)、脂肪醇聚氧乙烯醚硫酸铵(AESA)、月桂硫酸钠(K12或SDS)、壬基酚聚氧乙烯(10)醚(TX-10)、平平加O、二乙醇酰胺(6501)硬脂酸甘油单酯、木质素磺酸盐、重烷基苯磺酸盐、烷基磺酸盐(石油磺酸盐)、扩散剂NNO、扩散剂MF、烷基聚醚(PO-EO共聚物)、脂肪醇聚氧乙烯(3)醚(AEO-3)等。

表面活性剂通过在气、液两相界面吸附降低水的表面张力，也可以通过吸附在液体界面间来降低油水界面张力。许多表面活性剂也能在本体溶液中聚集成为聚集体。囊泡和胶束都是此类聚集体。表面活性剂开始形成胶束的浓度称为临界胶束浓度(CMC)。胶束的尾形成能够包裹油滴的核，而它们的(离子/极性)头能够形成一个外壳，保持与水接触。表面活性剂在油中聚集，聚集体指的是反胶束。在反胶束中，头在核，尾保持与油的充分接触。表面活性剂通常分为四大类：阴离子、阳离子、非离子和两性离子(双电子)。表面活性剂系统的热动力学很重要，不论是理论上还是实践上。因为表面活性剂系统代表的是介于有序和无序物质状态之间的系统。表面活性剂溶液可能含有有序相(胶束)和无序相(自由表面活性剂分子和/或离子)。

例如，常用的洗涤剂能够提高水在土壤中的渗透能力，但是效果仅持续数日(许多标准洗衣粉含有一定量的化学品，如钠和溴，由于它们会破坏植物，不适于土壤)。商业土壤润湿剂会持续产生效果一段时间，最终还是会被微生物降解。然而，有一些会对水生物的生物循环产生影响，因此必须小心防止这些产品流入地表径流，过量产品不应该洗消。

表面活性剂由于具有润湿或抗黏、乳化或破乳、起泡或消泡以及增溶、分散、洗涤、防腐、抗静电等一系列物理化学作用及相应的实际应用，成为一类灵活多样、用途广泛的精细化工产品。表面活性剂除了在日常生活中作为洗涤剂，其他应用几乎可以覆盖所有的精细化工领域。

在配方中，表面活性剂的主要作用：一是提高组分之间的乳化能力，使它们彼此能更加有效地混合；二是在发泡过程中，控制体系具有适当的表面张力，产生良好的气泡网络结构，因此，也可称为泡沫稳定剂。此外还可以起到润湿、助悬、起泡和消泡、消毒、杀菌、抗硬水性、去垢、洗涤的作用。

本章小结

掌握理想气体状态方程式及其应用；掌握道尔顿分压定律；熟悉溶胶的结构、性质、稳定性及聚沉作用；了解稀溶液的依数性及其应用；了解大分子溶液及凝胶。

(1) 理想气体：气体分子之间作用力可以忽略，分子本身的大小可以忽略的气体，称为理想气体。

(2) 理想气体状态方程：$pV=nRT$。

(3) 道尔顿分压定律：$p_{总}=\sum p_i$。

(4) 稀溶液的依数性：与溶质的本质无关、只与溶液中单位体积的粒子数目有关的性质。

拉乌尔定律：在一定温度下，难挥发非电解质稀溶液的蒸气压等于纯溶剂的蒸气压乘以溶液中溶剂的摩尔分数，$p=p_A^{\ominus}\cdot\chi_A$。

蒸气压下降：$\Delta p=p_A^{\ominus}\cdot\chi_B$。

溶液沸点的升高和凝固点降低：$\Delta T_b=K_b\cdot b_B$，$\Delta T_f=K_f\cdot b_B$。

溶液的渗透压(Π)：$\Pi V=n_BRT$。

(5) 胶体溶液，胶团的结构。

习　题

1-1　1.00g 胰岛素溶于 100g 水所配成的溶液，在 25℃时渗透压为 4.32kPa，计算胰岛素的相对分子质量。

1-2　已知某水溶液的凝固点为 272.15K，求：(1)此溶液的沸点；(2)298.15K 的蒸气压和渗透压(已知 298.15K 时水的饱和蒸气压为 3.17kPa，水的沸点升高常数和凝固点降低常数分别为 $0.52K \cdot kg \cdot mol^{-1}$ 和 $1.86K \cdot kg \cdot mol^{-1}$)。

1-3　将血红素 1.00g 溶于适量水中配成 100mL 溶液，此溶液在 20℃时的渗透压为 0.366kPa，求：(1)该溶液的物质的量浓度；(2)血红素相对分子质量。

1-4　测得人体血液的冰点降低值 ΔT_f 是 0.56℃，求在体温 37℃时的渗透压(已知水的凝固点下降常数为 $1.86K \cdot kg \cdot mol^{-1}$)。

1-5　用 $0.1mol \cdot L^{-1}$ KI 和 $0.01mol \cdot L^{-1}$ $AgNO_3$ 溶液等体积混合制备 AgI 溶胶。试写出胶团的结构式。

1-6　在 100mL 烧杯中加蒸馏水 60mL，加热至沸，用滴管逐滴加入 $1mol \cdot L^{-1}$ $FeCl_3$ 溶液约 2mL，待溶液呈红褐色为止，立即停止加热，得到 $Fe(OH)_3$ 溶胶。试写出胶团的结构式。

*第 2 章 化学热力学基础

热力学是研究热、功和其他形式能量之间的相互转换及其转换过程中所遵循的规律的科学。热力学研究对指导科学研究和生产实践有重要的意义。把热力学的定律、原理、方法用来研究化学过程以及伴随这些过程而发生的物理变化，就形成了化学热力学。化学热力学可以解决的问题：当合成一个新化合物时，首先要用热力学方法判断该反应能否发生，若热力学认为不能发生的反应，就不必去研究；热力学还可以给出反应限度，是理论上的最高值，只能设法尽量接近它，而绝不可能逾越它。

热力学的研究对象是具有足够量的质点（原子、分子）所构成的集合体，研究宏观性质，只考虑变化前后的净结果，所以不考虑反应的机理、速率和微观性质，这是热力学的局限性。

2.1 热力学的基本概念

2.1.1 系统与环境

在科学研究中，根据需要把要研究的对象与周围其他部分分隔开来。这种被划定的研究对象称为体系（system），体系之外与体系有关的其他部分称为环境（surrounding）。

根据体系与环境之间的关系，可将体系分为以下三类：

(1) 敞开体系（open system） 体系与环境之间既有物质交换，又有能量交换。

(2) 封闭体系（closed system） 体系与环境之间没有物质交换，只有能量交换。

(3) 孤立体系（isolated system） 体系与环境之间既没有物质交换，也没有能量交换。有时把封闭体系和体系影响所及的环境一起作为孤立体系来考虑。

体系与环境的划分是为了研究方便而人为确定的。体系与环境之间可能存在着界面，也可能没有实际的界面，但可以想象有一个界面将体系与环境分隔开。

2.1.2 状态与状态函数

体系都有一定的物理性质和化学性质，如温度、压力、体积、质量、组成等，这些性质的总和就是体系的状态（state）。当其中某个性质改变时，状态就发生改变。当体系的一系列宏观性质都不再随时间变化，则体系处于热力学平衡态，它包括下列几个平衡。

热平衡：体系内如果不存在绝热壁，则各处温度相等。

力学平衡：系统内如果不存在刚性壁，各处压力相等。

相平衡：多相共存时，各相的组成和数量不随时间而改变。

化学平衡：反应体系中各种物质的量不随时间而改变。

体系热力学状态的物理量，如温度、压力、体积、物质的量、质量、密度等，称为状态函数(state function)。体系状态一定，状态函数值一定；体系变化时，状态函数值的变化只与体系始态和终态有关，而与变化途径无关；体系发生一系列变化后恢复到原状态时，状态函数恢复原值，即变化值为零。

根据体系的性质与体系物质的量之间的关系，可分为广度性质(extensive properties)和强度性质(intensive properties)两类。

广度性质又称容量性质，它的数值与体系的物质的量成正比，是体系中各部分的该性质的总和，如体积、质量等。

强度性质的数值与体系中物质的量无关，它仅由体系本身的特性决定，不具有加和性，如温度、压力等。

2.1.3　过程与途径

当体系从一个状态(始态)变成另一个状态(终态)时，这一变化称为过程(process)。体系由同一始态到同一终态，完成一个变化过程有不同的方式，这种不同的方式称为途径(path)，一个过程往往可以经多种不同的途径来完成。热力学中常见的过程有：

(1) 定温过程。过程中体系的温度保持不变，且始终与环境的温度相等，即 $T_1=T_2=T_e$，下标 1、2 和 e 分别表示始态、终态和环境。

(2) 定压过程。过程中体系的压力保持不变，且始终与环境的压力相等，即 $p_1=p_2=p_e$。

(3) 定容过程。过程中体系的体积始终保持不变。

(4) 循环过程。体系经一系列变化后又恢复到起始状态的过程。

2.1.4　热、功

在体系与环境发生能量交换时，能量以两种形式存在——热和功。热和功均具有能量单位 J、kJ。

由于温度不同而在体系和环境之间传递的能量称为热，用符号 Q 来表示。当热由环境传递给体系时，Q 为正值；而热由体系传递给环境时，Q 为负值。

在体系与环境之间除热的形式以外所传递的其他各种能量都称为功，用符号 W 表示，如电功、膨胀功、机械功等。在热力学中常把功分为两种：一种是体积功(无用功)，它是伴随体系的体积变化而产生的能量交换；除体积功以外所有其他形式的功都统称为其他功(有用功)。环境对体系做功，W 为正值；体系对环境做功，W 为负值。

由热和功的定义可知，热量和功与状态的变化有联系。若无过程，体系处于定态，则不存在体系与环境之间的能量交换，也就没有功和热量。因此，热和功与状态的变化过程有关，它们是过程量，不是状态函数。经过不同的途径完成同一过程时，热和功的数值可能不同。

2.2 热力学第一定律

2.2.1 热力学能

体系内部能量的总和称为热力学能(thermodynamic energy,旧称内能),用符号 U 表示,是体系的广度性质,也是状态函数。体系热力学能的绝对值无法确定,但体系发生变化时,热力学能的改变量 ΔU 是可以确定的。

体系与环境通过做功或传热而交换能量,若环境对体系做功或体系从环境吸热,则体系的热力学能增加;反之,体系对环境做功或向环境放热,则体系的热力学能减少。

2.2.2 热力学第一定律的表达式

能量守恒定律应用于热力学体系就称为热力学第一定律(first law of thermodynamics)。能量守恒定律是人类长期经验的总结,从未发现任何违反这一定律的现象。曾经有许多人试图制造一种不需提供能量就可以做功的机器——第一类永动机,这些尝试均失败,因为它违反能量守恒定律。直到 19 世纪中叶,能量守恒定律获得公认,才提出:"第一类永动机是不可能制成的",这是热力学第一定律的一种说法。

对一个封闭体系,当它由一种特定的热力学能状态(U_1)过渡到一种新的热力学能状态(U_2),Q 是过程中体系从环境中吸收的热,W 是过程中环境对体系做的功,则热力学第一定律的数学表达式为

$$\Delta U = U_2 - U_1 = Q + W \tag{2-1}$$

【例 2-1】 某体系从始态到终态,热力学能改变量是 -184.6kJ,体系吸收 6.0kJ 的热量,求该过程的功。

解 由题意得 $\Delta U = -184.6$kJ,$Q = 6.0$kJ,则

$$\Delta U = Q + W$$

$$W = \Delta U - Q = -184.6 - 6.0 = -190.6(\text{kJ})$$

$W < 0$,所以体系对环境做功 190.6kJ。

2.3 热 化 学

2.3.1 焓与焓变

设一封闭体系只做体积功,在定压条件下进行,根据热力学第一定律

$$\Delta U = Q + W = Q_p - p\Delta V$$

所以

$$\begin{aligned}Q_p &= \Delta U + p\Delta V \\ &= (U_2 - U_1) + p(V_2 - V_1) \\ &= (U_2 + pV_2) - (U_1 + pV_1)\end{aligned}$$

由于U、p、V都是状态函数，所以$U+pV$也是状态函数，热力学中定义一个新的状态函数——焓(enthalpy)，用符号H表示，即

$$H = U + pV \tag{2-2}$$

故可得

$$Q_p = (U_2 + pV_2) - (U_1 + pV_1) = H_2 - H_1 = \Delta H \tag{2-3}$$

式(2-3)的物理意义是：在只做体积功的条件下，定压反应热等于体系焓的改变量。当$\Delta H>0$时，体系从环境吸收热能，称为吸热反应；当$\Delta H<0$时，体系放热给环境，称为放热反应。

焓具有能量的量纲，其绝对值与热力学能一样，是无法知道的。

2.3.2　反应进度

反应进度(advancement of reaction)ξ用以表示化学反应进行的程度。对任一化学反应

$$a\text{A} + d\text{D} = g\text{G} + h\text{H}$$

可以表示为

$$0 = \sum \nu(\text{B})\text{B}$$

式中，$\nu(\text{B})$为反应物或生成物 B 的化学计量数(stoichiometric number)，对于反应物，它是负数，对于生成物则是正数。化学计量数的量纲是一，因此

$$\nu(\text{A}) = -a \quad \nu(\text{D}) = -d \quad \nu(\text{G}) = g \quad \nu(\text{H}) = h$$

在反应开始时，反应体系中各物质的量为$n_0(\text{B})$。到反应时刻t，反应物的量减少，生成物的量增加，各物质的量为$n_t(\text{B})$。反应进度ξ的定义为

$$\xi = \frac{n_t(\text{B}) - n_0(\text{B})}{\nu(\text{B})} = \frac{\Delta n(\text{B})}{\nu(\text{B})} \tag{2-4}$$

其中ξ的量纲是 mol。从式(2-4)可以看出，$\xi=1\text{mol}$的物理意义是a mol 的反应物 A 和d mol 反应物 D 参与反应并完全消耗，转化为g mol 的生成物 G 和h mol 的生成物 H。

【例 2-2】 计算下列化学反应的ξ。

	$O_2(g)$	$+2H_2(g)$	$=2H_2O(g)$
开始时 n_B/mol	3.0	5.0	0
t 时　n_B/mol	2.0	3.0	2.0

解 由题意得

$$\xi=\frac{\Delta n(O_2)}{\nu(O_2)}=\frac{\Delta n(H_2)}{\nu(H_2)}=\frac{\Delta n(H_2O)}{\nu(H_2O)}$$
$$=\frac{(2.0-3.0)\text{mol}}{-1}=\frac{(3.0-5.0)\text{mol}}{-2}=\frac{(2.0-0)\text{mol}}{2}$$
$$=1.0\text{mol}$$

$\xi=1.0$mol 时，表示按该化学反应计量式进行 1mol 反应，即表示 1.0mol O_2 和 2.0mol H_2 完全反应生成 2.0mol H_2O。

若将反应计量反应式写为

$$\frac{1}{2}O_2(g)+H_2(g) = H_2O(g)$$

$\xi=1.0$mol 时，即表示 0.5mol O_2 和 1.0mol H_2 完全反应生成 1.0mol H_2O。所以反应进度与反应计量方程式的写法有关。

2.3.3 化学反应热

化学反应进行时总是伴随着热量的释放或吸收。应用热力学的规律研究化学反应热的科学称为热化学(thermochemistry)。热化学中规定：只做体积功的化学反应体系，当反应物的温度与生成物的温度相同时，吸收或释放的热量称为化学反应热(热效应)。反应热一般是指反应进度 $\xi=1$mol 时的热。

1. 定容反应热

当只做体积功的化学反应在密封的容器中进行时，反应体系的体积不变 $\Delta V=0$，体积功 $-p\Delta V$ 也为 0。此时体系的热力学能变化为

$$\Delta U = Q+W = Q_V - p\Delta V = Q_V \tag{2-5}$$

式中，Q_V 为定容热，下标表示体积不变。式(2-5)的物理意义是，在只做体积功的条件下，定容反应热等于体系热力学能的改变量。定容反应热可以用特制的仪器"弹式热量计"测定。

2. 定压反应热

大多数化学反应是在定压条件下进行的，定压反应热 Q_p 在实用中更为重要。由式(2-3)$Q_p=\Delta H$ 可知恒压下化学反应热可以用 ΔH 表示。定容反应热和定压反应热的关系可根据焓的定义 $H=U+pV$ 导出。

体系只做体积功时有

$$\Delta H = \Delta U + \Delta(pV)$$

定压条件下

$$\Delta H = \Delta U + p\Delta V$$

将式(2-3)和式(2-5)代入，得

$$Q_p = Q_V + p\Delta V \tag{2-6}$$

对于反应物和生成物都是固体或液体物质的反应，反应前后体系的体积变化很小，$p\Delta V$ 与 ΔU 和 ΔH 相比可以忽略不计，即 $\Delta U \approx \Delta H, Q_p \approx Q_V$。对于有气体参加或生成的反应 $p\Delta V$ 不能忽略。若把气体都看作理想气体，当反应进度 $\xi = 1\text{mol}$ 时，$p\Delta V = \sum \nu(\text{B,g})RT$，其中 T 为定值，R 为摩尔气体常量，故有

$$\Delta_r H_m = \Delta_r U_m + \sum \nu(\text{B,g})RT \tag{2-7a}$$

或

$$Q_p = Q_V + \sum \nu(\text{B,g})RT \tag{2-7b}$$

式中，下标 r 表示反应(reaction)；m 表示反应进度 $\xi = 1\text{mol}$；$\sum \nu(\text{B,g})$ 为反应物和生成物中气相物质的计量数之和。

【例 2-3】 1mol 丙二酸 $CH_2(COOH)_2$ 晶体在弹式热量计中充分燃烧，298.15K 时放出热量 886.5kJ，求 1mol 丙二酸在 298.15K 时的定压反应热。

解　由题意得　$CH_2(COOH)_2(s) + 2O_2(g) \longrightarrow 3CO_2(g) + 2H_2O(l)$

$$\begin{aligned} Q_p &= Q_V + \Delta nRT \\ &= -866.5 + (3-2) \times 8.314 \times 10^{-3} \times 298.15 \\ &= -864.2(\text{kJ} \cdot \text{mol}^{-1}) \end{aligned}$$

3. 热化学方程式

表示化学反应及其反应热关系的化学方程式，称为热化学方程式(thermochemical equation)。例如

$$2H_2(g) + O_2(g) \longrightarrow 2H_2O(g) \quad \Delta_r H_m^\ominus(298.15\text{K}) = -483.6\text{kJ} \cdot \text{mol}^{-1}$$

$$H_2O(l) \longrightarrow H_2O(g) \quad \Delta_r H_m^\ominus(298.15\text{K}) = -40.6\text{kJ} \cdot \text{mol}^{-1}$$

书写热化学方程式注意：

(1) 明确写出化学反应的计量方程式。因为 $\Delta_r H_m^\ominus$ 是反应进度 $\xi = 1.0\text{mol}$ 时的标准摩尔反应焓变。

$$2H_2(g) + O_2(g) \longrightarrow 2H_2O(g) \quad \Delta_r H_m^\ominus(298.15\text{K}) = -483.6\text{kJ} \cdot \text{mol}^{-1}$$

$$H_2(g) + (1/2)O_2(g) \longrightarrow H_2O(g) \quad \Delta_r H_m^\ominus(298.15\text{K}) = -241.8\text{kJ} \cdot \text{mol}^{-1}$$

(2) 注明化学反应计量方程式中各物质的聚集状态。对于固态还要注明其晶形，如 C(石墨)、C(金刚石)等。溶液则注明其浓度。

$$2H_2(g) + O_2(g) \longrightarrow 2H_2O(g) \quad \Delta_r H_m^\ominus(298.15\text{K}) = -483.6\text{kJ} \cdot \text{mol}^{-1}$$

$$2H_2(g) + O_2(g) \longrightarrow 2H_2O(l) \quad \Delta_r H_m^\ominus(298.15\text{K}) = -571.6\text{kJ} \cdot \text{mol}^{-1}$$

(3) 注明反应温度。若温度和压力分别是 298.15K 和标准压力 $p^\ominus$，则可以不注明。

$$CH_4(g) + H_2O(g) \xlongequal{} CO(g) + 3H_2(g)$$
$$\Delta_r H_m^{\ominus}(298.15K) = 206.15kJ \cdot mol^{-1}$$
$$\Delta_r H_m^{\ominus}(1273K) = 227.23kJ \cdot mol^{-1}$$

2.3.4 赫斯定律

俄国化学家赫斯(Hess)根据大量实验事实总结出一条规律:一个反应在定压或定容条件下,不论是一步完成还是分几步完成,其反应热是相同的。这就是赫斯定律,适用于任何状态函数。赫斯定律是在热力学第一定律建立之前提出来的经验定律,在热力学第一定律建立之后,赫斯定律在理论上得到圆满解释。

当反应体系不做非体积功时,$Q_p = \Delta H, Q_V = \Delta U$,而 H 和 U 都是状态函数,当反应的始态(反应物)和终态(生成物)一定时,H 和 U 的改变值 ΔH 和 ΔU 与途径无关。若一个反应是几个分步反应的代数和,则总反应的热效应等于各分步反应热效应的代数和。

赫斯定律的建立,使热化学方程式可以像普通代数方程式一样进行计算,实用性很强。可以从已知的反应热数据,经过加减运算得到难以通过实验测定的反应热数据。

【例 2-4】 已知 298.15K,$p^{\ominus}$ 下,

(1) $C(s) + O_2(g) \xlongequal{} CO_2(g)$　$\Delta_r H_{m,1}^{\ominus} = -393.50kJ \cdot mol^{-1}$

(2) $CO(g) + \frac{1}{2}O_2(g) \xlongequal{} CO_2(g)$　$\Delta_r H_{m,2}^{\ominus} = -282.96kJ \cdot mol^{-1}$

求(3) $C(s) + \frac{1}{2}O_2(g) \xlongequal{} CO(g)$的 $\Delta_r H_{m,3}^{\ominus}$。

解 由已知得,反应式(1)-反应式(2)得反应式(3)。根据赫斯定律

$$\begin{aligned}\Delta_r H_{m,3}^{\ominus} &= \Delta_r H_{m,1}^{\ominus} - \Delta_r H_{m,2}^{\ominus} \\ &= -393.50kJ \cdot mol^{-1} - (-282.96kJ \cdot mol^{-1}) \\ &= -110.54kJ \cdot mol^{-1}\end{aligned}$$

2.3.5 标准摩尔生成焓

在一定温度、标准压力 $p^{\ominus}$ 下,由元素的稳定单质生成 1mol 纯化合物时的反应热称为该化合物的标准摩尔生成焓(standard molar enthalpy of formation),用 $\Delta_f H_m^{\ominus}$ 表示。下标 f 代表生成(formation)。热力学上规定,元素稳定单质的标准摩尔生成焓为零。物质的标准状态是一定温度、标准压力($p^{\ominus}$)下的纯物质状态。

固体:标准压力 $p^{\ominus}$ 下稳定的晶体状态。

液体:标准压力 $p^{\ominus}$ 下纯液体状态。

气体:标准压力 $p^{\ominus}$ 下纯物质的理想气体状态。

对于溶液中的组分而言,标准状态是标准压力下该组分活度为 1 的状态,也近似地用浓度为 $1mol \cdot kg^{-1}$或 $1mol \cdot L^{-1}$代替活度为 1 的状态。

热力学中的标准状态是指一定温度和标准压力 $p^{\ominus}$。随温度变化,可有无数个标准状态。为方便起见,一般选择 298.15K 为规定温度。在附录Ⅰ中可以查到常见物质的标准摩尔生成焓的数据。由 298.15K 时纯物质(单质或化合物)的标准摩尔生成焓,根据赫斯

定律计算化学反应的标准摩尔焓变。

$$\Delta_r H_m^\ominus(298.15K) = \sum_B \nu_B \Delta_f H_m^\ominus(B, 298.15K) \quad (2\text{-}8a)$$

如果能求出任意温度 T 时的标准摩尔生成焓 $\Delta_f H_m^\ominus(B,T)$，则可求出温度 T 时的反应的标准摩尔焓。

$$\Delta_r H_m^\ominus(T) = \sum_B \nu_B \Delta_f H_m^\ominus(B, T) \quad (2\text{-}8b)$$

【例 2-5】 计算下列反应在 298.15K 时的标准摩尔反应焓变。

$$CH_4(g) + 2O_2(g) = CO_2(g) + 2H_2O(l)$$

已知 298.15K 时

$$\Delta_f H_m^\ominus(CH_4, g) = -74.847 kJ \cdot mol^{-1}$$
$$\Delta_f H_m^\ominus(O_2, g) = 0 kJ \cdot mol^{-1}$$
$$\Delta_f H_m^\ominus(CO_2, g) = -393.511 kJ \cdot mol^{-1}$$
$$\Delta_f H_m^\ominus(H_2O, l) = -285.838 kJ \cdot mol^{-1}$$

解　由式(2-8a)得

$$\begin{aligned}\Delta_r H_m^\ominus(298.15K) &= \sum_B \nu_B \Delta_f H_m^\ominus(B, 298.15K) \\ &= (-1)\times\Delta_f H_m^\ominus(CH_4, g) + (-2)\Delta_f H_m^\ominus(O_2, g) \\ &\quad + 1\times\Delta_f H_m^\ominus(CO_2, g) + 2\times\Delta_f H_m^\ominus(H_2O, l) \\ &= (-1)\times(-74.847) + (-2)\times 0 + 1\times(-393.511) \\ &\quad + 2\times(-285.838) \\ &= -890.34(kJ \cdot mol^{-1})\end{aligned}$$

2.4　化学反应的方向

2.4.1　化学反应的自发性

在一定条件下不需外力作用就能自发进行的过程称为自发过程。自然界中发生的过程都具有一定的方向性。例如，水由高向低处流；冰块在室温下自动融化；铁器在潮湿空气中生锈；甲烷在空气中遇火燃烧等。

在给定的一组条件下，一个反应可以自发地正向进行到显著程度，就称为自发反应。例如

$$Zn(s) + Cu^{2+}(aq) = Zn^{2+}(aq) + Cu(s)$$
$$H^+(aq) + OH^-(aq) = H_2O(l)$$

上述自发过程有一些共同特点：

(1) 自发过程具有方向性。在一定条件下，自发过程只能自动地单向进行，其逆过程不能自发进行，但并不意味逆过程不能进行。环境对体系做功可使非自发反应进行，如水

的电解；冰箱要耗电才能制冷，把低温物体的热传给高温物体。这些逆过程的进行都要消耗环境的能量，或者说在环境中留下痕迹。

(2) 自发过程有一定的限度。自发过程不会无休止地进行，进行到一定程度就自动停止。高处的水向低处流，水位相等时就停止流动；热传导也是在温度相等时就停止进行；化学反应进行到一定程度，达到化学平衡，从宏观上看化学反应停止。自发过程进行的限度就是体系达到平衡。

(3) 自发过程可以用来做有用功(非体积功)。例如，水力发电、甲烷燃烧用在内燃机中做功，氢燃烧设计成燃料电池，高处流下的水可以推动水轮机等。但体系做有用功的能力随着自发过程的进行逐渐减少，当体系达到平衡后，就不再具有做有用功的能力。

对自发过程研究发现，从能量变化来看，体系倾向于达到能量最低状态。例如，水从势能高处自动流向势能低处，正电荷自动地从电位高处流向电位低处。化学反应也有类似的情况，很多放热反应可以自动进行，如甲烷燃烧、中和反应。但研究也发现有些能量升高的过程也可能自发进行。例如，298.15K 时，冰自动融化成水，同时吸热；$NH_4Cl(s)$ 在水中溶解也是吸热的过程，却可以自发进行。显然，决定一个过程能否自发进行，除了能量因素之外，还有其他因素。研究表明，体系混乱度增大的过程往往可以自发进行。

2.4.2　混乱度和熵

1. 混乱度

混乱度也称无序度，从微观来看是体系质点运动和分布方式混乱的程度。对于某种物质体系，处于不同状态，其混乱度不同：气态＞液态＞固态。当温度升高，体系混乱度增大。自然界中的大多自发过程是一个“从有序到无序，由混乱度小的向混乱度大的”变化过程。例如，两种气体均匀混合，混乱度增大。

2. 熵

熵(entropy)是一个状态函数，描述体系的混乱度，用符号 S 表示。熵的大小与体系的微观状态数 Ω 有关。

$$S = k\ln\Omega \tag{2-9}$$

式中，k 为玻耳兹曼(Boltzmann)常量，$k=1.3807\times10^{-23}\,J\cdot K^{-1}$。

体系微观状态数是大量质点的体系经统计规律处理而得到的热力学概率，因此熵具有统计意义，对只有几个、几十个或几百个分子的体系就无所谓熵。状态函数熵具有加和性，是广度量，单位是 $J\cdot K^{-1}$。

在孤立体系中，体系与环境没有能量交换，体系总是自发地向混乱度增大的方向变化，即在孤立体系中，变化总是向熵增加的方向进行。这就是熵增加原理：孤立体系的熵永不减少。孤立体系达到平衡时，自发过程不再发生，也就是体系的混乱度达到最大，此时体系的熵有最大值。

2.4.3 热力学第二定律

通过对自发过程的研究，可以知道能量的传递不仅要遵守热力学第一定律，保持能量守恒，而且在能量传递的方向性上有一定限制。热力学第二定律(second law of thermodynamics)就说明了自发过程进行的方向和限度。

通过大量实验事实总结，热力学提出熵增加原理：孤立体系的自发过程，总是朝着熵增加的方向进行，这是热力学第二定律的一种表述。

2.4.4 规定熵

20 世纪初，人们根据一系列实验及科学推测，得出："在 0K(绝对温度)时，任何物质完美晶体的熵值为零。"这就是热力学第三定律(third law of thermodynamics)。

根据热力学第三定律，可以通过实验和计算求得各种物质在指定温度下的熵值，称为物质的"规定熵"。1mol 纯物质在指定温度 T 及标准状态的熵为"标准摩尔熵"，符号表示为 $S_m^\ominus$，单位为 $J \cdot mol^{-1} \cdot K^{-1}$。与热力学能、焓等状态函数不同，体系的熵的绝对值是可以知道的。附录Ⅰ列出 298.15K 时常见物质的标准摩尔熵 $S_m^\ominus(B)$ 。

2.4.5 化学反应的熵变计算

一般热力学数据表中给出的是标准压力下、298.15K 的标准摩尔熵 $S_m^\ominus(B)$，如附录Ⅰ，查出所涉及物质的标准摩尔熵数据，便可以求出化学反应的标准摩尔熵(变)。

$$\Delta_r S_m^\ominus(298.15K) = \sum_B \nu_B S_m^\ominus(B, 298.15K) \qquad (2\text{-}10a)$$

如果能求出任意温度 T 时物质的标准摩尔熵 $S_m^\ominus(B,T)$，则可求出温度 T 时反应的标准摩尔熵(变)。

$$\Delta_r S_m^\ominus(T) = \sum_B \nu_B S_m^\ominus(B, T) \qquad (2\text{-}10b)$$

$S_m^\ominus$ 和 $\Delta_r S_m^\ominus$ 受温度变化影响较小，因此在一定温度范围内也可用 $S_m^\ominus(298.15K)$、$\Delta_r S_m^\ominus(298.15K)$代替 $S_m^\ominus(T)$和 $\Delta_r S_m^\ominus(T)$。

【例 2-6】 求 298.15K、$p^\ominus$ 下，化学反应 $CO(g) + \frac{1}{2}O_2(g) \xlongequal{} CO_2(g)$的熵变 $\Delta_r S_m^\ominus$。

解 从附录Ⅰ查得 $S_m^\ominus(CO,g) = 198.016 J \cdot mol^{-1} \cdot K^{-1}$，$S_m^\ominus(O_2,g) = 205.138 J \cdot mol^{-1} \cdot K^{-1}$，$S_m^\ominus(CO_2,g) = 213.76 J \cdot mol^{-1} \cdot K^{-1}$。代入式(2-10a)，得

$$\begin{aligned}\Delta_r S_m^\ominus &= -1 \times 198.016 + \left(-\frac{1}{2}\right) \times 205.138 + 1 \times 213.76 \\ &= -86.91 (J \cdot mol^{-1} \cdot K^{-1})\end{aligned}$$

2.4.6 自由能

吉布斯自由能(free energy)G 的定义：

$$G = H - TS \tag{2-11}$$

G 是一个状态函数，是广度性质，与物质的量成正比，绝对值无法确定，在解决实际问题时通常只需其改变值 ΔG。它的改变值 ΔG 只取决于物质的始态和终态。

定温、定压封闭体系只做体积功时，可以用自由能的改变量来判断过程的自发性，即

$\Delta G < 0$　正反应自发进行

$\Delta G > 0$　正反应非自发，逆反应自发进行

$\Delta G = 0$　反应处于平衡状态

这就是判断过程自发性的吉布斯自由能判据。

2.4.7 标准摩尔生成吉布斯自由能

大多数化学反应是在定温、定压条件下进行的，因此可以用自由能的变化来判断化学反应的自发性。标准摩尔吉布斯自由能变 $\Delta_r G_m^\ominus$ 可判断反应体系中各物质都处于标准态，活度为 1 时反应自发进行的方向。

热力学规定，在温度为 T 时，处于标准状态的稳定单质生成 1mol 某纯化合物的吉布斯自由能的改变量，称为温度为 T 时，该物质的标准摩尔生成吉布斯自由能，用符号 $\Delta_f G_m^\ominus$ 表示，其单位为 $kJ \cdot mol^{-1}$。在规定温度、标准压力 $p^\ominus$ 下，稳定单质的标准摩尔生成吉布斯自由能为零。附录Ⅰ列出了部分物质在 298.15K 时的 $\Delta_f G_m^\ominus$。

在标准状态下，化学反应的标准吉布斯自由能改变量 $\Delta_r G_m^\ominus$ 可由式(2-12)求得。

$$\Delta_r G_m^\ominus = \sum_B \nu_B \Delta_f G_m^\ominus(B) \tag{2-12}$$

【例 2-7】 求 298.15K、$p^\ominus$ 下，化学反应 $C_2H_5OH(l) + 3O_2(g) = 2CO_2(g) + 3H_2O(l)$ 的 $\Delta_f G_m^\ominus$，并判断自发性。

已知：$\Delta_f G_m^\ominus(C_2H_5OH, l) = -174.8 kJ \cdot mol^{-1}$，$\Delta_f G_m^\ominus(O_2, g) = 0 kJ \cdot mol^{-1}$，$\Delta_f G_m^\ominus(CO_2, g) = -394.4 kJ \cdot mol^{-1}$，$\Delta_f G_m^\ominus(H_2O, l) = -237.1 kJ \cdot mol^{-1}$。

解　由式(2-12)得

$$\begin{aligned}\Delta_r G_m^\ominus &= \sum_B \nu_B \Delta_f G_m^\ominus(B) \\ &= (-1) \times (-174.8) + 0 + 2 \times (-394.4) + 3 \times (-237.1) \\ &= -1325.3(kJ \cdot mol^{-1})\end{aligned}$$

$\Delta_r G_m^\ominus < 0$，所以该反应可以自发正向进行。

2.4.8 吉布斯-亥姆霍兹方程

根据自由能的定义 $G = H - TS$，在恒温恒压下，体系的 ΔG、ΔH 和 ΔS 三者关系为

$$\Delta G = \Delta H - T\Delta S \tag{2-13}$$

式(2-13)就是吉布斯-亥姆霍兹方程。ΔG 综合了 ΔH 和 ΔS 两个数据的影响，还受温度的影响。

标准状态下的化学反应

$$\Delta_r G_m^\ominus = \Delta_r H_m^\ominus - T\Delta_r S_m^\ominus \tag{2-14}$$

ΔH 和 ΔS 受温度变化的影响较小，在一般温度范围内可以认为它们可用 298.15K 的 $\Delta_r H_m^\ominus$ 及 $\Delta_r S_m^\ominus$ 代替，但 $\Delta_r G_m^\ominus$ 受温度变化的影响不可忽略。

$$\begin{aligned}\Delta_r G_m^\ominus(T) &= \Delta_r H_m^\ominus(T) - T\Delta_r S_m^\ominus(T) \\ &\approx \Delta_r H_m^\ominus(298.15\text{K}) - T\Delta_r S_m^\ominus(298.15\text{K})\end{aligned} \tag{2-15}$$

利用式(2-15)可以近似计算不同温度下反应的 $\Delta_r G_m^\ominus$，也可以用来估算反应自发进行的温度。

【例 2-8】 已知化学反应及各物质的标准摩尔生成热、标准摩尔熵如下，判断 298.15K 及 $p^\ominus$ 下反应的自发性。

	$CO_2(g)$	$+2NH_3(s)$	$=\!=\!=(NH_2)_2CO(s)$	$+H_2O(l)$
$\Delta_f H_m^\ominus/(\text{kJ}\cdot\text{mol}^{-1})$	−393.5	−45.9	−332.9	−285.3
$S_m^\ominus/(\text{J}\cdot\text{mol}^{-1}\cdot\text{K}^{-1})$	213.8	192.8	104.6	70.0

解　由已知得

$$\begin{aligned}\Delta_r H_m^\ominus &= (-1)\times(-393.5)+(-2)\times(-45.9)+1\times(-332.9)+1\times(-285.3) \\ &= -132.9(\text{kJ}\cdot\text{mol}^{-1})\end{aligned}$$

$$\begin{aligned}\Delta_r S_m^\ominus &= (-1)\times 213.8+(-2)\times 192.8+1\times 104.6+1\times 70.0 \\ &= -424.8(\text{J}\cdot\text{mol}^{-1}\cdot\text{K}^{-1})\end{aligned}$$

$$\begin{aligned}\Delta_r G_m^\ominus &= \Delta_r H_m^\ominus - T\Delta_r S_m^\ominus \\ &= -132.9-298.15\times(-424.8)\times 10^{-3} \\ &= -6.24(\text{kJ}\cdot\text{mol}^{-1})\end{aligned}$$

$\Delta_r G_m^\ominus<0$，所以在 298.15K 及 $p^\ominus$ 下该反应能正向自发进行。

【例 2-9】 求 1000K 时下列反应的 $\Delta_r G_m^\ominus$，判断在此温度下反应的自发性，估算反应可以自发进行的最低温度是多少。

$$CaCO_3(s) =\!=\!= CaO(s) + CO_2(g)$$

已知 298.15K 时，$\Delta_r H_m^\ominus=178.3\text{kJ}\cdot\text{mol}^{-1}$，$\Delta_r S_m^\ominus=160.4\text{J}\cdot\text{mol}^{-1}\cdot\text{K}^{-1}$。

解　由式(2-15)得

$$\begin{aligned}\Delta_r G_m^\ominus(T) &\approx \Delta_r H_m^\ominus(298.15\text{K}) - T\Delta_r S_m^\ominus(298.15\text{K}) \\ &= 178.3 - 1000\times 160.4\times 10^{-3} \\ &= 17.9(\text{kJ}\cdot\text{mol}^{-1})\end{aligned}$$

$\Delta_r G_m^\ominus(1000\text{K})>0$，故 1000K、$p^\ominus$ 下该反应不能自发正向进行。

设在温度 T 时该反应可自发进行，则

$$\Delta_r G_m^\ominus(T) \approx \Delta_r H_m^\ominus(298.15\text{K}) - T\Delta_r S_m^\ominus(298.15\text{K}) < 0$$

$$178.3 - T\times 160.4\times 10^{-3} < 0$$

$$T > 1112\text{K}$$

所以该反应可以自发进行的最低温度是 1112K。

阅读材料

熵

科学家在发现热力学第一定律(能量守恒定律)之后不久,又在研究热机效率的理论时发现,在卡诺热机完成一个循环时,它不仅遵守能量守恒定律,而且工作物质吸收的热量 Q 与当时的温度 T 的比值之和 $\sum(Q/T)$ 为零(Q、T 均不为零)。鉴于以上物理量的这一特性,1865 年德国科学家克劳修斯把可逆过程中吸收的热量 Q 与温度 T 的比值称为 entropy(即熵)。从此,一个新概念伴随着热力学第二定律就诞生了,entropy 很快在热力学和统计力学领域内占据了重要地位。1923 年,德国科学家普朗克来我国讲学时,在我国字典里还找不到与之对应的汉字,胡刚复教授翻译时就在商字加了个火字(表示与热有关)来代表 entropy,从而在我国的汉字库里出现了"熵"字。

1. 熵增加原理

普朗克把熵增加原理描述为:"在任何自然的(不可逆的)过程中,凡参与这个过程的物体的熵的总和永远是增加的。"根据克劳修斯熵公式,对于孤立体系,其熵不会减少,只能增加或保持不变,在体系内进行的自发过程朝着熵增加的方向进行,到达平衡状态时,熵达到极大值,并保持在极大熵状态下,这就是过程进行的极限。

2. 玻耳兹曼熵

在探讨熵的微观本质过程中,奥地利物理学家玻耳兹曼(Boltzmann)作出了重要贡献。玻耳兹曼在研究气体分子运动过程中,基于把热理解为微观世界分子运动的观点,对熵作出微观解释。

玻耳兹曼认为,在有大量粒子(原子、分子)构成的系统中,熵就是表示粒子之间的混乱程度的物理量。当一个系统处于平衡时,系统的微观能量状态个数越多,熵也越大。从他提出的熵概念,我们可以看出,熵是研究群体行为规律的,而不是研究个体行为的。如果以 Ω 表示微观能量状态个数,则它与系统的熵值 S 有如下关系:

$$S = k \cdot \ln\Omega \text{(从微观上定义状态函数熵)}$$

式中,k 为玻耳兹曼常量,是一个与研究对象有关的常数;Ω 为热力学概率,同一宏观态对应的微观态数,这一公式称为玻耳兹曼熵公式。

玻耳兹曼熵公式把宏观状态函数熵同微观状态函数 Ω 联系起来,在宏观与微观之间架设了一座桥梁,揭示了熵的统计意义。它显示了如下信息:

(1) 对于系统的某一宏观态,总有一个热力学概率值与之对应,因而就有一个熵值与之对应。因此,熵是体系状态的函数。

(2) 熵的微观本质是系统内分子热运动无序程度的定量量度。在绝对零度条件下,分子无序运动停止,体系熵值为零。

(3) 熵和热力学能一样,熵的变化有重要的实际意义。

本章小结

了解热力学能、焓、熵和吉布斯自由能等状态函数的概念;理解热力学第一定律、第二定律和第三定律的基本内容;掌握化学反应的标准摩尔焓变的各种计算方法;掌握化学反应的标准摩尔熵变和标准摩尔吉布斯自由能变的计算方法;会用 ΔG 来判断化学反应的方向,并了解温度对 ΔG 的影响;理解范特霍夫等温方程；了解压力和浓度对 ΔG 的影响。

1. 基本概念

体系与环境、状态与状态函数(状态函数的特征)、热与功(热与功的符号)、化学反应进度、热力学能和热力学第一定律(热力学定律第一定律数学表达式 $\Delta U=Q+W$)、热力学第二定律等。

2. $\Delta_r H_m^{\ominus}$ 的计算

$\Delta_r H_m^{\ominus}$：化学反应中，任何物质均处于标准状态下，该反应的摩尔反应焓变。

$\Delta_f H_m^{\ominus}$：在温度 T 及标准态下，由稳定的单质生成 1mol 物质 B 的标准摩尔反应焓变，即为物质 B 在温度 T 下的标准摩尔生成焓。稳定单质的标准生成焓为零。

(1) 利用 $\Delta_f H_m^{\ominus}$ 计算 $\Delta_r H_m^{\ominus}$。

$$\Delta_r H_m^{\ominus}(298.15\text{K}) = \sum_B \nu_B \Delta_f H_{m,B}^{\ominus}(298.15\text{K})$$

$$\Delta_r H_m^{\ominus} \approx \Delta_r H_m^{\ominus}(298.15\text{K})$$

(2) 赫斯定律。在恒容或恒压同时只做体积功的情况下，任一化学反应，不论是一步完成的，还是分几步完成的，其化学反应的热效应总是相同的，即化学反应热效应只与始、终状态有关而与具体途径无关。根据赫斯定律，若化学反应可以加和，则其反应热也可以加和。

3. 化学反应的方向

(1) 热力学中，体系的混乱度用熵来度量，符号为 S。

一般热力学数据表中给出标准压力下，298.15K 的标准摩尔熵 $S_m^{\ominus}(\text{B})$。

标准摩尔反应熵变的计算：

$$\Delta_r S_m^{\ominus}(298.15\text{K}) = \sum_B \nu_B S_m^{\ominus}(\text{B}, 298.15\text{K})$$

$$\Delta_r S_m^{\ominus} \approx \Delta_r S_m^{\ominus}(298.15\text{K})$$

用熵变判断反应自发性的标准是对于孤立体系：

$\Delta S(\text{孤}) > 0$　正向自发

$\Delta S(\text{孤}) < 0$　非自发过程，逆向自发

$\Delta S(\text{孤}) = 0$　平衡状态

(2) 判断化学反应方向的判据 ΔG(适用条件：恒温恒压只做体积功)：

$\Delta G < 0$　正向自发

$\Delta G > 0$　非自发过程，逆向自发

$\Delta G = 0$　平衡状态

$\Delta_r G_m^{\ominus}$ 的相关计算：

a. 利用标准摩尔生成吉布斯能计算。

$$\Delta_r G_m^{\ominus}(298.15\text{K}) = \sum_B \nu_B \Delta_f G_m^{\ominus}(\text{B}, 298.15\text{K})$$

[附录Ⅰ中是 298.15K 时的 $\Delta_f G_m^{\ominus}(\text{B})$ 数据，该方法只能计算 298.15K 时的 $\Delta_r G_m^{\ominus}$]。

b. 任意温度下的 $\Delta_r G_m^{\ominus}$ 可按吉布斯-亥姆霍兹公式近似计算。

$$\Delta_r G_m^{\ominus}(T) \approx \Delta_r H_m^{\ominus}(298.15\text{K}) - T\Delta_r S_m^{\ominus}(298.15\text{K})$$

（$\Delta_r H_m^\ominus$ 的单位为 $kJ \cdot mol^{-1}$，$\Delta_r S_m^\ominus$ 的单位为 $J \cdot mol^{-1} \cdot K^{-1}$，注意单位换算）

c. 反应自发进行的温度范围的计算。

$$\Delta_r G_m^\ominus(T) \approx \Delta_r H_m^\ominus(298.15K) - T\Delta_r S_m^\ominus(298.15K)$$

$$\Delta_r H_m^\ominus(298.15K) - T\Delta_r S_m^\ominus(298.15K) < 0 \text{(反应自发)}$$

$\Delta_r H_m^\ominus(298.15K)$和 $\Delta_r H_m^\ominus(298.15K)$可以通过热力学数据算出，从而可求出自发进行的温度范围。

习　　题

2-1　选择题

(1) 体系经过一系列变化，最后又变到初始状态，则体系的　　(　　)

A. $Q=0, W=0, \Delta U=0, \Delta H=0$

B. $Q\neq 0, W\neq 0, \Delta U=0, \Delta H=Q$

C. $Q=W, \Delta U=Q-W, \Delta H=0$

D. $Q\neq W, \Delta U=Q-W, \Delta H=0$

(2) 对于理想气体的热力学能有下述四种理解，正确的是　　(　　)

①状态一定，热力学能一定；②对应于某一状态的热力学能是可以直接测定的；③对应于某一状态，热力学能只能有一个数值，不可能有两个或两个以上的数值；④状态改变时，热力学能一定跟着改变。

A. ①②　　B. ③④　　C. ②④　　D. ①③

(3) 下列各量可称为强度性质的是　　(　　)

A. G　　B. U　　C. V　　D. T

(4) 某体系从始态变到终态从环境吸热 200kJ，体系的热力学能改变量－100kJ，则下列说法正确的是　　(　　)

A. 环境对体系做功 300kJ　　B. 环境对体系做功 100kJ

C. 体系对环境做功 300kJ　　D. 体系对环境做功 100kJ

(5) 已知 $2PbS(s)+3O_2(g)$ ══ $2PbO(s)+2SO_2(g)$，$\Delta_r H_m^\ominus=-843.4kJ \cdot mol^{-1}$，则该反应的 $\Delta_r U_m^\ominus$ 值是　　(　　)

A. $840.9kJ \cdot mol^{-1}$　　B. $845.9kJ \cdot mol^{-1}$

C. $-845.9kJ \cdot mol^{-1}$　　D. $-840.9kJ \cdot mol^{-1}$

(6)下列单质的 $\Delta_f H_m^\ominus$ 不等于零的是　　(　　)

A. Fe(s)　　B. C(金刚石)　　C. Ne(g)　　D. $N_2(g)$

(7) 下列哪个反应符合 $\Delta_r H_m^\ominus=\Delta_f H_m^\ominus(AgCl,s)$的反应　　(　　)

A. $Ag^+(aq)+Cl^-(aq)$ ══ $AgCl(s)$　　B. $2Ag(s)+Cl_2(g)$ ══ $2AgCl(s)$

C. $Ag(s)+\frac{1}{2}Cl_2(l)$ ══ $AgCl(s)$　　D. $2Ag(s)+Cl_2(l)$ ══ $2AgCl(s)$

(8) 关于熵，下列叙述中正确的是　　(　　)

A. 对孤立体系而言，$\Delta_r S_m^\ominus>0$ 的反应总是自发进行的

B. 一切单质的 $\Delta_r S_m^\ominus=0$

C. 298.15K 时，纯物质的 $\Delta_r S_m^\ominus=0$

D. 在一个反应过程中，随着生成物的增加，熵变增大

(9) 25℃时 NaCl 在水中的溶解度约为 $6mol \cdot L^{-1}$，若在 1L 水中加入 1mol NaCl，$NaCl(s)+H_2O(l)$ ══ $NaCl(aq)$的　　(　　)

A. $\Delta S>0, \Delta G>0$　　B. $\Delta S>0, \Delta G<0$

C. $\Delta G>0, \Delta S<0$　　　　D. $\Delta G<0, \Delta S<0$

(10) 下列叙述中正确的是　　(　　)

A. 在恒压下，凡是自发的过程一定是放热的

B. 因为焓是状态函数，而恒压反应的焓变等于恒压反应热，所以热也是状态函数

C. 单质的 $\Delta_f H_m^\ominus$ 和 $\Delta_f G_m^\ominus$ 都为零

D. 在恒温恒压条件下，体系自由能减少的过程都是自发进行的

2-2　简答题

(1) 写出 $H_2O(l)$、$KCl(s)$、$C_2H_6O(s)$的生成反应方程式。

(2) $\Delta S>0$ 的反应都能自发进行，这种说法对吗？

(3) 在一恒容绝热容器中 C 与 O_2 发生反应 $C(s)+O_2(g) \longrightarrow CO_2(g)$，$\Delta_r H_m^\ominus(298.15K)<0$，则该体系的 ΔT、ΔG 和 ΔH 是大于、等于还是小于零？

(4) 自发过程的特点是什么？

2-3　计算题

(1) 对于下述反应 $CaC_2(s)+2H_2O(l) = Ca(OH)_2(s)+C_2H_2(g)$，在 25℃时 $\Delta_r U_m^\ominus=-128.0kJ \cdot mol^{-1}$，计算 $\Delta_r H_m^\ominus$。

(2) 已知　$Zn(s)+\frac{1}{2}O_2(g) = ZnO(s)$　　$\Delta_r H_{m,1}^\ominus=-351.5kJ \cdot mol^{-1}$

$Hg(l)+\frac{1}{2}O_2(g) = HgO(s,红)$　　$\Delta_r H_{m,2}^\ominus=-90.8kJ \cdot mol^{-1}$

求 $Zn(s)+HgO(s,红) = ZnO(s)+Hg(l)$的 $\Delta_r H_m^\ominus$。

(3) 已知下列反应热效应

① $N_2(g)+3O_2(g)+H_2(g) = 2HNO_3(aq)$　　$\Delta_r H_1^\ominus=-414.8kJ \cdot mol^{-1}$

② $N_2O_5(g)+H_2O(l) = 2HNO_3(aq)$　　$\Delta_r H_2^\ominus=-140kJ \cdot mol^{-1}$

③ $2H_2(g)+O_2(g) = 2H_2O(l)$　　$\Delta_r H_3^\ominus=-571kJ \cdot mol^{-1}$

则反应 $2N_2(g)+5O_2(g) = 2N_2O_5(g)$ $\Delta_r H_m^\ominus$ 为多少？

(4) 已知 298.15K、$p^\ominus$下，$\frac{1}{2}N_2(g)+\frac{3}{2}H_2(g) = NH_3(g)$的 $\Delta_r H_m^\ominus=-46.2kJ \cdot mol^{-1}$，$\Delta_r S_m^\ominus=-99.2J \cdot mol^{-1} \cdot K^{-1}$，则 $\Delta_r G_m^\ominus(298.15K)$为多少？

(5) CO 和 NO 是汽车尾气中排出的有毒气体。试用热力学原理讨论利用如下反应减少汽车尾气污染的可能性。已知

$$CO(g) + NO(g) = CO_2 + \frac{1}{2}N_2(g)$$

	CO	NO	CO_2	N_2
$\Delta_f H_m^\ominus/(kJ \cdot mol^{-1})$	−110.5	90.4	−393.5	0
$S^\ominus/(J \cdot mol^{-1} \cdot K^{-1})$	197.6	210.7	213.6	192.3

第3章　化学反应速率与化学平衡

化学反应成千上万，种类繁多，基本上都涉及三方面的问题：一是化学反应能否发生，即化学反应进行的方向，这是化学热力学问题；二是化学反应进行的快慢，即化学反应速率的大小，这是化学动力学问题；三是化学反应进行的程度，即化学平衡问题。本章主要讨论化学反应速率和化学平衡，它们对于理论研究和生产实践都具有重要意义。

3.1　化学反应速率

化学反应不同，速率也千差万别。有的化学反应进行得很快，几乎瞬间完成，如炸药的爆炸、酸碱中和反应、照相底片的感光等。有的进行得很慢，如造成环境“白色污染”的塑料制品需要几十年、几百年或更长的时间才能在自然界降解完毕。

研究化学反应速率的目的是掌握和控制反应速率，为科研和生产服务。例如，化工生产中合成氨，为了节省时间，提高经济效益，希望反应的速率越快越好；相反对于那些有害的反应，如铁生锈、塑料老化、机体衰老等反应，则希望其反应速率越慢越好。

化学反应速率指在一定条件下，反应物转变成生成物的速率，有平均速率($\bar{v}$)和瞬时速率(v)两种表达式。

3.1.1　平均速率

化学反应的平均速率通常用单位时间内某一反应物浓度的减少或生成物浓度的增加来表示。

$$\bar{v}=\pm\frac{\Delta c}{\Delta t}=\pm\frac{c_2-c_1}{t_2-t_1} \tag{3-1}$$

由于反应速率只能是正值，其中“+”表示用生成物浓度的变化表示的反应速率；“−”表示用反应物浓度的变化表示的反应速率；c_1 为时间 t_1 时的浓度($\mathrm{mol\cdot L^{-1}}$)；c_2 为时间 t_2 时的浓度($\mathrm{mol\cdot L^{-1}}$)；

例如，氮气和氢气合成氨，反应方程式

	N_2	$+3H_2$	$\rightleftharpoons 2NH_3$
开始浓度/($\mathrm{mol\cdot L^{-1}}$)	2.0	3.0	0
2s以后的浓度/($\mathrm{mol\cdot L^{-1}}$)	1.8	2.4	0.4

反应速率为

$$\bar{v}_{N_2}=-\frac{(1.8-2.0)\mathrm{mol\cdot L^{-1}}}{(2-0)\mathrm{s}}=0.1\mathrm{mol\cdot L^{-1}\cdot s^{-1}}$$

$$\bar{v}_{H_2}=-\frac{(2.4-3.0)\mathrm{mol\cdot L^{-1}}}{(2-0)\mathrm{s}}=0.3\mathrm{mol\cdot L^{-1}\cdot s^{-1}}$$

$$\bar{v}_{NH_3}=\frac{(0.4-0)\text{mol}\cdot\text{L}^{-1}}{(2-0)\text{s}}=0.2\text{mol}\cdot\text{L}^{-1}\cdot\text{s}^{-1}$$

对于同一反应，用不同物质的浓度变化来表示平均速率时，其数值是不同的。实验数据显示反应物浓度不断变化，每时每刻的反应速率是不同的，随着化学反应的进行，反应物的浓度会逐渐降低，反应速率也会随着减小。所以用瞬时速率表示反应速率是科学合理的。

3.1.2　瞬时速率

瞬时速率是指某一反应在某一时刻的真实速率，它等于时间间隔趋于无限小时的平均速率的极限值。

$$v=\pm\lim_{\Delta t\to 0}\frac{\Delta c}{\Delta t}=\pm\frac{\text{d}c}{\text{d}t}\tag{3-2}$$

$\text{d}c/\text{d}t$ 是浓度 c 对时间 t 的微商，是 c-t 曲线切线的斜率。取曲线上任意一点，对该曲线作切线，切线的斜率即为该点对应时刻的瞬时速率。

例如，合成氨的反应

$$N_2+3H_2\rightleftharpoons 2NH_3$$

若 $\text{d}t$ 时间内 N_2 减小量用 $\text{d}x$ 表示，根据方程式中各物质的计量关系可知，H_2 浓度减小 $3\text{d}x$，NH_3 浓度增大 $2\text{d}x$，则 3 种不同物质浓度的变化表示的瞬时速率为

$$v_{N_2}=-\frac{\text{d}c_{N_2}}{\text{d}t}=-\frac{\text{d}x}{\text{d}t}$$

$$v_{H_2}=-\frac{\text{d}c_{H_2}}{\text{d}t}=-\frac{3\text{d}x}{\text{d}t}$$

$$v_{NH_3}=\frac{\text{d}c_{NH_3}}{\text{d}t}=\frac{2\text{d}x}{\text{d}t}$$

从上面的式子可以看出，对同一化学反应，用不同的反应物或生成物在单位时间内浓度的变化量表示反应速率时，数值不一定相等，若都除以各物质前相应的反应计量数 ν，则得到相同的反应速率值。

对于任一反应

$$a\text{A}+d\text{D}\rightleftharpoons g\text{G}+h\text{H}$$

其反应速率为

$$v=-\frac{1}{a}\frac{\text{d}c_A}{\text{d}t}=-\frac{1}{d}\frac{\text{d}c_D}{\text{d}t}=\frac{1}{g}\frac{\text{d}c_G}{\text{d}t}=\frac{1}{h}\frac{\text{d}c_H}{\text{d}t}=\frac{1}{\nu}\frac{\text{d}c_B}{\text{d}t}\tag{3-3}$$

式中，ν 为化学反应方程式中相应物质 B 的化学计量数，如果是反应物，取负值，如果是生成物，取正值。

反应速率是通过实验测定的，步骤如下：

(1) 测定反应体系中某一组分在各个反应时刻的浓度。

例如：$2N_2O_5 \rightleftharpoons 4NO_2 + O_2$

时间/min	0	1	2	3	4
$c_{N_2O_5}$/(mol · L^{-1})	0.160	0.133	0.080	0.056	0.040

(2) 根据表作被测组分的浓度-时间图(图 3-1)。

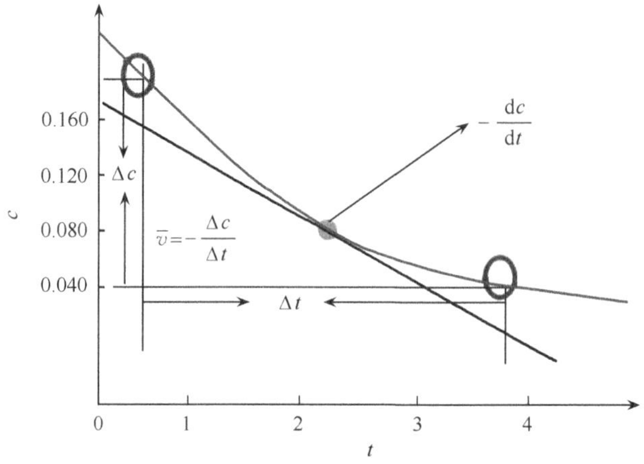

图 3-1 N_2O_5 分解的 c-t 曲线

(3) 曲线上各点的斜率就是该点的反应速率。

时间/min	0	1	2	3	4
v/(mol · L^{-1} · min^{-1})	0.056	0.039	0.028	0.020	0.014

3.2 化学反应速率理论简介

研究化学反应的机理主要有两种理论，即碰撞理论和过渡态理论。

3.2.1 碰撞理论

化学反应是反应物的分子转变为新物质分子。在化学反应过程中，原子未发生变化，只是结合方式发生改变。实质是反应物旧化学键断裂，生成物新化学键形成，此过程必伴有能量的变化，且必有足够能量先使旧键断裂。

1918 年，路易斯(Lewis)运用分子运动理论成果，对气相双分子反应提出了反应速率的碰撞理论，其要点如下：

(1) 发生化学反应的先决条件是反应物分子间必须相互碰撞。对于气相双分子反应，只有反应物分子间发生碰撞才有可能发生反应，反应速率的快慢与单位时间内分子的碰撞频率成正比，碰撞频率越高，反应速率越大。而在一定温度下，反应物分子碰撞的频率又与反应物浓度成正比。

例如

$$2HI(g) \longrightarrow H_2(g) + I_2(g)$$

温度 773K,浓度为 1×10^{-3}mol·L^{-1}的 HI,分子碰撞次数为 3.5×10^{28}次·L^{-1}·s^{-1}。若每次碰撞发生反应,其速率可达 3.8×10^{4}mol·L^{-1}·s^{-1},但实际反应速率为 6×10^{-9}mol·L^{-1}·s^{-1}。千万次碰撞中仅少数碰撞能反应,分子间发生碰撞只是反应进行的必要条件,而不是充分条件。

(2) 具有足够高能量的分子间的有效碰撞,是反应发生的充分条件。在无数次碰撞中,只有极少数能量较高的分子间的碰撞才能发生反应,这些能发生反应的碰撞称为有效碰撞。只有较高能量的分子相互碰撞时,才能克服电子间的相互排斥而充分接近,从而导致原有的旧键断裂和新键形成。能发生有效碰撞的分子称为活化分子。活化分子比其他一般分子具有更高的能量。活化分子在分子总数中占有的百分数越大,则有效碰撞次数越多,反应速率就越快。

为了解释有效碰撞中分子能量的问题,1899 年,瑞典化学家阿伦尼乌斯(Arrhenius)提出了活化能的概念。随后托尔曼证明了活化能(E_a)是活化分子所具有的平均能量(E_m^*)与整个反应物分子的平均能量(E_m)之差(图 3-2),即 $E_a=E_m^*-E_m$,活化能为正值,单位为 kJ·mol^{-1}。

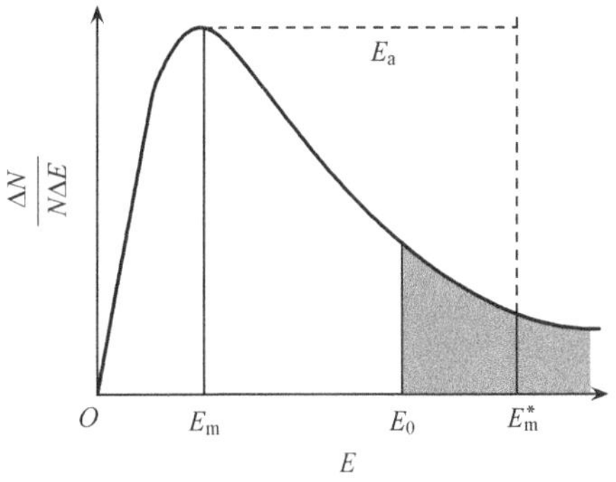

图 3-2　分子能量分布图

图 3-2 中横坐标为分子的能量,纵坐标为具有一定能量的分子所占的百分数。N 为气体分子总数,ΔN 为某能量区间的分子数。阴影部分的面积表示活化分子所占的百分数。E_0 为活化分子的最低能量(摩尔临界能)。活化能是化学反应的阻力,也称能垒。在一定温度下,反应的活化能越小,活化分子所占的百分数越大,单位时间内有效碰撞次数越多,反应速率越快。不同的化学反应有不同的活化能,活化能由实验测定。

(3) 活化分子还必须处在有利的方位才能进行有效碰撞。

以气相反应 $CO(g)+NO_2(g)\longrightarrow CO_2(g)+NO(g)$为例,如图 3-3 所示。

只有图 3-3(a)所示的情况下,碳原子和氧原子相撞时才可能发生氧原子的转移,导致化学反应。

碰撞理论比较直观地解释了一些简单的双原子分子的反应速率与活化能的关系,但没有从分子内部的结构及运动揭示活化能的意义,因而具有一定的局限性。

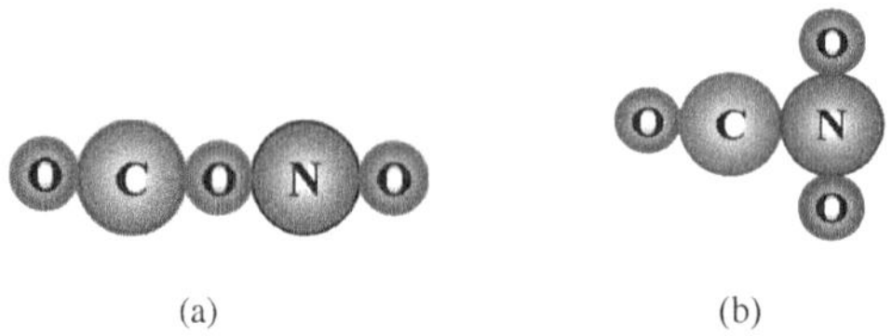

图 3-3　分子碰撞的不同取向

(a) 有效碰撞发生反应；(b) 无效碰撞不发生反应

3.2.2　过渡态理论

随着人们对物质内部结构认识的深入，20 世纪 30 年代，艾林(Eyring)等在量子力学和统计力学发展的基础上提出了过渡态理论。该理论认为：

(1) 由反应物分子变为生成物分子的化学反应并不完全是简单的几何碰撞，而是旧键的破坏与新键的生成的连续过程。

(2) 当具有足够能量的分子以适当的空间取向靠近时，要进行化学键重排，能量重新分配，形成一个过渡状态的活化配合物。

(3) 过渡状态的活化配合物是一种不稳定状态，可形成生成物，也可回到反应物。例如

$$\underset{\text{反应物}}{A+B—C} \longrightarrow \underset{\text{活化配合物}}{[A\cdots B\cdots C]} \longrightarrow \underset{\text{生成物}}{A—B+C}$$

当 A 沿着 B—C 键轴方向接近时，B—C 中的化学键逐渐松弛和削弱，原子 A 和原子 B 之间形成一种新键，这时形成了[A…B…C]的构型，这种过渡状态的构型称为活化配合物。这种活化配合物位能很高，所以很不稳定，它可能重新变回原来的反应物(A，BC)，也可能分解成生成物(AB，C)。

在活化配合物中，原有化学键被削弱但未完全断裂，新的化学键开始形成但尚未完全形成(用虚线表示)。

图 3-4 中横坐标为反应进程，纵坐标为势能。由图可见，从反应物 A+BC 到生成物 AB+C，要经过一个过渡态，过渡态的活化配合物势能高于反应物也高于生成物。活化配合物与反应物两者最低势能的差值 $E_{正}$ 是正反应进行时必须越过的一个能峰。相应地，活化配合物与生成物两者最低势能的差值 $E_{逆}$ 是逆反应进行时必须越过的一个能峰，$E_{正}$ 与 $E_{逆}$ 的差值就是该反应的焓变 ΔH。$\Delta H=E_{正}-E_{逆}$，$\Delta H>0$，正反应吸热；$\Delta H<0$，正反应放热。

过渡态理论吸收了碰撞理论中合理的部分，给活化能一个明确的模型；将微观结构与反应速率理论结合起来，这是比碰撞理论先进的一面。但活化配合物的结构无法确定，方法过于复杂，应用受到限制。

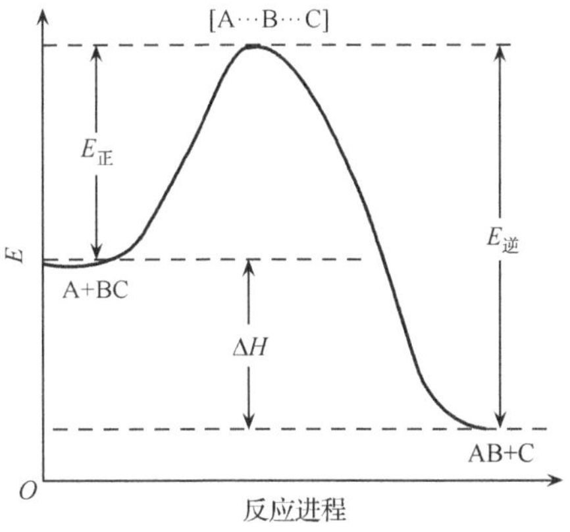

图 3-4　反应物、生成物和过渡态的能量关系

3.3　影响化学反应速率的因素

化学反应的速率主要取决于参加反应的物质的本性，此外还受到外界因素的影响，如浓度、温度、压力、催化剂、介质、光、反应物颗粒大小等。

3.3.1　浓度对化学反应速率的影响

1. 反应机理

一般的化学反应，表面上看是从反应物直接转变成生成物，但实际上绝大多数反应不是一步完成的，它们常经历许多中间步骤。化学反应经历的途径(即反应物怎样变成生成物的过程)称为反应机理或反应历程。一般的化学反应方程式，除非特别注明，都属于化学反应计量方程，只说明反应的始态和终态及反应物和生成物之间的数量变化、比例关系，不能代表反应机理。

从反应机理的角度考虑，化学反应分为“基元反应”和“非基元反应”。基元反应就是反应物分子一步作用直接转化成生成物的反应，也称简单反应。

例如

$$N_2O_4 \xlongequal{\quad} 2NO_2$$

是基元反应，也是简单反应。

非基元反应是由两个或两个以上的基元反应构成的反应，也称复杂反应。绝大多数化学反应都是复杂反应，因此，一般的反应方程式，除非特别说明是基元反应，否则不能当作基元反应。

例如，$2N_2O_5 \xlongequal{\quad} 4NO_2 + O_2$ 是由下列 3 个步骤组成的

$$N_2O_5 \longrightarrow N_2O_3 + O_2 \quad 慢 \quad ①$$

$$N_2O_3 \longrightarrow NO_2 + NO \quad 快 \quad ②$$

$$2NO + O_2 \longrightarrow 2NO_2 \quad 快 \quad ③$$

又如，$H_2+I_2 = 2HI$ 是由下列 2 个步骤组成的

$$I_2 \longrightarrow 2I \quad 快 \quad ①$$

$$H_2+2I \longrightarrow 2HI \quad 慢 \quad ②$$

上述反应都是由两种或两种以上基元反应构成的非基元反应（复杂反应）。化学反应速率的快慢与反应机理有关。对于非基元反应，总反应速率是由最慢的基元反应来决定，反应速率最慢的基元反应称为决速步骤或控制步骤。

2. 质量作用定律和速率常数

实验证明在一定温度下，增加反应物的浓度可以增大反应速率。1864 年，挪威科学家古德贝格（Gudberg）和瓦格（Waage）对其定量关系进行了总结，得到了质量作用定律：基元反应的反应速率与反应物浓度的幂的乘积成正比。对于任一基元反应

$$aA+bB = gG+hH$$

其速率方程式为

$$v = kc_A^a c_B^b \tag{3-4}$$

式中，c_A、c_B 为反应物 A、B 的浓度，单位为 $mol \cdot L^{-1}$；比例系数 k 称为速率常数。

例如，基元反应

$$NO_2+CO = NO+CO_2$$

速率方程可表示为

$$v = kc_{NO_2}c_{CO}$$

应当强调的是：

(1) 质量作用定律只适用于基元反应，不适用于非基元反应。

(2) 速率常数是反应物浓度均为单位浓度时的反应速率，一般由实验测得。k 的大小取决于反应物的本性、反应温度和催化剂，与反应物浓度无关。改变反应物的浓度可以改变反应的速率，但不会改变 k 值的大小。

(3) 若反应中有固体、纯液体或稀溶液中的溶剂参加化学反应，这些物质的浓度可视为常数，合并入速率常数中，不用在速率方程中写出。例如

$$C(s)+O_2(g) = CO_2(g)$$

$$v = kc_{O_2}$$

又如，蔗糖水解

$$C_{12}H_{22}O_{11}(蔗糖)+H_2O = C_6H_{12}O_6(葡萄糖)+C_6H_{12}O_6(果糖)$$

$$v = kc_{C_{12}H_{22}O_{11}}$$

(4) 如果参加反应的物质是气体，在质量作用定律表达式中可用气体的分压代替浓度。例如

$$2NO_2(g) = 2NO(g)+O_2(g)$$

用浓度表示反应速率时

$$v = k_c c_{NO_2}^2$$

用分压表示反应速率时

$$v = k_p p_{NO_2}^2$$

以上两式均为速率方程，其中 k_c、k_p 分别为以浓度与分压来表示反应速率时的速率常数，对于同一反应而言，k_c 与 k_p 在数值上是不相同的。

(5) 若是复杂反应，不能根据复杂反应的总反应式直接写出速率方程。而必须以实验为依据，或者知道反应机理，找到控制步骤。

例如，复杂反应

$$2N_2O_5(g) \xlongequal{} 4NO_2(g) + O_2(g)$$

$$N_2O_5(g) \xlongequal{} N_2O_3(g) + O_2(g) \quad 慢(基元反应) \quad ①$$

$$N_2O_3(g) \xlongequal{} NO_2(g) + NO(g) \quad 快(基元反应) \quad ②$$

$$N_2O_5(g) + NO(g) \xlongequal{} 3NO_2(g) \quad 快(基元反应) \quad ③$$

确定速率方程以最慢的一步为准：

$$v = kc_{N_2O_5}$$

3. 反应级数

在多数的化学反应中，化学反应的速率方程都可以表示为反应物浓度某次方的乘积，对于一般的化学反应

$$aA + bB \xlongequal{} gG + hH$$

其速率方程可先设为

$$v = kc_A^x c_B^y$$

然后通过实验来确定 x 和 y 的值。

式中，某反应物浓度的方次称为反应物的反应级数，如反应物 A 的级数为 x，反应物 B 的级数为 y。所有反应物级数的和 $x+y+\cdots$ 为该反应的级数。

反应级数的大小表示浓度对反应速率的影响程度，级数越大，速率受浓度的影响越大。若 $x+y=1$，称为一级反应；$x+y=2$，称为二级反应；以此类推。四级和四级以上反应不存在。反应级数可以是分数、整数或者零。

【例 3-1】 已知反应 $aA+bB \xlongequal{} cC$ 在某温度下实验测得的数据如下所示，求该反应的速率方程、速率常数 k 和反应级数。

解　设速率方程为 $v = kc_A^x c_B^y$，则

$$\frac{v_1}{v_2} = \frac{k(6.00 \times 10^{-3})^x (1.00 \times 10^3)^y}{k(6.00 \times 10^{-3})^x (2.00 \times 10^{-3})^y}$$

$$\left(\frac{1}{2}\right)^y = \frac{3.1 \times 10^{-3}}{6.36 \times 10^{-3}} \approx \frac{1}{2}$$

编号	起始浓度/(mol · L⁻¹)		初速率 v/(mol · L⁻¹ · s⁻¹)
	c_A	c_B	
1	6.00×10^{-3}	1.00×10^{-3}	3.10×10^{-3}
2	6.00×10^{-3}	2.00×10^{-3}	6.36×10^{-3}
3	1.00×10^{-3}	6.00×10^{-3}	0.48×10^{-3}
4	2.00×10^{-3}	6.00×10^{-3}	1.92×10^{-3}

则

$$y=1$$

同理

$$\frac{v_3}{v_4}=\left(\frac{1}{2}\right)^x=\frac{0.48\times10^{-3}}{1.92\times10^{-3}}=\frac{1}{4},x=2$$

所以速率方程为 $v=kc_A^2c_B$。

将第一组数据代入 $v=kc_A^2c_B$，有

$$v=k(6.00\times10^{-3})^2\times(1.00\times10^{-3})=3.10\times10^{-3}$$

得出速率常数 $k=8.61\times10^4(L^2\cdot mol^{-2}\cdot s^{-1})$，所以速率方程为

$$v=8.61\times10^4c_A^2c_B$$

反应级数为 3。

总之，反应级数和速率常数一经确定，化学反应的速率方程也就确定了。速率常数的单位取决于反应级数，二者的关系为 $mol^{1-n}\cdot L^{n-1}\cdot s^{-1}$，因此也可根据速率常数单位判断反应级数。表 3-1 列出了一些化学反应的速率方程、反应级数和 k 的单位。

表 3-1 某些化学反应的速率方程、反应级数和速率常数的单位

化学反应	速率方程	反应级数	k 的单位
$SO_2Cl_2 = SO_2+Cl_2$	$v=kc_{SO_2Cl_2}$	1	s^{-1}
$2NO_2 = 2NO+O_2$	$v=kc_{NO_2}^2$	2	$mol^{-1}\cdot L\cdot s^{-1}$
$2H_2+2NO = 2H_2O+N_2$	$v=kc_{H_2}\cdot c_{NO}^2$	3	$mol^{-2}\cdot L^2\cdot s^{-1}$
$2NH_3 \xlongequal{Fe} N_2+3H_2$	$v=kc_{NH_3}^0=k$	0	$mol\cdot L^{-1}\cdot s^{-1}$
$H_2+Cl_2 = 2HCl$	$v=kc_{H_2}\cdot c_{Cl_2}^{1/2}$	$\frac{3}{2}$	$mol^{-\frac{1}{2}}\cdot L^{\frac{1}{2}}\cdot S^{-1}$

3.3.2 温度对化学反应速率的影响

对大多数反应而言，温度升高，反应速率加快(温度升高，速率反而下降，这种类型很少，如一氧化氮氧化成二氧化氮)。原因是温度升高，分子的平均动能增加，活化分子数增加，有效碰撞增多，因而反应速率增加。

1. 范特霍夫规则

温度对化学反应速率的影响特别显著。例如，冰块在热水中更易融化，夏天的食物比

冬天更易变质。1884 年，范特霍夫根据大量实验事实得出一条经验规则：如果反应物的浓度或分压恒定，温度每升高 10K（或℃），反应速率大约增大至原来的 2～4 倍，即

$$\frac{k_{T+10}}{k_T} = 2 \sim 4 \quad 或 \quad \frac{k_{T+10\times n}}{k_T} = (2 \sim 4)^n \tag{3-5}$$

式(3-5)中，k_T、k_{T+10}、$k_{T+10\times n}$ 分别表示温度在 TK、$(T+10)$K、$(T+10\times n)$ K 时反应的速率常数。

此经验规则只适用于温度不太高的条件以及活化能不太大的反应，利用范特霍夫规则可粗略估计温度变化对反应速率的影响。

2. 阿伦尼乌斯经验公式

范特霍夫规则只能粗略地估计温度变化对反应速率的影响，无法给出化学反应速率和温度的定量关系。1889 年，瑞典化学家阿伦尼乌斯在总结大量实验事实的基础上，提出了反应速率与温度的关系式，即阿伦尼乌斯公式

$$k = A\mathrm{e}^{\frac{-E_a}{RT}} \tag{3-6}$$

或

$$\ln k = \frac{-E_a}{R} \cdot \frac{1}{T} + \ln A \tag{3-7}$$

或

$$\lg k = \frac{-E_a}{2.303R} \cdot \frac{1}{T} + \lg A \tag{3-8}$$

以上三式中，A 是反应的特征常数，称为指前因子；e 是自然对数的底数，为 2.718；R 是摩尔气体常量，为 $8.314\mathrm{J \cdot mol^{-1} \cdot K^{-1}}$；$T$ 是热力学温度(K)；E_a 是活化能($\mathrm{kJ \cdot mol^{-1}}$)。

A、E_a 是反应的特性常数，均为正值，二者与 T 基本无关。

式(3-7)、式(3-8)表明 $\ln k$ 或 $\lg k$ 与 $1/T$ 呈直线关系，直线的斜率为 $-E_a/R$ 或 $-E_a/2.303R$，截距为 $\ln A$ 或 $\lg A$。

还需强调的是以下几点：

(1) 阿伦尼乌斯公式不仅适用于基元反应，也适用于非基元反应。

(2) 由阿伦尼乌斯公式看出，k 与浓度 c 无关，与 T、E_a 有关，T 升高，E_a 降低，则 k 增大，反应速率 v 增大。E_a 值越大，T 对 k 的影响越大。

(3) 并非所有反应、任何温度范围均符合阿伦尼乌斯公式，如爆炸反应、酶催化反应等并不符合阿伦尼乌斯公式。

若某一反应在 T_1 温度时的速率常数为 k_1，T_2 温度时的速率常数为 k_2，代入式(3-7)中得

$$\ln k_1 = \frac{-E_a}{R} \cdot \frac{1}{T_1} + \ln A$$

$$\ln k_2 = \frac{-E_a}{R} \cdot \frac{1}{T_2} + \ln A$$

两式相减，得

$$\ln \frac{k_1}{k_2} = \frac{-E_a}{R} \cdot \left(\frac{1}{T_1} - \frac{1}{T_2}\right) \tag{3-9}$$

或

$$\lg \frac{k_1}{k_2} = \frac{-E_a}{2.303R} \cdot \left(\frac{1}{T_1} - \frac{1}{T_2}\right) \tag{3-10}$$

式(3-6)～式(3-10)都称为阿伦尼乌斯公式，可利用这些公式，用不同温度下的反应速率常数 k 计算反应的活化能 E_a 和指前因子 A；或从一个温度下的速率常数 k_1 求另一温度下的速率常数 k_2。

【例 3-2】 反应 $S_2O_8^{2-} + 2I^- \longrightarrow 2SO_4^{2-} + I_2$，已知 273K 时的速率常数为 8.2×10^{-4}，293K 时速率常数 4.1×10^{-3}，计算该反应的活化能。

解 根据 $\ln \frac{k_1}{k_2} = \frac{-E_a}{R} \cdot \left(\frac{1}{T_1} - \frac{1}{T_2}\right)$，得

$$\ln \frac{8.2\times10^{-4}}{4.1\times10^{-3}} = \frac{-E_a}{8.314\times10^{-3}} \cdot \left(\frac{1}{273} - \frac{1}{293}\right)$$

$$E_a = 53.5(\text{kJ} \cdot \text{mol}^{-1})$$

【例 3-3】 某反应的活化能 $E_a = 1.14\times10^5 \text{J} \cdot \text{mol}^{-1}$。在 600K 时 $k = 0.75\text{L} \cdot \text{mol}^{-1} \cdot \text{s}^{-1}$，计算 700K 的 k。

解 设 600K 温度时的速率常数为 k_1，700K 温度时的速率常数为 k_2。

根据 $\lg \frac{k_1}{k_2} = \frac{-E_a}{2.303R} \cdot \left(\frac{1}{T_1} - \frac{1}{T_2}\right)$，得

$$\lg \frac{0.75}{k_2} = \frac{-1.14\times10^5}{2.303\times8.314} \times \left(\frac{1}{600} - \frac{1}{700}\right)$$

700K 时的速率常数为

$$k_2 = 20(\text{L} \cdot \text{mol}^{-1} \cdot \text{s}^{-1})$$

3.3.3 压力对化学反应速率的影响

对于反应物是固体、液体，或在水溶液中的反应，压力对其体积的影响很小，反应物的浓度几乎不变。因此，可以认为压力与其反应速率无关。

对于气体来说，若其他条件不变，增大(降低)压力，就是增加(降低)单位体积的反应物的物质的量，即增加(降低)反应物的浓度，因而可以增大(降低)化学反应的速率。压力只对于有气体参加的反应的速率有影响。

对于气体有下列几种情况：

(1) 恒温时，增大压力，体积减小，反应物浓度增大，反应速率增大。

(2) 恒容时，充入气体反应物，反应物浓度增大，总压增大，反应速率增大；充入“无关

气体”(如 He、N_2 等),引起总压增大,但各反应物的分压不变,各物质的浓度不变,则反应速率不变。

(3) 恒压时,充入“无关气体”(如 He 等),引起体积增大,各反应物浓度减少,反应速率减慢。

3.3.4 催化剂对化学反应速率的影响

1. 催化剂和催化作用

凡能改变反应速率而本身的组成和质量在反应前后保持不变的物质,称为催化剂。催化剂能改变反应速率的作用称为催化作用。能加速反应速率的催化剂称为正催化剂,如过氧化氢分解时加入少量的 MnO_2 可以大大加快反应速率;能减慢反应速率称为负催化剂,如防止金属腐蚀、橡胶老化常需加入此类催化剂来减慢反应速率。

一般提到催化剂,均指正催化剂。使用催化剂,能够降低反应所需的能量,使更多的反应物分子成为活化分子,大大增加单位体积内反应物分子中活化分子所占的百分数,因而使反应速率加快。

2. 催化剂的特点

(1) 加入少量催化剂就能加快反应,而催化剂本身的化学性质和质量不变。

(2) 对可逆反应来说,催化剂同等程度地加快正、逆反应的反应速率。

(3) 催化剂对反应速率的影响是通过改变反应机理实现的。催化剂的催化机理主要是改变了反应的途径,降低了活化能,如图 3-5 所示。例如

$$A + B \Longrightarrow AB \qquad 活化能为\ E_a \qquad ①$$

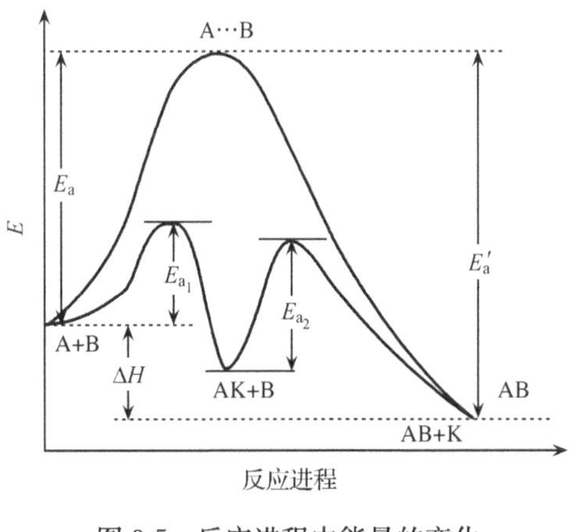

图 3-5　反应进程中能量的变化

加催化剂 K 后,改变了反应途径,具体反应机理如下:

$$\left.\begin{aligned} A + K &\Longrightarrow AK \qquad 活化能为\ E_{a_1} \\ AK + B &\Longrightarrow AB + K \qquad 活化能为\ E_{a_2} \end{aligned}\right\} \qquad ②$$

对比两种机理①②，由于 E_{a_1}、E_{a_2} 均小于 E_a，所以加入催化剂使反应沿着一条活化能较原来低的反应途径进行，从而加快反应速率。例如，HI 分解反应，若反应在 503K 进行，无催化剂时，活化能是 184kJ · mol^{-1}，以 Au 粉为催化剂时，活化能降低至 104.6kJ · mol^{-1}，由于活化能降低约 80kJ · mol^{-1}，反应速率增大约 10^7 倍。

从反应机理②还可以看出催化剂参加反应，反应前后催化剂质量不变。但需要提醒的是催化剂参与反应后某些物理性质，特别是表面性状会发生变化，所以工业生产中使用的催化剂须经常“再生”或补充。

(4) 催化剂只能加速热力学上认为可以实际发生的反应，而且只能改变反应速率从而改变反应达到平衡的时间，不影响平衡。

(5) 催化剂具有一定的选择性，不同的反应要用不同的催化剂，不存在万能的催化剂。例如，氯酸钾分解制氧气时加入少量 MnO_2；合成氨生产中加入 Fe 作催化剂。

(6) 某些杂质会影响催化剂的催化效果。有些物质会使催化剂的活性增强，这类物质称为助催化剂。例如，在合成氨生产中 Fe 是催化剂，少量的 K_2O 和 Al_2O_3 可以作为助催化剂，加 Al_2O_3 可使表面积增大；加入 K_2O 可使催化剂表面电子云密度增大。而有时催化剂的活性会因接触少量的杂质而明显下降甚至遭到破坏，这种现象称为催化剂中毒。例如，在接触法制 H_2SO_4 的过程中，少量的 AsH_3 就能使铂催化剂中毒。

综上所述，各条件对反应速率的影响大小是：催化剂＞温度＞浓度＝压力(体积变化引起的)；各种影响都有其局限性，要针对具体反应具体分析。

3.4　化学平衡与平衡常数

工业生产上，人们除了通过各种方法提高化学反应速率外，还十分关心化学反应完成的程度，即在一定条件下，化学反应进行的最大限度(反应物的最大转化率)及反应达到最大限度时各物质间量的关系，这就是化学平衡问题。

3.4.1　可逆反应

如果反应只能向一个方向进行，则称为不可逆反应。

大多数反应在同一条件下，既能从反应物变成生成物，也能从生成物变为反应物，通常把从左到右进行的反应称为正反应；从右往左进行的反应称为逆反应。在同一条件下能同时向正反应方向又能向逆反应方向进行的反应称为可逆反应。需注意的是可逆反应总是不能进行到底，得到的总是反应物与生成物的混合物。

3.4.2　化学平衡

一般情况下，化学反应都具有可逆性，只是可逆程度有所不同。在可逆反应中，正逆反应的速率相等时，体系所处的状态称为化学平衡(图 3-6)。

化学平衡具有以下几个特点：

(1) 只有在恒温条件下，封闭体系中进行的可逆反应，才能建立化学平衡。

(2) 正、逆反应速率相等是化学平衡建立的条件。

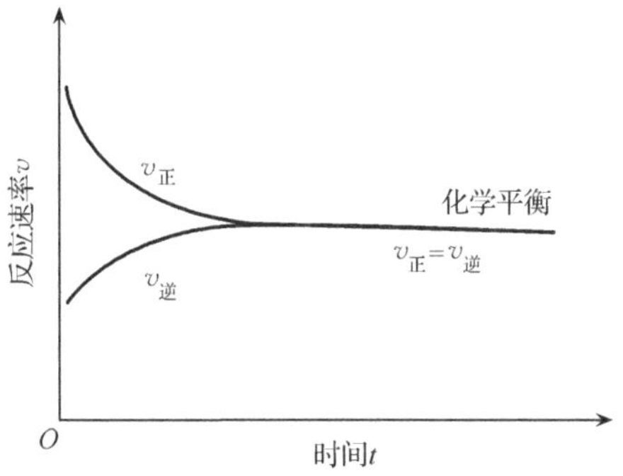

图 3-6　正逆反应平衡示意图

(3) 平衡状态是封闭体系中可逆反应进行的最大限度，各物质浓度都不再随时间改变。

(4) 化学平衡可以从反应正向或反应逆向两个方向达到。

(5) 化学平衡是有条件的、暂时的平衡。当外界因素改变时，正、逆反应速率发生变化，原有平衡将受到破坏，直到建立新的动态平衡。

3.4.3　平衡常数

1. 平衡常数的分类

在一定温度下，当一个可逆反应达到化学平衡时，生成物浓度幂之积与反应物浓度幂之积的比值是一个常数，这个常数就是该反应的平衡常数。即一定温度下无论从正反应开始，还是从逆反应开始，或者从混合物开始，尽管平衡时各物质浓度不同，但是生成物浓度幂之积与反应物浓度幂之积的比值是一定的。

平衡常数与浓度、压力无关，只随温度的变化而变化。平衡常数的大小标志可逆反应进行的程度。平衡常数越大，反应进行得越完全，反应物转化率越大；反之，就越不完全，转化率就越小。一般地说，平衡常数大于 10^5 时，该反应进行得基本完全了。但平衡常数大的反应，其反应速率不一定快。

1) 实验平衡常数

若反应在水溶液中进行

$$a\mathrm{A(aq)}+d\mathrm{D(aq)} \rightleftharpoons g\mathrm{G(aq)}+h\mathrm{H(aq)}$$

$$K_c=\frac{c_{\mathrm{G}}^{g}\cdot c_{\mathrm{H}}^{h}}{c_{\mathrm{A}}^{a}\cdot c_{\mathrm{D}}^{d}} \tag{3-11}$$

式中，c_{A}、c_{D}、c_{G}、c_{H} 分别表示各物质平衡时的浓度；K_c 为浓度平衡常数。

若是气相(反应物和生成物都是气体)可逆反应：

$$a\mathrm{A(g)}+d\mathrm{D(g)} \rightleftharpoons g\mathrm{G(g)}+h\mathrm{H(g)}$$

$$K_p=\frac{p_{\mathrm{G}}^{g}\cdot p_{\mathrm{H}}^{h}}{p_{\mathrm{A}}^{a}\cdot p_{\mathrm{D}}^{d}} \tag{3-12}$$

式中，p_A、p_D、p_G、p_H 分别表示各物质平衡时的分压；K_p 为压力平衡常数。

对于气体反应，平衡常数既可用 K_c 表示，也可用 K_p 表示。

若是多相反应，反应中既有溶液又有气体物质，则平衡常数表达式中可分别用平衡时的浓度或分压混用。

K_c、K_p 都是将平衡时实验测定值直接代入平衡常数式计算所得，因此，它们均属于实验平衡常数(经验平衡常数)，其数值和单位随着分压或浓度所用的单位不同而异。

K_c 的单位：$(\text{mol} \cdot \text{L}^{-1})^{(g+h)-(a+d)}$

K_p 的单位：$(\text{kPa})^{(g+h)-(a+d)}$

K_c、K_p 的单位给平衡计算带来很大麻烦，也不便于与热力学函数相联系，本书使用标准平衡常数。

2) 标准平衡常数

实验平衡常数表达式中的浓度项或分压项分别除以标准浓度 $c^{\ominus}$($1\text{mol} \cdot \text{L}^{-1}$)或标准压力 $p^{\ominus}$(100kPa)所得的平衡常数称为标准平衡常数，符号为"$K^{\ominus}$"。与式(3-11)及式(3-12)相对应的标准平衡常数表达式分别为

$$K_c^{\ominus} = \frac{(c_G/c^{\ominus})^g \cdot (c_H/c^{\ominus})^h}{(c_A/c^{\ominus})^a \cdot (c_D/c^{\ominus})^d} \tag{3-13}$$

$$K_p^{\ominus} = \frac{(p_G/p^{\ominus})^g \cdot (p_H/p^{\ominus})^h}{(p_A/p^{\ominus})^a \cdot (p_D/p^{\ominus})^d} \tag{3-14}$$

$K_c^{\ominus}$、$K_p^{\ominus}$ 分别为浓度标准平衡常数和分压标准平衡常数。

以上两式中 $c/c^{\ominus}$ 称为平衡时的相对浓度，$p/p^{\ominus}$ 称为平衡时的相对分压。可见，标准平衡常数仍是达到化学平衡时，生成物相对分压(或相对浓度)以化学计量数为指数的幂的乘积与反应物相对分压(或相对浓度)以化学计量数为指数的幂的乘积的比值。

严格来说，$K_c^{\ominus}$ 与 $K^{\ominus}$ 是有区别的，但为了书写简便，本章的浓度标准平衡常数表达式及以后章节中的标准平衡常数(弱酸或弱碱的解离常数、难溶电解质的溶度积、配合物的稳定常数等)表达式中的浓度项均不再除以标准浓度 $c^{\ominus}$，如式(3-13)简写为

$$K^{\ominus} = \frac{c_G^g \cdot c_H^h}{c_A^a \cdot c_D^d} \tag{3-15}$$

式(3-14)也可写为

$$K^{\ominus} = \frac{(p_G/p^{\ominus})^g \cdot (p_H/p^{\ominus})^h}{(p_A/p^{\ominus})^a \cdot (p_D/p^{\ominus})^d} \tag{3-16}$$

2. 书写标准平衡常数表达式应该注意的事项

(1) 标准平衡常数仅是温度的函数，当温度不变时，其值为一常数，因此要注明 $K^{\ominus}$ 的温度条件，通常一定温度下同一化学反应只有一个 $K^{\ominus}$。

(2) 如果反应中有固体和纯液体参加，它们的浓度或分压视为常数而不写在平衡关系式中。例如

$$CaCO_3(s) \rightleftharpoons CaO(s) + CO_2(g)$$

$$K_p^{\ominus} = \frac{p_{CO_2}}{p^{\ominus}}$$

(3) 稀溶液中进行的反应,如有水参加,水的浓度不写在平衡关系式中。非水溶液中的反应,如有水生成或有水参加反应,此时水的浓度不可视为常数,必须表示在平衡关系式中。例如

$$Cr_2O_7^{2-} + H_2O \rightleftharpoons 2CrO_4^{2-} + 2H^+$$

$$K^{\ominus} = \frac{c_{CrO_4^{2-}}^2 \cdot c_{H^+}^2}{c_{Cr_2O_7^{2-}}}$$

$$C_2H_5OH(l) + CH_3COOH(l) \rightleftharpoons CH_3COOC_2H_5(l) + H_2O(l)$$

$$K^{\ominus} = \frac{c_{CH_3COOC_2H_5} \cdot c_{H_2O}}{c_{C_2H_5OH} \cdot c_{CH_3COOH}}$$

(4) 同一化学反应,可以用不同的化学反应式来表示,标准平衡常数与化学反应方程式的书写形式有关。例如

$$N_2O_4(g) \rightleftharpoons 2NO_2(g) \qquad K_1^{\ominus} = \frac{c_{NO_2}^2}{c_{N_2O_4}}$$

$$2NO_2(g) \rightleftharpoons N_2O_4(g) \qquad K_2^{\ominus} = \frac{c_{N_2O_4}}{c_{NO_2}^2}$$

$$1/2N_2O_4(g) \rightleftharpoons NO_2(g) \qquad K_3^{\ominus} = \frac{c_{NO_2}}{(c_{N_2O_4})^{1/2}}$$

显然

$$K_1^{\ominus} = 1/K_2^{\ominus} = (K_3^{\ominus})^2$$

(5) 如果某个反应可以表示为两个或多个反应的总和,则总反应的平衡常数等于各分步反应平衡常数之积。这个关系称为多重平衡规则。应用多重平衡规则时,各个反应状态(温度、压力、浓度)必须相等。例如

$$2NO(g) + O_2(g) \rightleftharpoons 2NO_2(g) \qquad K_1^{\ominus} \qquad ①$$

$$2NO_2(g) \rightleftharpoons N_2O_4(g) \qquad K_2^{\ominus} \qquad ②$$

$$2NO(g) + O_2(g) \rightleftharpoons N_2O_4(g) \qquad K_3^{\ominus} \qquad ③$$

因为①+②=③,所以

$$K_3^{\ominus} = K_1^{\ominus} \cdot K_2^{\ominus}$$

又如

$$2N_2(g) + O_2(g) \rightleftharpoons 2N_2O(g) \qquad K_1^{\ominus} \qquad ①$$

$$N_2(g) + 2O_2(g) \rightleftharpoons 2NO_2(g) \qquad K_2^{\ominus} \qquad ②$$

$$2N_2O(g) + 3O_2(g) \rightleftharpoons 4NO_2(g) \qquad K_3^{\ominus} \qquad ③$$

因为②×2－①＝③，所以

$$K_3^\ominus = (K_2^\ominus)^2/K_1^\ominus$$

注意：

a. 平衡常数的大小，只能大致告诉我们一个可逆反应的正向反应所进行的最大程度，并不能预示反应达到平衡所需要的时间。$K^\ominus$很大，平衡时系统主要由生成物组成，可以说反应向右进行的趋势很大（$K^\ominus \geqslant 500$是反应进行完全的标志）。$K^\ominus$很小，平衡时系统主要由反应物组成，可以说反应基本没有进行。例如，$N_2 + O_2 \rightleftharpoons 2NO$，$K^\ominus = 10^{-30}$（298.15K），所以常温下用此反应固定氮气是不可能的。因此没有必要在该条件下进行实验，以免浪费人力、物力。或者改变条件使反应在新的条件下进行比较好一些。

b. 上述平衡常数与平衡体系各组分分压或浓度的关系，严格地说只是对于气体分压不太高，溶质的浓度比较稀的情况下适用。

3. 有关化学平衡的计算

平衡转化率简称转化率，指的是当化学反应达到平衡时，已转化的反应物浓度占该物质初始浓度的百分数。

$$\text{转化率} = \frac{\text{已转化的反应物浓度}}{\text{反应物的初始浓度}} \times 100\%$$

转化率越大，反应进行的程度越大。

【例 3-4】 已知反应$CO(g) + H_2O(g) \rightleftharpoons CO_2(g) + H_2(g)$平衡时，各物质的浓度分别为$c_{CO} = 0.8\text{mol} \cdot L^{-1}$，$c_{H_2O} = 1.8\text{mol} \cdot L^{-1}$，$c_{CO_2} = c_{H_2} = 1.2\text{mol} \cdot L^{-1}$，CO的起始浓度为$2\text{mol} \cdot L^{-1}$，若温度不变，使水蒸气的浓度增大至$6\text{mol} \cdot L^{-1}$，求CO的转化率。

解 设水蒸气浓度增大至$6\text{mol} \cdot L^{-1}$后，CO转化的浓度为$y\text{mol} \cdot L^{-1}$

	$CO(g)$	$+\ H_2O(g) \rightleftharpoons$	$CO_2(g)$	$+\ H_2(g)$
起始/mol	2.0	0	0	0
平衡/mol	0.8	1.8	1.2	1.2
加入水蒸气/mol	0.8	6.0	1.2	1.2
新平衡/mol	$0.8-y$	$6.0-y$	$1.2+y$	$1.2+y$

$$K^\ominus = \frac{(1.2)^2}{1.8 \times 0.8} = 1$$

$$K^\ominus = \frac{(1.2+y)^2}{(0.8-y) \times (6.0-y)} = 1$$

$$y = 0.37(\text{mol} \cdot L^{-1})$$

$$\text{CO的转化率} = \frac{1.2+0.37}{2.0} \times 100\% = 78.5\%$$

4. 反应商 Q 与 $K^\ominus$

一个反应是否达到平衡可用平衡常数与反应商比较得出结论。反应商称为浓度商，是指可逆反应在任一状态下各生成物浓度幂的乘积与各反应物浓度幂的乘积之比，用Q表示。

需强调的是反应商 Q 为任一状态下的浓度商；$K^{\ominus}$ 是平衡状态时的浓度商。

判断反应进行的方向和限度的依据为：

(1) 当 $Q<K^{\ominus}$ 时，反应正向自发进行，生成物浓度逐渐增大，反应商增大，至 $Q=K^{\ominus}$ 时达到平衡。

(2) 当 $Q=K^{\ominus}$ 时，反应处于平衡状态，此时反应达到该条件下的最大限度。

(3) 当 $Q>K^{\ominus}$ 时，反应逆向进行，反应物浓度逐渐增大，反应商减小，至 $Q=K^{\ominus}$ 时达到平衡。

3.5　化学平衡的移动

化学平衡是在一定条件下的动态平衡。一旦外界条件(如浓度、压力、温度等)发生变化，原有的平衡状态就被破坏，直至在新的条件下建立起新的平衡。

3.5.1　浓度对化学平衡的影响

在一定温度下，当一个可逆反应达到平衡后，改变反应物的浓度或生成物的浓度都会使平衡发生移动。

增加反应物的浓度或减小生成物的浓度，使 $Q<K^{\ominus}$，平衡将向正反应方向移动。工业生产中，经常用增大廉价、易得的反应物浓度的方法，提高贵重反应物的转化率。例如，合成氨反应中，加大 N_2 用量可以提高 H_2 的转化率。

减小反应物浓度或增大生成物浓度，使 $Q>K^{\ominus}$，平衡向逆反应方向移动。

3.5.2　压力对化学平衡的影响

压力对化学平衡的影响需分情况讨论。

(1) 有气体参加且反应前后气体分子总数相等的反应，增加总压或减小总压，对各气态物质分压的影响是等同的，化学平衡不移动。例如

$$A(g) + B(g) \rightleftharpoons 2C(g)$$

在一定温度下达平衡时

$$K^{\ominus} = \frac{(p_C/p^{\ominus})^2}{(p_A/p^{\ominus}) \cdot (p_B/p^{\ominus})}$$

当温度不变，体系总压增加一倍，各气态物质的分压也增加一倍，即

$$Q = \frac{(2p_C/p^{\ominus})^2}{(2p_A/p^{\ominus}) \cdot (2p_B/p^{\ominus})} = K^{\ominus}$$

则平衡不移动。

(2) 有气体参加，但反应前后气体分子总数不等的反应。增大总压，平衡向气体分子总数减小的方向移动；减小总压，平衡向气体分子总数增加的方向移动。例如

$$N_2(g) + 3H_2(g) \rightleftharpoons 2NH_3(g)$$

在一定温度下达平衡时

$$K^{\ominus}=\frac{(p_{NH_3}/p^{\ominus})^2}{(p_{N_2}/p^{\ominus})\cdot(p_{H_2}/p^{\ominus})^3}$$

如果减小平衡体系的体积，使体系总压增加一倍，此时各组分的分压也增加一倍，即

$$Q=\frac{(2p_{NH_3}/p^{\ominus})^2}{(2p_{N_2}/p^{\ominus})\cdot(2p_{H_2}/p^{\ominus})^3}=\frac{1}{4}K^{\ominus}$$

$$Q<K^{\ominus}$$

该体系平衡被破坏，反应向生成氨(气体分子总数减小)的方向移动。

同理，如果将体系的总压降到原来的一半，这时各组分的分压也降到原来的一半，即

$$Q=\frac{\left(\frac{1}{2}p_{NH_3}/p^{\ominus}\right)^2}{\left(\frac{1}{2}p_{N_2}/p^{\ominus}\right)\cdot\left(\frac{1}{2}p_{H_2}/p^{\ominus}\right)^3}=4K^{\ominus}$$

$$Q>K^{\ominus}$$

因此，反应向氨分解(气体分子总数增大)的方向移动。

(3) 压力对固体、液体的体积影响很小，改变压力对只有固体、液体参加的可逆反应几乎没有影响。对于有气体参加的反应体系，在处理具体问题时，常将体积的变化归结为浓度或压力的变化来讨论，体积的减小相当于浓度或压力的增大，而体积的增加相当于浓度或压力减小。

(4) 加入不参加反应的气体，如惰性气体，在定容的条件下，各组分气体分压不变，对化学平衡无影响；在定压条件下，加入无关的气体，使反应体系体积增大，各组分气体的分压减小，化学平衡向气体分子总数增加的方向移动。

3.5.3 温度对化学平衡的影响

因为平衡常数 $K^{\ominus}$ 是温度的函数，温度对平衡移动的影响和浓度及压力有着本质的区别。其他条件不变时，温度对平衡的影响是以温度对吸热反应和放热反应速率的影响程度不同为基础的。升高温度，无论是放热反应还是吸热反应(可逆反应的正、逆反应)，速率都加快，但吸热方向速率加快的幅度大；降低温度，无论是放热反应还是吸热反应(可逆反应的正、逆反应)，速率都减慢，但吸热方向速率下降的幅度大，这是因为吸热反应的活化能总是大于放热反应的活化能，而温度的变化对活化能较大的吸热反应的反应速率影响较大。温度变化破坏了平衡体系中 $v_{正}=v_{逆}$ 的关系，导致平衡移动。

升高温度，化学平衡向吸热反应方向移动；降低温度，化学向放热的方向移动。

【例 3-5】 下列平衡体系中，压力与温度变化是否影响化学平衡？若减小压力、升高温度，平衡怎样移动？

(1) $2SO_2(g)+O_2(g)\rightleftharpoons 2SO_3(g)+Q$

(2) $C(s)+CO_2(g)\rightleftharpoons 2CO(g)-Q$

(3) $FeO(s)+CO(g)\rightleftharpoons Fe(s)+CO_2(g)-Q$

解　(1) 压力减小,平衡向逆反应方向移动;升高温度,平衡向逆反应方向移动。

(2) 压力减小,平衡向正反应方向移动;升高温度,平衡向正反应方向移动。

(3) 压力不影响该反应的平衡;升高温度,平衡向正反应方向移动。

3.5.4　催化剂对化学平衡的影响

催化剂不影响化学平衡,催化剂既降低正反应的活化能,也降低逆反应的活化能,因此它既加快正反应的速率,也加快逆反应的速率,对正、逆反应速率的影响是相同的,故不会使化学平衡发生移动。

综上所述,由浓度、压力、温度对化学平衡的影响可以得到一个普遍的规律,即"改变平衡系统的条件之一,如温度、压力或浓度,平衡就向减弱这个改变的方向移动。"这一平衡移动原理称为勒夏特列(Le Chatelier)原理,它适用于所有的动态平衡(包括物理平衡)体系。

阅读材料

催　化　剂

1. 催化类型

化学催化、均相催化、非均相催化。

生物催化:生命体中各种酶的催化。

物理催化:光催化、电催化。

2. 催化特点

一种催化剂只能催化某一类反应。例如,有机物的去氢用铂、钯、铱、铜或镍作催化剂。同样反应物选用不同的催化剂,可得到不同产物。例如,C_2H_5OH 为原料使用不同的催化剂时

$$C_2H_5OH\begin{cases}\xrightarrow[Cu]{473\sim523K} CH_3CHO+H_2\\ \xrightarrow[Al_2O_3\text{ 或 }ThO_2]{623\sim633K} C_2H_4+H_2O\\ \xrightarrow[H_2SO_4]{413.2K} (C_2H_5)_2O+H_2O\\ \xrightarrow[ZnO\cdot Cr_2O_3]{673.2\sim773.2K} CH_2=CH-CH=CH_2+H_2O+H_2\end{cases}$$

3. 其他催化剂

1) 酶催化

酶是由细胞合成的蛋白质,酶在体内的催化作用称为酶催化。酶(生物催化剂)催化的特色:

(1) 高度的选择性。

(2) 高度的催化活性。

(3) 特殊的温度效应。

(4) 反应条件温和。

2）助催化剂

自身无催化作用，可帮助催化剂提高催化性能。

合成 NH_3 需要 Fe 粉催化剂，Al_2O_3、K_2O 作为助催化剂。

3）自催化剂

有些化学反应，能在反应中产生催化该反应的物质，称为自催化作用；能催化反应的产物或中间产物，称为自催化剂。例如

$$2MnO_4^- + 6H^+ + 5H_2C_2O_4 = 10CO_2 + 8H_2O + 2Mn^{2+}$$

产物中 Mn^{2+} 对反应有催化作用，为自催化剂。

本章小结

了解化学平衡的特征和经验平衡常数；掌握标准平衡常数；掌握不同反应类型的标准平衡常数表达式；掌握有关化学平衡的计算，包括运用多重平衡规则进行的计算；掌握化学平衡的移动的定性判断，了解移动程度的定量计算；了解化学反应速率的概念及其实验方法；掌握质量作用定律，理解非基元反应的速率的方程式；了解温度与反应速率关系的阿伦尼乌斯经验式。

1. 理解基本概念及要点

(1) 平均速率：一段时间内反应物或生成物浓度的改变量。

(2) 瞬时速率：某一反应在某时刻的真实速率，为 c-t 曲线上对应时刻点的斜率值。

(3) 反应速率常数：物理意义为单位浓度的反应速率，其值与浓度无关。

(4) 碰撞理论：

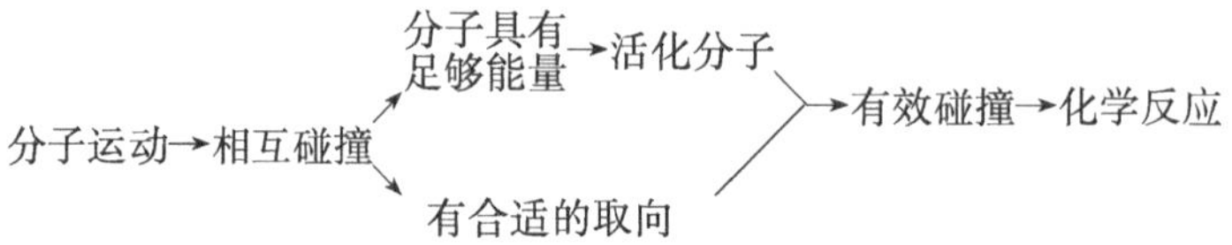

(5) 基元反应：由反应物一步生成产物的反应，其速率方程满足质量作用定律。

(6) 非基元反应：由两个或两个以上的基元反应组成的反应，也称复杂反应，其速率方程必须通过实验测得。

2. 掌握化学反应速率的相关公式及影响因素

(1) 相关公式框架。

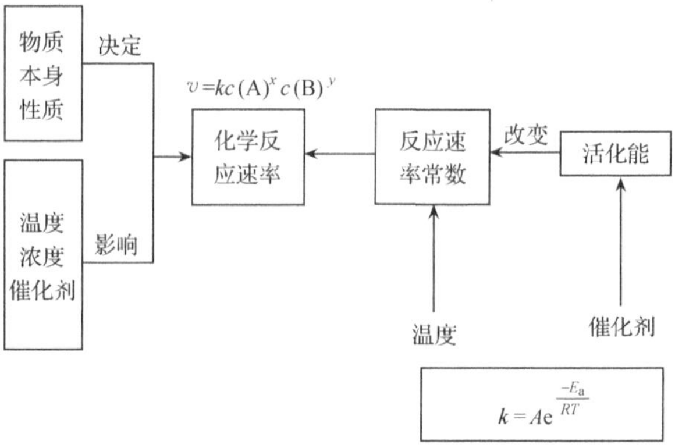

(2) 外界条件对化学反应速率的影响因素(表 3-2)。

表 3-2　外界条件对化学反应速率的影响因素

<table>
<tr><th>外界条件</th><th>作用规律实质</th><th>相关公式</th><th>注意</th></tr>
<tr><td>浓度</td><td>通常增大反应物浓度可以提高化学反应速率</td><td>反应速率与反应物浓度关系式</td><td>不影响反应速率常数,关系式与方程式中系数并无确定的关系</td></tr>
<tr><td>压力</td><td>实质是改变反应物质浓度</td><td colspan="2">只对气体参与的化学反应速率产生影响,而对于只涉及液体和固体的反应几乎没有影响</td></tr>
<tr><td>温度</td><td>温度升高,速率常数增大,反应速率提高</td><td>①范特霍夫规则
②阿伦尼乌斯公式</td><td>化学反应的活化能越大,温度对化学反应速率的影响越大</td></tr>
<tr><td>催化剂</td><td>参与反应,改变反应机理降低反应的活化能有效地提高化学反应速率</td><td colspan="2">不能改变化学反应的平衡常数,不能改变平衡转化率,能改变化学反应速率常数;具有选择性、高效性</td></tr>
</table>

3. 掌握化学平衡、平衡常数及有关的计算

(1) 正、逆反应速率相等时系统所处的状态称为化学平衡。特点:

a. 动态平衡,达到平衡时反应并没有停止。

b. 反应物浓度和生成物浓度不再随时间变化。

c. 化学平衡是有条件的,外界条件变化,平衡发生变化。

(2) 平衡常数表达式一定要与方程式相对应,方程式的书写形式不同,平衡常数值不同。

对于反应

$$a\mathrm{A}+d\mathrm{D} \rightleftharpoons g\mathrm{G}+h\mathrm{H}$$

实验平衡常数为

$$K_c=\frac{c_{\mathrm{G}}^{g}\cdot c_{\mathrm{H}}^{h}}{c_{\mathrm{A}}^{a}\cdot c_{\mathrm{D}}^{d}} \quad 或 \quad K_p=\frac{p_{\mathrm{G}}^{g}\cdot p_{\mathrm{H}}^{h}}{p_{\mathrm{A}}^{a}\cdot p_{\mathrm{D}}^{d}}$$

标准平衡常数为

$$K_c^{\ominus}=\frac{(c_{\mathrm{G}}/c^{\ominus})^{g}\cdot(c_{\mathrm{H}}/c^{\ominus})^{h}}{(c_{\mathrm{A}}/c^{\ominus})^{a}\cdot(c_{\mathrm{D}}/c^{\ominus})^{d}} \quad 或 \quad K_p^{\ominus}=\frac{(p_{\mathrm{G}}/p^{\ominus})^{g}\cdot(p_{\mathrm{H}}/p^{\ominus})^{h}}{(p_{\mathrm{A}}/p^{\ominus})^{a}\cdot(p_{\mathrm{D}}/p^{\ominus})^{d}}$$

标准平衡常数简化为

$$K^{\ominus}=\frac{c_{\mathrm{G}}^{g}\cdot c_{\mathrm{H}}^{h}}{c_{\mathrm{A}}^{a}\cdot c_{\mathrm{D}}^{d}} \quad 或 \quad K^{\ominus}=\frac{p_{\mathrm{G}}^{g}\cdot p_{\mathrm{H}}^{h}}{p_{\mathrm{A}}^{a}\cdot p_{\mathrm{D}}^{d}}$$

4. 化学平衡的移动

(1) 判断反应进行的方向和限度的依据为:

当 $Q<K^{\ominus}$ 时,反应正向自发进行,生成物浓度逐渐增大,反应商增大,至 $Q=K^{\ominus}$ 时达到平衡。

当 $Q=K^{\ominus}$ 时,反应处于平衡状态,此时反应达到该条件下的最大限度。

当 $Q>K^{\ominus}$ 时,反应逆向进行,反应物浓度逐渐增大,反应商减小,至 $Q=K^{\ominus}$ 时达到平衡。

(2) 外界条件对化学平衡移动的影响(表 3-3)。

表 3-3 外界条件对化学平衡移动的影响

外界条件变化		平衡移动情况
浓度	反应物浓度增大或生成物浓度减小	向正反应方向移动
	反应物浓度减小或生成物浓度增大	向逆反应方向移动
压力(有气体参加,反应前后气体分子总数不等)	增大压力	向气体分子总数减少的方向移动
	减小压力	向气体分子总数增加的方向移动
温度	升高温度	向吸热方向移动
	降低温度	向放热方向移动
催化剂		平衡不移动

习　题

3-1 选择题(每题只有一个正确答案)

(1) 改变速率常数的因素是 (　)

A. 减小生成物浓度　B. 增加反应物浓度　C. 增加体系总压力　D. 升温和加催化剂

(2) 在一定条件下某反应的最大转化率为 30%,当加入催化剂后,使化学反应加快,此时该反应的最大转化率 (　)

A. 等于 30%　B. 大于 30%　C. 小于 30%　D. 无法确定

(3) 已知可逆反应 $A(g)+2B(g) \rightleftharpoons D(g)+E(g)$ 的焓变为 $20kJ \cdot mol^{-1}$,使 A 的转化率最大的条件是 (　)

A. 高温高压　B. 高温低压　C. 低温低压　D. 低温高压

(4) 已知 $2NO+2H_2 = N_2+H_2O$ 的反应机理为

$$2NO + H_2 = N_2 + H_2O_2 (慢)$$
$$H_2O_2 + H_2 = 2H_2O (快)$$

该反应对 H_2 的反应级数是 (　)

A. 零级　B. 一级　C. 二级　D. 三级

(5) 反应 $N_2(g)+3H_2(g) \rightleftharpoons 2NH_3(g)$ 达到平衡后,减小体系的体积,则平衡 (　)

A. 正向移动　B. 逆向移动　C. 不移动　D. 无法确定

(6) 某化学反应速率常数的单位是 $L \cdot mol^{-1} \cdot s^{-1}$,则该化学反应的级数为 (　)

A. 1　B. 2　C. 3　D. 0

(7) 反应 $A(g)+B(g) \rightleftharpoons C(g)$ 的速率方程为 $v = kc_A^2c_B$,若使密闭反应容器的体积增大一倍,则反应速率为原来的 (　)

A. 1/8　B. 1/4　C. 1/2　D. 2

(8) 一定温度下,有下列反应

① $CoO(s)+CO(g) \rightleftharpoons Co(s)+CO_2(g)$　　$K_1^\ominus$

② $H_2O(l) \rightleftharpoons H_2O(g)$　　$K_2^\ominus$

③ $CoO(s)+H_2(g) \rightleftharpoons Co(s)+H_2O(g)$　　$K_3^\ominus$

④ $CO_2(g)+H_2(g) \rightleftharpoons CO(g)+H_2O(l)$　　$K_4^\ominus$

则 $K_4^\ominus$ 等于　　(　　)

A. $K_1^\ominus+K_2^\ominus+K_3^\ominus$　　B. $K_3^\ominus-K_2^\ominus-K_1^\ominus$

C. $K_3^\ominus/(K_2^\ominus \times K_1^\ominus)$　　D. $K_1^\ominus \times K_2^\ominus \times K_3^\ominus$

(9) PCl_5 的分解反应是 $PCl_5 \rightleftharpoons PCl_3+Cl_2$，在200℃达到平衡时，$PCl_5$ 有48.5%分解，在300℃达到平衡时，PCl_5 有97%分解，则此反应为　　(　　)

A. 放热反应　　B. 既不吸热也不放热

C. 吸热反应　　D. 这两个温度下的平衡常数相等

(10) 在763.15K时，$H_2(g)+I_2(g) \rightleftharpoons 2HI(g)$ 的 $K_c=45.9$，当各物质的起始浓度：$c(H_2)=0.0600mol \cdot L^{-1}$，$c(I_2)=0.400mol \cdot L^{-1}$ 及 $c(HI)=2.00mol \cdot L^{-1}$，将这三种物质进行混合，反应自发进行的方向是　　(　　)

A. 自发向右进行　　B. 自发向左进行

C. 反应处于平衡状态　　D. 无法确定

(11) 反应 $2NO(g)+O_2(g) \rightleftharpoons 2NO_2(g)$ 的 ΔH_m 为负值，此反应达平衡时，若要使平衡向生成物方向移动，可以　　(　　)

A. 升温加压　　B. 升温降压　　C. 降温升压　　D. 降温降压

(12) $C+CO_2 \rightleftharpoons 2CO$(正反应吸热)反应速率为 v_1；$N_2+3H_2 \rightleftharpoons 2NH_3$(正反应放热)反应速率为 v_2。对于上述反应，当温度升高时，v_1 和 v_2 变化情况为　　(　　)

A. 同时增大　　B. 同时减小

C. v_1 减小，v_2 增大　　D. v_1 增大，v_2 减小

(13) 对于在溶液间进行的反应，对反应速率影响最小的因素是　　(　　)

A. 温度　　B. 浓度　　C. 压力　　D. 催化剂

(14) 下列条件的变化，是由于降低反应所需能量而增加单位体积内的反应物活化分子百分数致使反应速率加快的是　　(　　)

A. 增大浓度　　B. 增大压力　　C. 升高温度　　D. 使用催化剂

(15) 对于反应 $N_2+3H_2 \rightleftharpoons 2NH_3$，$\Delta H_m^\ominus=-92.3kJ \cdot mol^{-1}$ 在200℃下达平衡，如发生下列情况，反应逆向进行的是　　(　　)

A. 取出1mol H_2　　B. 温度降低

C. 定容下加入氦气以增加总压　　D. 减小容器体积

3-2　填空题

(1) 增加反应物浓度可以增加反应速率，但不会改变________的大小；升高温度，反应速率快的主要原因是________增加。

(2) 浓度、压力的改变使化学平衡发生移动的原因是改变了________；温度的改变使化学平衡发生移动的原因是改变了________。

(3) 质量作用定律只适用于________反应。

3-3　判断题

(1) 反应级数等于反应方程式中各反应物的计量数之和。　　(　　)

(2) 升高温度对吸热反应的速率增加较快，对放热反应的速率增加较慢。　　(　　)

(3) 对于 $aA+dD \rightleftharpoons gG+hH$，反应的总级数为 $a+d$，则此反应一定是基元反应。　　(　　)

(4) 催化剂既可以加快反应速率，又可以提高反应物的转化率。　　(　　)

(5) 降低 NH_3 的分压，反应 $N_2+3H_2 \rightleftharpoons 2NH_3$ 的正反应速率增加。　　(　　)

(6) 催化剂同时使正、逆反应的速率增加，且增加的倍数相同。　　(　　)

(7) 任一反应的反应级数，只能由实验来确定。 (　　)

(8) 已知反应 A+2B$\longrightarrow$C 的速率方程为 $v = kc_A c_B^2$，该反应一定是基元反应。 (　　)

3-4　写出下列反应的标准平衡常数表达式。

(1) $Cr_2O_7^{2-}(aq)+H_2O(aq)\rightleftharpoons 2CrO_4^{2-}(aq)+2H^+(aq)$

(2) $CaCO_3(s)\rightleftharpoons CaO(s)+CO_2(g)$

(3) $Zn(s)+2H^+(aq)\rightleftharpoons H_2(g)+Zn^{2+}(aq)$

(4) $CaCO_3(s)+2H^+(aq)\rightleftharpoons Ca^{2+}(aq)+CO_2(g)+H_2O(l)$

3-5　已知 800℃时反应 $2H_2(g)+2NO(g)\rightleftharpoons 2H_2O(g)+N_2(g)$的实验数据如下所示。

实验标号	初始浓度/(mol·L^{-1})		瞬时速率 v_{N_2} /(mol·L^{-1}·s^{-1})
	c(NO)	c(H_2)	
1	6.00×10^{-3}	1.00×10^{-3}	3.19×10^{-3}
2	6.00×10^{-3}	2.00×10^{-3}	6.36×10^{-3}
3	6.00×10^{-3}	3.00×10^{-3}	9.56×10^{-3}
4	1.00×10^{-3}	6.00×10^{-3}	0.48×10^{-3}
5	2.00×10^{-3}	6.00×10^{-3}	1.92×10^{-3}
6	3.00×10^{-3}	6.00×10^{-3}	4.30×10^{-3}

求：(1)该反应的级数。

(2)反应速率常数 k。

(3)当 c(NO)=5.00×10^{-3}mol·L^{-1}、c(H_2)=4.00×10^{-3}mol·L^{-1}时的反应速率 v_{N_2}。

3-6　在 CCl_4 溶剂中，N_2O_5 分解反应为 $2N_2O_5(g)\rightleftharpoons 4NO_2(g)+O_2(g)$在 298.15K 和 318.15K 时反应的速率常数分别为 0.469×10^{-4}s^{-1}和 6.29×10^{-4}s^{-1}，计算该反应的活化能 E_a。

3-7　膦 PH_3 与乙硼烷 B_2H_6 反应：$PH_3(g)+B_2H_6(g)\rightleftharpoons PH_3\rightarrow BH_3(g)+BH_3(g)$，其活化能 E_a= 48.0kJ·mol^{-1}。若测得 298.15K 下反应的速率常数为 k_1，计算当速率常数为 k_2 时的反应温度。

3-8　$N_2O_4(g)$的分解反应为 $N_2O_4(g)\rightleftharpoons 2NO_2(g)$，该反应在 298.15K 时的 $K^\ominus$=0.116，试求该温度下当体系的平衡总压为 200kPa 时 $N_2O_4(g)$的平衡转化率。

3-9　已知反应 $CO(g)+H_2O(g)\rightleftharpoons CO_2(g)+H_2(g)$在 1123K 时，若 $K^\ominus$=1，用 2mol CO 及 3mol $H_2O(g)$互相混合，加热到 1123K，求平衡时 CO 转化为 CO_2 的百分率。

3-10　在 308K、100KPa 下，某容器中反应 $N_2O_4(g)\rightleftharpoons 2NO_2(g)$达到平衡时 $K^\ominus$=0.315。各物质的分压分别为 $p_{N_2O_4}$=58kPa，p_{NO_2}=42kPa。计算：

(1) 上述反应体系压力增大到 200kPa 时，平衡向哪个方向移动?

(2) 若反应开始时 N_2O_4 为 1.0mol，NO_2 为 0.10mol，在 200kPa 反应达平衡时有 0.155mol N_2O_4 发生了转化，计算平衡后各物质的分压。

第 4 章 物质结构基础

自然界中的物体，无论是宏观的天体，还是微观的分子；无论是有生命的有机体，还是无生命的无机体，都是由化学元素组成的。到 20 世纪末，已发现和人工合成的元素已达 112 种。物质由分子组成，分子由原子组成。研究证明原子还能继续分割。

原子是由带正电荷的原子核和带负电荷的电子组成的，是物质进行化学反应的基本微粒。通常所说的原子结构是指核外电子的数目、排布、能量及运动状态。世界是由物质构成的，物质的分子又是由原子构成的。要了解物质的性质及其变化，必须了解原子和分子的内部结构。

4.1 核外电子的运动特性

4.1.1 氢原子光谱

将太阳或白炽灯发出的光通过棱镜片后，可以得到红、橙、黄、绿、青、蓝、紫等波长连续变化的连续光谱。原子受到一定程度的激发所发射出的光谱(只包含几种特征波长的光线的光谱)，称为原子光谱。

氢原子光谱是最简单的原子光谱，将氢气在高压下激发，氢原子在电场的激发下发光，光线经狭缝，再通过棱镜可得氢原子光谱，谱线是不连续的(图 4-1 和图 4-2)。

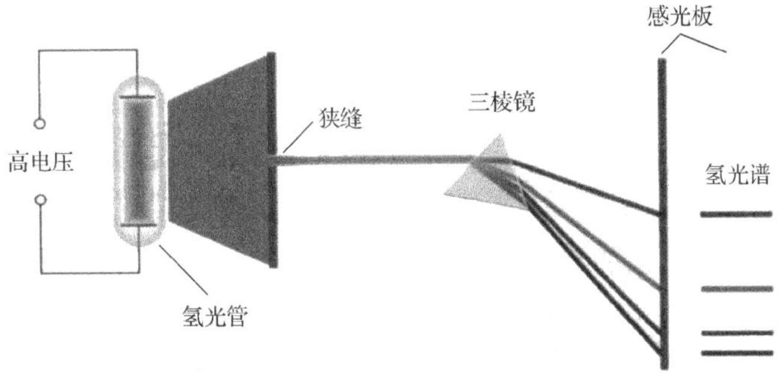

图 4-1 氢原子光谱实验示意图

4.1.2 玻尔理论

经典电磁学理论无法解释氢原子光谱的不连续性，1913 年丹麦物理学家玻尔(Bohr)在普朗克(Planck)量子论、爱因斯坦(Einstein)光子学说和卢瑟福(Rutherford)有核原子模型的基础上，提出了原子结构理论的三点假设：

(1) 电子在一些符合一定条件(量子化条件)的轨道上(稳定轨道)运动时，不放出能量。

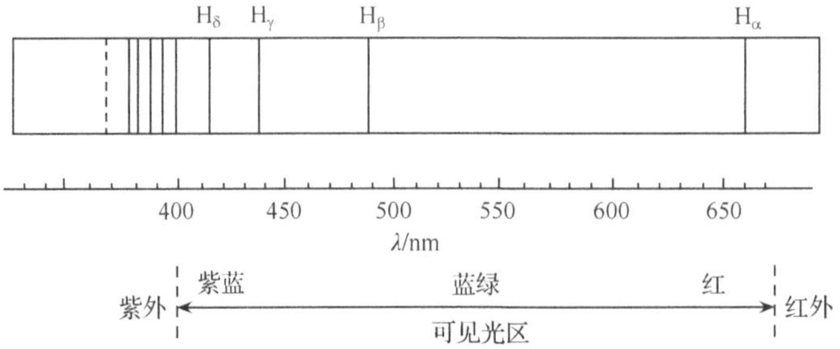

图 4-2 氢原子的特征线状光谱

(2) 轨道离核越远，能量越高，电子尽可能处在离核最近的轨道上。

(3) 电子从较高能量轨道(离核远)跃迁到较低能量轨道(离核近)时，原子以光子形式放出能量。

玻尔理论成功地解释了氢原子和类氢离子(如 He^{+}、Li^{2+}、Be^{3+} 等)的光谱现象，提出的原子轨道能级的概念仍沿用至今。但玻尔理论有严重的局限性，未能冲破经典物理的束缚，在经典力学连续概念的基础上勉强引入了人为的量子化条件和假定。没有考虑电子运动的另外一个重要特性——波动性，因此玻尔理论无法解释多电子原子光谱，也不能说明氢原子光谱的精细结构和强磁场下某些谱线的分裂现象等。

4.1.3 微观粒子的波粒二象性

光的干涉、衍射等现象说明光具有波动性，而光电效应、光的发射、吸收又说明光具有粒子性。光具有波动和粒子两重性，称为光的波粒二象性。

法国物理学家德布罗意(de Broglie)于 1924 年大胆提出电子、原子等实物微粒都具有波粒二象性的假设。即微观微粒除具有粒子性外，还具有波的性质，这种波称为德布罗意波或物质波。他预言高速运动电子的波长 λ 符合式(4-1)。

$$\lambda = h/p = h/(mv) \tag{4-1}$$

式中，m 为电子的质量；v 为电子运动的速率；h 为普朗克常量。

1927 年，美国物理学家戴维逊(Davisson)和革末(Germer)进行电子衍射实验，证实了电子具有波动性的假设。一束高速电子流通过光栅(薄晶片)投射到有感光底片的屏幕上，得到一系列明暗相间的衍射环纹——电子衍射图(图 4-3)，说明电子运动有波动性。事实上不仅光子、电子等运动具有波动性，任何微观粒子的运动都具有波动性，即波粒二象性是微观粒子运动的基本特征。

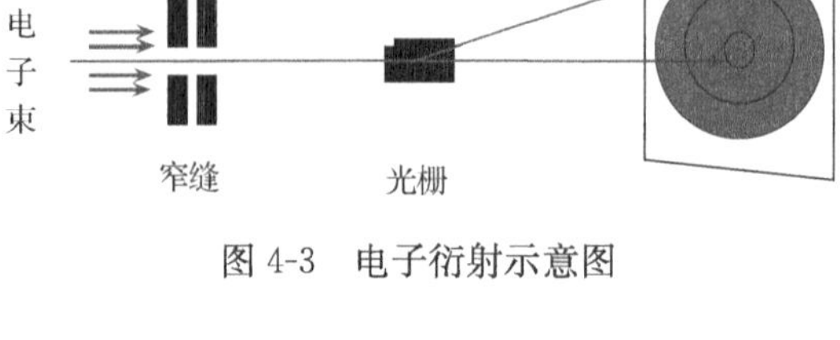

图 4-3 电子衍射示意图

4.1.4　测不准原理

经典力学能准确地同时测定宏观物体的位置和动量。但对于具有波粒二象性的微观粒子，不可能同时准确测定它的空间位置和动量。1927 年，德国物理学家海森堡(Heisenberg)提出量子力学中的一个重要关系式——测不准原理，其数学表达式为

$$\Delta x \cdot \Delta p_x \geqslant \frac{h}{2\pi} \tag{4-2}$$

式中，Δx 为粒子的位置不准量；Δp_x 为粒子的动量在 x 方向上的测不准量。用位置和动量两个物理量来描述微观粒子的运动时，只能达到一定的近似程度。这说明粒子位置的测定准确度越高(Δx 越小)，则其相应的动量的准确度就越低(Δp_x 越大)，反之亦然。

4.2　核外电子的运动状态

4.2.1　波函数与原子轨道

1926 年，奥地利物理学家薛定谔(Schrödinger)根据波粒二象性，提出描述电子运动状态的波动方程——薛定谔方程。它是描述微观粒子运动的基本方程，是二阶偏微分方程

$$\frac{\partial^2 \psi}{\partial x^2}+\frac{\partial^2 \psi}{\partial y^2}+\frac{\partial^2 \psi}{\partial z^2}+\frac{8\pi^2 m}{h^2}(E-V)\Psi=0 \tag{4-3}$$

式中，E 为体系的总能量，等于势能与动能之和；V 为势能，表示原子核对电子的吸引能；m 为电子的质量；h 为普朗克常量；x,y,z 为电子的空间坐标；Ψ 为波函数，是薛定谔方程的解。

波函数 Ψ 是一个与坐标有关的量，解薛定谔方程时，为了方便起见，将直角坐标变换为球坐标。Ψ 原是直角坐标的函数 $\Psi(x,y,z)$，经变换后，则成为球坐标的函数 $\Psi(r,\theta,\phi)$。再利用分离变量法，将 $\Psi(r,\theta,\phi)$ 表示成 $R(r)$ 和 $Y(\theta,\phi)$ 两部分，即

$$\Psi(r,\theta,\phi)=R(r)\cdot Y(\theta,\phi)$$

$R(r)$ 只随电子离核距离 r 变化，称为波函数的径向部分，它表明 θ、ϕ 一定时，波函数随 r 变化的关系。$Y(\theta,\phi)$ 随角度 θ,ϕ 而变化，称为波函数的角度部分，它表明 r 一定时，波函数随 θ、ϕ 变化的关系。

波函数 Ψ 是量子力学中描述核外电子在空间运动状态的数学函数式，即一定的波函数表示电子的一种运动状态，量子力学借用经典力学中描述物体运动的“轨道”概念，把波函数 Ψ 称为原子轨道。

将波函数 Ψ 的角度部分 Y 随 θ、ϕ 变化作图，所得的图像就成为原子轨道的角度分布图，其剖面图如图 4-4 所示。

原子轨道的角度分布图表示的是原子轨道的形状及其在空间的伸展方向。图中的“+”、“−”号不是表示正、负电荷，而是表示 Y 值是正值还是负值，或者说表示原子轨道

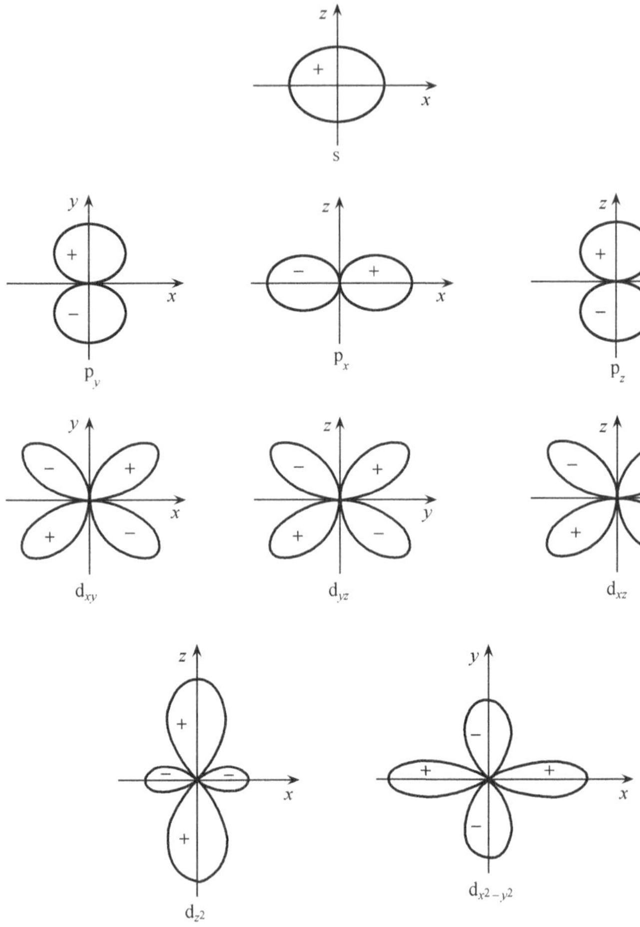

图 4-4 s，p，d 原子轨道角度分布图

角度分布图形的对称关系，符号相同表示对称性相同；符号相反，表示对称性不同或反对称。

波函数 Ψ 本身没有直观的物理意义，$|\Psi|^2$ 代表微观粒子在空间某处出现的概率密度。

4.2.2 概率密度和电子云

为了形象地表示核外电子运动的概率分布情况，化学上习惯用小黑点的疏密来表示电子出现的概率密度。小黑点较密的地方表示概率密度较大，单位体积内电子出现的概率大。用这种方法来描述电子在核外出现的概率密度分布所得的空间图像称为电子云(electron cloud)。因 $|\Psi|^2$ 代表微观粒子在空间某处出现的概率密度，因此以 $|\Psi|^2$ 作图，可得到电子云的近似图像。图 4-5 是基态氢原子 1s 电子云示意图。

电子在核外空间出现的概率密度和波函数 Ψ 的平方成正比，也即表示为电子在原子核外空间某点附近微体积内出现的概率。

类似于作原子轨道分布图，也可以作出电子云的角度分布图(图 4-6)。两种图形基

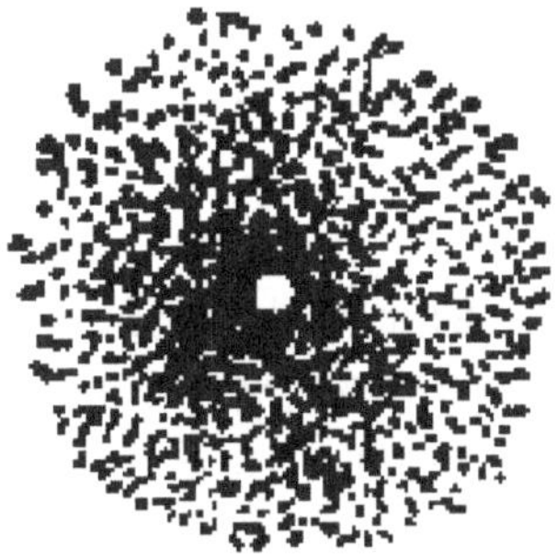

图 4-5　基态氢原子 1s 电子云示意图

本相似,但有两点区别:①原子轨道的角度分布图带有正、负号,而电子云的角度分布图均为正值,通常不标出;②电子云角度分布图形比较“瘦”些。

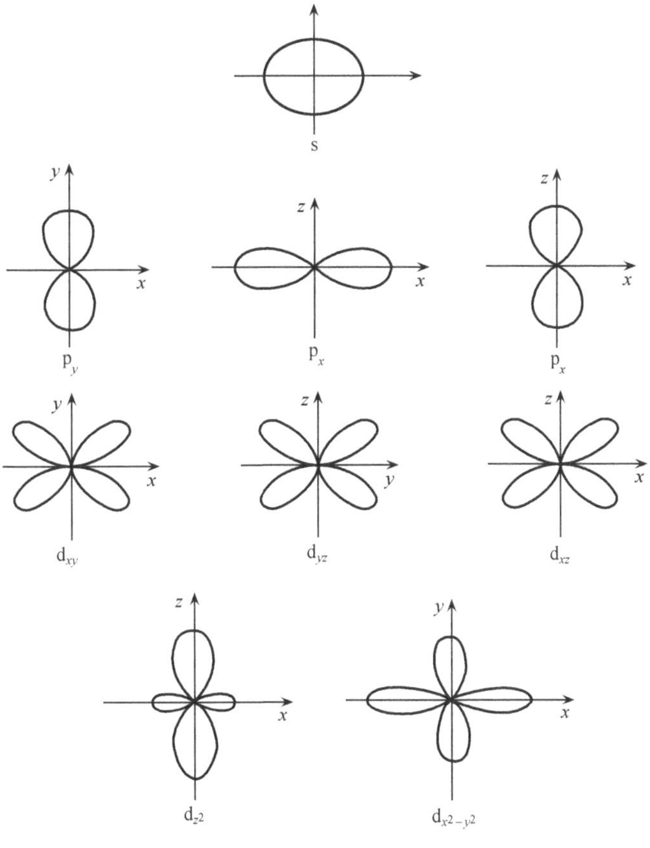

图 4-6　s,p,d 电子云角度分布图(平面图)

4.2.3　四个量子数

解薛定谔方程求得的三变量波函数 Ψ,涉及三个量子数 n,l,m,由这三个量子数所确定下来的一套参数即可表示一种波函数。除了这三个量子数外,还有一个描述电子自旋

特征的量子数 m_s。这四个量子数对描述核外电子的运动状态，确定原子中电子的能量、原子轨道的形状和伸展方向等都是非常重要的。

1. 主量子数(n)

主量子数描述核外电子距离核的远近，由近到远分别用数值 $n=1,2,3,\cdots$有限的整数来表示。主量子数决定了原子轨道能级的高低，n 越大，电子的能级越大，能量越高。n 是决定电子能量的主要量子数。n 相同，原子轨道能级相同。一个 n 值表示一个电子层，与各 n 值相对应的电子层符号如下：

n	1	2	3	4	5	6	7
电子层符号	K	L	M	N	O	P	Q

2. 角量子数(l)

在同一电子层内，电子的能量也有所差别，运动状态也有所不同，即一个电子层还可分为若干个能量稍有差别、原子轨道形状不同的亚层。角量子数 l 就是用来描述原子轨道或电子云的形态的。l 的数值不同，原子轨道或电子云的形状就不同，l 的取值受到 n 的限制，可以取从 0 到 $n-1$ 的正整数。

n	1	2	3	4
l	0	0,1	0,1,2	0,1,2,3

每个值代表一个亚层。第一电子层只有一个亚层，第二电子层有两个亚层，以此类推。亚层用光谱符号表示。角量子数、亚层符号及原子轨道形状的对应关系如下：

l	0	1	2	3
亚层符号	s	p	d	f
原子轨道或电子云形状	圆球形	哑铃形	花瓣形	花瓣形

同一电子层中，随着 l 的增大，原子轨道能量也依次升高，即 $E_{ns}<E_{np}<E_{nd}<E_{nf}$，即在多电子原子中，角量子数与主量子数一起决定电子的能级。每一个 l 值表示一种形状的电子云。与主量子数决定的电子层间的能量差别相比，角量子数决定的亚层间的能量差要小得多。

3. 磁量子数(m)

原子轨道不仅有一定的形状，并且还具有不同的空间伸展方向。磁量子数 m 就是用来描述原子轨道在空间的伸展方向的。磁量子数的取值受角量子数的制约，它可取从 $+l$ 到 $-l$，包括 0 在内的整数值，l 确定后，m 可有 $2l+1$ 个值。当 $l=0$ 时，$m=0$，即 s 轨道只有 1 种空间取向；当 $l=1$ 时，$m=-1$、0、1，即 p 轨道有 3 种空间取向；当 $l=2$ 时，$m=-2$、-1、0、1、2，即 d 轨道有 5 种空间取向，分别为 d_{xy}，d_{xz}，d_{yz}，$d_{x^2-y^2}$，d_{z^2}。

通常把n、l、m都确定的电子运动状态称为原子轨道，因此s亚层只有一个原子轨道，p亚层有3个原子轨道，d亚层有5个原子轨道，f亚层有7个原子轨道。磁量子数不影响原子轨道的能量，n、l都相同的几个原子轨道能量是相同的，这样的轨道称为等价轨道或简并轨道。例如，l相同的3个p轨道、5个d轨道、7个f轨道都是简并轨道。n、l和m的关系见表4-1。

表4-1　n、l和m的关系

电子层	主量子数(n)	1	2		3			4			
	符号	K	L		M			N			
电子亚层	角量子数(l)	0	0	1	0	1	2	0	1	2	3
	符号	1s	2s	2p	3s	3p	3d	4s	4p	4d	4f
磁量子数(m)		0	0	0	0	0	0	0	0	0	0
				±1		±1	±1		±1	±1	±1
							±2			±2	±2
											±3
轨道数	亚层轨道数($2l+1$)	1	1	3	1	3	5	1	3	5	7
	电子层轨道总数n^2	1	4		9			16			

综上所述，用n、l、m三个量子数即可决定一个特定原子轨道的大小、形状和伸展方向。

4. 自旋量子数(m_s)

电子除了绕核运动外，还存在自旋运动，描述电子自旋运动的量子数称为自旋量子数m_s，由于电子有两个相反的自旋运动，因此自旋量子数取值为$+1/2$和$-1/2$，符号用"↑"和"↓"表示。

每个电子可以用n、l、m、m_s来描述它的运动状态，主量子数n决定电子的能量和电子离核的远近（电子所处的电子层）；角量子数l决定原子轨道的形状（电子处在这一电子层的哪一亚层上），在多电子原子中l也影响电子的能量；磁量子数m决定原子轨道在空间伸展的方向（电子处在哪一轨道上）；自旋量子数m_s决定电子自旋的方向。四个量子数是相互联系、相互制约的。只有知道n、l、m、m_s四个量子数，才能确切地知道该电子的运动状态。在同一原子中，没有彼此完全相同运动状态的电子同时存在，即在同一原子中，不能有四个量子数(n,l,m,m_s)完全相同的两个电子存在，每一个原子轨道(n,l,m相同)只能容纳两个自旋方向相反的电子(m_s不同)。

4.3　核外电子排布与元素周期表

对于氢原子来说，其核外的一个电子通常位于基态的1s轨道上。对于多电子原子来说，其核外电子是按能级顺序分层排布的。

4.3.1 多电子原子轨道的能级

在多电子原子中，由于电子间的相互排斥作用，原子轨道能级关系较为复杂。1939年，鲍林(Pauling)根据光谱实验结果总结出多电子原子中各原子轨道能级的相对高低的情况，并用图近似地表示出来，称为鲍林近似能级图(图 4-7)。

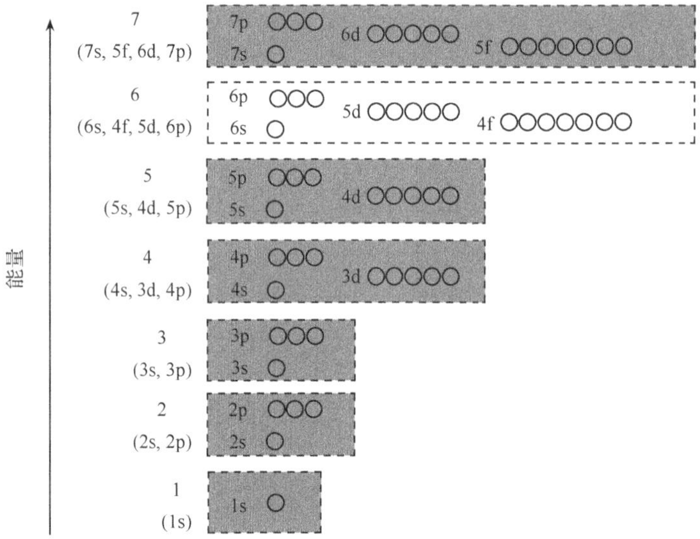

图 4-7 多电子原子的近似能级图

图 4-7 中圆圈表示原子轨道，其位置的高低表示各轨道能级的相对高低，图中每一个虚线方框中的几个轨道的能量是相近的，称为一个能级组。相邻能级组之间能量相差比较大。每个能级组(除第一能级组外)都是从 s 能级开始，于 p 能级终止。能级组数等于核外电子层数。能级组的划分与周期表中周期的划分是一致的。从图可以看出：

(1) 同一原子中的同一电子层内，各亚层之间的能量次序为 $n\mathrm{s}<n\mathrm{p}<n\mathrm{d}<n\mathrm{f}$。

(2) 同一原子中的不同电子层内，相同类型亚层之间的能量次序为

$$1s < 2s < 3s < \cdots, 2p < 3p < 4p < \cdots$$

(3) 同一原子内，不同类型的亚层之间，有能级交错现象，如

$$4s < 3d < 4p; 5s < 4d < 5p; 6s < 4f < 5d < 6p$$

对于鲍林近似能级图，需要说明几点：

(1) 它只有近似的意义，不可能完全反映出每个原子轨道能级的相对高低。

(2) 它只能反映同一原子内各原子轨道能级的相对高低，不能用鲍林近似能级图比较不同元素原子轨道能级的相对高低。

(3) 该图实际上只能反映出同一原子外电子层中原子轨道能级的相对高低，而不一定能完全反映内电子层中原子轨道能级的相对高低。

(4) 电子在某一轨道上的能量，实际上与原子序数(核电荷数)有关。核电荷数越大，

对电子的吸引力越大，电子离核越近，轨道能量下降得越低。

4.3.2　基态原子核外电子的排布

1. 基态原子核外电子的排布规则

根据光谱实验结果，总结出核外电子排布遵守以下原则。

(1) 泡利不相容原理。1925 年，奥地利科学家泡利(Pauli)提出：在同一原子中，不可能有状态相同的两个电子存在；或者说，在同一原子中，没有四个量子数完全相同的两个电子，即每个轨道最多只能容纳两个自旋方向相反的电子。

因为每个电子层中原子轨道的总数为 n^2 个，所以每个电子层最多所能容纳的电子数为 $2n^2$ 个。

(2) 能量最低原理。能量越低越稳定，这是自然界的普遍规律。能量最低原理就是在不违背泡利不相容原理的前提下，核外电子总是先占有能量最低的轨道，只有当能量最低的轨道占满后，电子才依次进入能量较高的轨道。这一原则称为能量最低原理。

基态原子外层电子填充顺序为 $n\mathrm{s}<(n-2)\mathrm{f}<(n-1)\mathrm{d}<n\mathrm{p}$(图 4-8)。但要注意的是基态原子失去外层电子的顺序为 $n\mathrm{p}>n\mathrm{s}>(n-1)\mathrm{d}>(n-2)\mathrm{f}$，与填充时的并不对应。

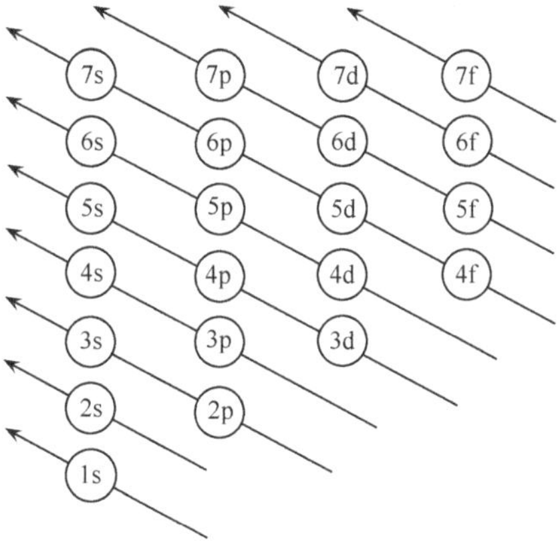

图 4-8　电子填入轨道顺序助记图

(3) 洪德规则。1925 年，德国科学家洪德(Hund)根据大量光谱实验数据提出：在同一亚层的等价轨道上，电子将尽可能占据不同的轨道，且自旋方向相同。这样的分布才能使原子能量降低。

另外，作为洪德规则的特例，等价轨道处于全充满、半充满或全空的状态时一般比较稳定。

p^6 或 d^{10} 或 f^{14}　全充满

p^3 或 d^5 或 f^7　半充满

p^0 或 d^0 或 f^0　全空

例如，$_{24}\mathrm{Cr}$ 不是 $1\mathrm{s}^2 2\mathrm{s}^2 2\mathrm{p}^6 3\mathrm{s}^2 3\mathrm{p}^6 3\mathrm{d}^4 4\mathrm{s}^2$，而是 $1\mathrm{s}^2 2\mathrm{s}^2 2\mathrm{p}^6 3\mathrm{s}^2 3\mathrm{p}^6 3\mathrm{d}^5 4\mathrm{s}^1$。

$_{29}Cu$ 不是 $1s^2 2s^2 2p^6 3s^2 3p^6 3d^9 4s^2$，而是 $1s^2 2s^2 2p^6 3s^2 3p^6 3d^{10} 4s^1$。

2. 电子的排布

根据上述三条原理、规则，就可以确定大多数元素的基态原子中电子的排布情况。电子在核外的排布常称为电子层构型(简称电子构型)，通常有三种表示方法：

(1) 电子排布式。按电子在原子核外各亚层中分布的情况，在亚层符号的右上角注明排列的电子数。

例如，$_{13}Al$ 的电子排布式为 $1s^2 2s^2 2p^6 3s^2 3p^1$。

又如，$_{35}Br$ 的电子排布式为 $1s^2 2s^2 2p^6 3s^2 3p^6 3d^{10} 4s^2 4p^5$。

由于参加化学反应的只是原子的外层电子(价电子)，内层电子结构一般是不变的，因此，可以用“原子实”来表示原子的内层电子结构。当内层电子构型与稀有气体的电子构型相同时，就用该稀有气体的元素符号来表示原子的内层电子构型，并称为原子实。例如，以上两例的电子排布也可简写成：

$$_{13}Al[Ne]3s^2 3p^1,\quad _{35}Br[Ar]3d^{10} 4s^2 4p^5$$

(2) 轨道表示式。按电子在核外原子轨道中的分布情况，用一个圆圈或一个方格表示一个原子轨道(简并轨道的圆圈或方格连在一起)，用向上或向下箭头表示电子的自旋状态。例如

$$_{12}Mg\quad 1s^2 2s^2 2p^6 3s^2$$

表 4-2 列出了由光谱实验数据得到的原子序数 1～109 各元素基态原子中的电子排布情况。其中绝大多数元素的电子排布与上节所述的排布原则是一致的，但也有少数不符合。对此，必须尊重事实，并在此基础上去探求更符合实际的理论解释。

表 4-2　基态原子的电子排布

周期	原子序数	元素符号	电子层																	
			K	L		M			N				O				P			Q
			1s	2s	2p	3s	3p	3d	4s	4p	4d	4f	5s	5p	5d	5f	6s	6p	6d	7s
1	1	H	1																	
	2	He	2																	
2	3	Li	2	1																
	4	Be	2	2																
	5	B	2	2	1															
	6	C	2	2	2															
	7	N	2	2	3															
	8	O	2	2	4															
	9	F	2	2	5															
	10	Ne	2	2	6															

续表

周期	原子序数	元素符号	电子层																	
			K	L		M			N				O				P			Q
			1s	2s	2p	3s	3p	3d	4s	4p	4d	4f	5s	5p	5d	5f	6s	6p	6d	7s
3	11	Na	2	2	6	1														
	12	Mg	2	2	6	2														
	13	Al	2	2	6	2	1													
	14	Si	2	2	6	2	2													
	15	P	2	2	6	2	3													
	16	S	2	2	6	2	4													
	17	Cl	2	2	6	2	5													
	18	Ar	2	2	6	2	6													
4	19	K	2	2	6	2	6		1											
	20	Ca	2	2	6	2	6		2											
	21	Sc	2	2	6	2	6	1	2											
	22	Ti	2	2	6	2	6	2	2											
	23	V	2	2	6	2	6	3	2											
	24	Cr	2	2	6	2	6	5	1											
	25	Mn	2	2	6	2	6	5	2											
	26	Fe	2	2	6	2	6	6	2											
	27	Co	2	2	6	2	6	7	2											
	28	Ni	2	2	6	2	6	8	2											
	29	Cu	2	2	6	2	6	10	1											
	30	Zn	2	2	6	2	6	10	2											
	31	Ga	2	2	6	2	6	10	2	1										
	32	Ge	2	2	6	2	6	10	2	2										
	33	As	2	2	6	2	6	10	2	3										
	34	Se	2	2	6	2	6	10	2	4										
	35	Br	2	2	6	2	6	10	2	5										
	36	Kr	2	2	6	2	6	10	2	6										
5	37	Rb	2	2	6	2	6	10	2	6			1							
	38	Sr	2	2	6	2	6	10	2	6			2							
	39	Y	2	2	6	2	6	10	2	6	1		2							
	40	Zr	2	2	6	2	6	10	2	6	2		2							
	41	Nb	2	2	6	2	6	10	2	6	4		1							
	42	Mo	2	2	6	2	6	10	2	6	5		1							

续表

周期	原子序数	元素符号	电子层																	
			K	L		M			N				O				P			Q
			1s	2s	2p	3s	3p	3d	4s	4p	4d	4f	5s	5p	5d	5f	6s	6p	6d	7s
5	43	Tc	2	2	6	2	6	10	2	6	5		2							
	44	Ru	2	2	6	2	6	10	2	6	7		1							
	45	Rh	2	2	6	2	6	10	2	6	8		1							
	46	Pd	2	2	6	2	6	10	2	6	10									
	47	Ag	2	2	6	2	6	10	2	6	10		1							
	48	Cd	2	2	6	2	6	10	2	6	10		2							
	49	In	2	2	6	2	6	10	2	6	10		2	1						
	50	Sn	2	2	6	2	6	10	2	6	10		2	2						
	51	Sb	2	2	6	2	6	10	2	6	10		2	3						
	52	Te	2	2	6	2	6	10	2	6	10		2	4						
	53	I	2	2	6	2	6	10	2	6	10		2	5						
	54	Xe	2	2	6	2	6	10	2	6	10		2	6						
6	55	Cs	2	2	6	2	6	10	2	6	10		2	6			1			
	56	Ba	2	2	6	2	6	10	2	6	10		2	6			2			
	57	La	2	2	6	2	6	10	2	6	10		2	6	1		2			
	58	Ce	2	2	6	2	6	10	2	6	10	1	2	6	1		2			
	59	Pr	2	2	6	2	6	10	2	6	10	3	2	6			2			
	60	Nd	2	2	6	2	6	10	2	6	10	4	2	6			2			
	61	Pm	2	2	6	2	6	10	2	6	10	5	2	6	2					
	62	Sm	2	2	6	2	6	10	2	6	10	6	2	6			2			
	63	Eu	2	2	6	2	6	10	2	6	10	7	2	6	2					
	64	Gd	2	2	6	2	6	10	2	6	10	7	2	6	1		2			
	65	Td	2	2	6	2	6	10	2	6	10	9	2	6			2			
	66	Dy	2	2	6	2	6	10	2	6	10	10	2	6			2			
	67	Ho	2	2	6	2	6	10	2	6	10	11	2	6			2			
	68	Er	2	2	6	2	6	10	2	6	10	12	2	6			2			
	69	Tm	2	2	6	2	6	10	2	6	10	13	2	6			2			
	70	Yb	2	2	6	2	6	10	2	6	10	14	2	6			2			
	71	Lu	2	2	6	2	6	10	2	6	10	14	2	6	1		2			
	72	Hf	2	2	6	2	6	10	2	6	10	14	2	6	2		2			
	73	Ta	2	2	6	2	6	10	2	6	10	14	2	6	3		2			
	74	W	2	2	6	2	6	10	2	6	10	14	2	6	4		2			
	75	Re	2	2	6	2	6	10	2	6	10	14	2	6	5		2			

续表

周期	原子序数	元素符号	电子层																	
			K	L		M			N				O				P			Q
			1s	2s	2p	3s	3p	3d	4s	4p	4d	4f	5s	5p	5d	5f	6s	6p	6d	7s
	76	Os	2	2	6	2	6	10	2	6	10	14	2	6	6		2			
	77	Ir	2	2	6	2	6	10	2	6	10	14	2	6	7		2			
	78	Pt	2	2	6	2	6	10	2	6	10	14	2	6	9		1			
	79	Au	2	2	6	2	6	10	2	6	10	14	2	6	10		1			
	80	Hg	2	2	6	2	6	10	2	6	10	14	2	6	10		2			
6	81	Tl	2	2	6	2	6	10	2	6	10	14	2	6	10		2	1		
	82	Pb	2	2	6	2	6	10	2	6	10	14	2	6	10		2	2		
	83	Bi	2	2	6	2	6	10	2	6	10	14	2	6	10		2	3		
	84	Po	2	2	6	2	6	10	2	6	10	14	2	6	10		2	4		
	85	At	2	2	6	2	6	10	2	6	10	14	2	6	10		2	5		
	86	Rn	2	2	6	2	6	10	2	6	10	14	2	6	10		2	6		
	87	Fr	2	2	6	2	6	10	2	6	10	14	2	6	10		2	6		1
	88	Ra	2	2	6	2	6	10	2	6	10	14	2	6	10		2	6		2
	89	Ac	2	2	6	2	6	10	2	6	10	14	2	6	10		2	6	1	2
	90	Th	2	2	6	2	6	10	2	6	10	14	2	6	10		2	6	2	2
	91	Pa	2	2	6	2	6	10	2	6	10	14	2	6	10	2	2	6	1	2
	92	U	2	2	6	2	6	10	2	6	10	14	2	6	10	3	2	6	1	2
	93	Np	2	2	6	2	6	10	2	6	10	14	2	6	10	4	2	6	1	2
	94	Pu	2	2	6	2	6	10	2	6	10	14	2	6	10	6	2	6		2
	95	Am	2	2	6	2	6	10	2	6	10	14	2	6	10	7	2	6		2
	96	Cm	2	2	6	2	6	10	2	6	10	14	2	6	10	7	2	6	1	2
	97	Bk	2	2	6	2	6	10	2	6	10	14	2	6	10	9	2	6		2
7	98	Cf	2	2	6	2	6	10	2	6	10	14	2	6	10	10	2	6		2
	99	Es	2	2	6	2	6	10	2	6	10	14	2	6	10	11	2	6		2
	100	Fm	2	2	6	2	6	10	2	6	10	14	2	6	10	12	2	6		2
	101	Md	2	2	6	2	6	10	2	6	10	14	2	6	10	13	2	6		2
	102	No	2	2	6	2	6	10	2	6	10	14	2	6	10	14	2	6		2
	103	Lr	2	2	6	2	6	10	2	6	10	14	2	6	10	14	2	6	1	2
	104	Rf	2	2	6	2	6	10	2	6	10	14	2	6	10	14	2	6	2	2
	105	Db	2	2	6	2	6	10	2	6	10	14	2	6	10	14	2	6	3	2
	106	Sg	2	2	6	2	6	10	2	6	10	14	2	6	10	14	2	6	4	2
	107	Bh	2	2	6	2	6	10	2	6	10	14	2	6	10	14	2	6	5	2
	108	Hs	2	2	6	2	6	10	2	6	10	14	2	6	10	14	2	6	6	2
	109	Mt	2	2	6	2	6	10	2	6	10	14	2	6	10	14	2	6	7	2

4.3.3 原子的电子结构和元素周期律

从表 4-2 可见，元素的电子排布呈周期性变化，这种周期性变化导致元素的性质也呈现周期性变化，这一规律称为元素周期律。它是 1869 年由俄国的化学家门捷列夫发现的。

元素周期律产生的基础是随着核电荷的递增，原子最外层电子排布呈周期性变化，即最外层电子构型重复着从 ns^1 开始到 ns^2np^6 结束这一周期性变化。元素周期表(图 4-9)是元素周期律的表现形式。现从几个方面讨论元素周期表与原子电子层结构的关系。

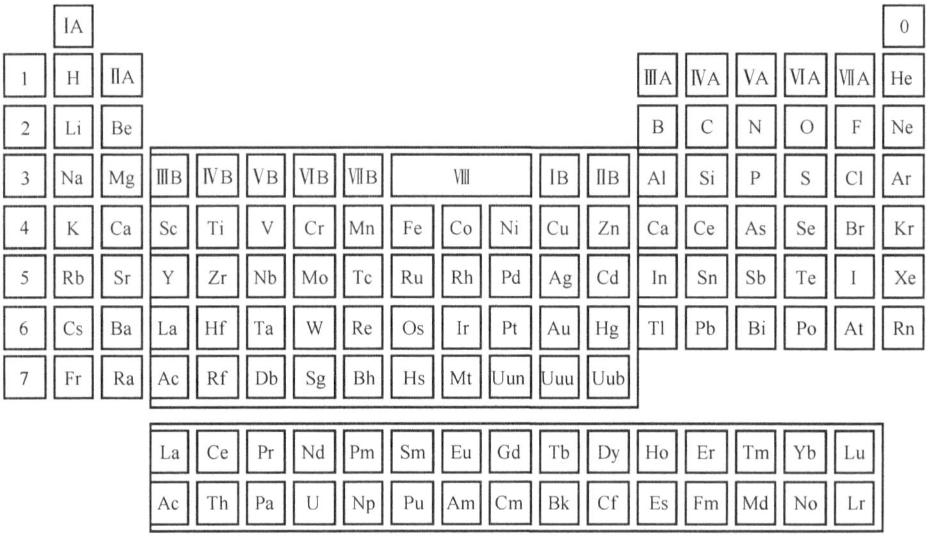

图 4-9　元素周期表

1. *原子的电子层结构与周期的关系*

具有相同电子层，且按原子序数递增顺序排列的一系列元素，称为一个周期。元素周期表共有 7 个横行，分别对应 7 个周期：一个特短周期(2 种元素)、两个短周期(8 种元素)、两个长周期(18 种元素)、一个特长周期(32 种元素)以及一个不完全周期。

每一周期中元素的数目等于相应能级组中原子轨道所能容纳的电子总数。各周期元素的数目与原子结构的关系见表 4-3。

表 4-3　各周期元素的数目与原子结构的关系

周期	周期名称	能级组	能级组中原子轨道	原子轨道数	元素数目
1	特短周期	1	1s	1	2
2	短周期	2	2s2p	4	8
3	短周期	3	3s3p	4	8
4	长周期	4	4s3d4p	9	18
5	长周期	5	5s4d5p	9	18
6	特长周期	6	6s4f5d6p	16	32
7	不完全周期	7	7s5f6d	未满	未满

元素在周期表中所处的位置与原子结构的关系为

周期序数 = 电子层层数

2. 原子的电子层结构与族的关系

价电子是指原子参加化学反应时能用于成键的电子。价电子所在的亚层统称价电子层，简称价层。原子的价电子构型是指价层电子的排布式，它能反映出该元素原子在电子层的结构特征。

元素周期表中的纵行，称为族。周期表有 18 个纵行，共 16 个族，除了稀有气体（零族）和Ⅷ族外，还有七个主族和七个副族。

1）主族元素

周期表中共有 8 个主族，表示为ⅠA～ⅦA 及零族。凡原子核外最后一个电子填入 ns 或 np 亚层上的元素都是主族元素。其价电子构型为 $ns^{1\sim2}$ 或 $ns^2np^{1\sim6}$，价电子总数等于其族数。由于同一族中各元素原子核外电子层数从上到下递增，因此同族元素的化学性质具有递变性。

零族为稀有气体元素。这些元素原子的最外层电子都已填满，价电子构型为 ns^2np^6，因此它们的化学性质很不活泼，也称为零族或惰性气体元素。

2）副族元素

周期表中共有 8 个副族，即ⅠB～ⅦB 及Ⅷ。凡原子核外最后一个电子填入 $(n-1)$d 或 $(n-2)$f 亚层上的元素都是副族元素，也称过渡元素，其价电子构型为 $(n-1)d^{1\sim10}ns^{0\sim2}$。

ⅠB 和ⅡB 族元素的族序数＝元素的最外层电子数。

ⅢB～ⅦB 族元素的族序数＝最外层电子数＋次外层 d 电子数。

Ⅷ族包括左数第 8、9、10 三个纵行，其最外层电子数与次外层 d 电子数之和分别为 8、9、10。

3. 原子的电子层结构与元素的分区

周期表中的元素除按周期和族的划分外，还可以根据元素原子的核外电子排布特征，分为五个区，如图 4-10 所示。

(1) s 区：包括ⅠA 和ⅡA 族元素，价电子结构特征为 $ns^{1\sim2}$，价电子容易失去，为活泼金属元素。

(2) p 区：包括ⅢA～ⅦA 族及零族元素，最外电子层的构型为 $ns^2np^{1\sim6}$。p 区元素有金属元素，也有非金属元素，还有稀有气体元素，它们在化学反应中只有最外层的 s 电子和 p 电子参与反应，不涉及内层电子。

(3) d 区：包括ⅢB～ⅦB 族及Ⅷ族元素，价电子构型为 $(n-1)d^{1\sim8}ns^{1\sim2}$。d 区元素又称过渡元素。

(4) ds 区：包括ⅠB 和ⅡB 族元素，价电子构型为 $(n-1)d^{10}ns^{1\sim2}$。ds 区元素也称过渡元素。

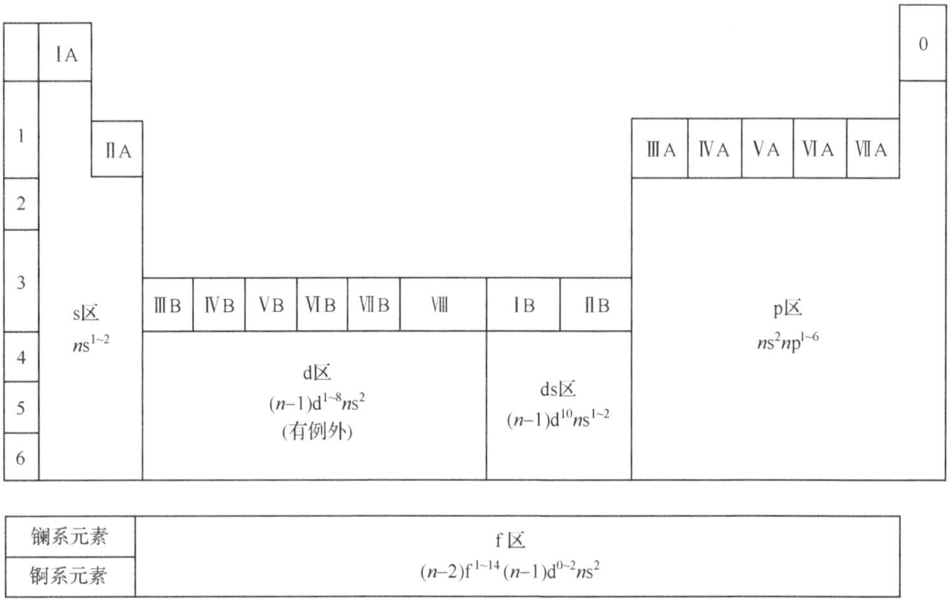

图 4-10　元素的价电子构型与元素的分区、族

d 区和 ds 区最外层只有 1～2 个 s 电子，故 d 区和 ds 区元素都是金属元素。它们在化学反应中，不仅最外层的 s 电子参与反应，而且次外层的 d 电子也可以部分或全部参与反应。

(5) f 区：包括镧系和锕系元素，又称内过渡元素。价电子构型为$(n-2)f^{1\sim14}(n-1)d^{0\sim2}ns^2$。

4.4　元素性质的周期性变化

元素的基本性质，如原子半径、电离能、电子亲和能、电负性等都与原子的电子层结构的周期性变化密切相关，它们在元素周期表中呈规律性的变化。

4.4.1　原子半径

电子在原子核外的运动是概率分布的，没有明显的界线，所以原子的大小无法直接测定。

1. 原子半径的类型

通常所说的原子半径(r)是根据原子不同的存在形式来定义的，常用的有以下三种：

(1) 金属半径　是指金属晶体中相邻的两个原子核间距的一半。

(2) 共价半径　是指某一元素的两个原子以共价键结合时，两核间距的一半。

(3) 范德华半径　是指分子晶体中紧邻的两个非键合原子间距的一半。

由于作用力性质不同，三种原子半径相互间没有可比性。一般来说，同一元素原子的范德华半径明显大于其共价半径和金属半径。

2. 原子半径的递变情况

同一周期从左至右(稀有气体元素除外)，主族元素的原子半径逐渐减小。因为同周期的主族元素，从左至右随着原子序数的增加，核电荷数增大，原子核对电子的吸引力增强，致使原子半径缩小；卤素以后，稀有气体元素原子半径又增大，此时是范德华半径。对过渡元素和镧系、锕系元素而言，同周期从左至右，元素的原子半径减小的幅度没有主族元素大。这些元素的新增电子处于次外层上或倒数第三层上，随着核电荷的增大，原子半径减小不明显。

同一主族自上而下，电子层增多，元素的原子半径逐渐增大，核对外层电子吸引力减弱。尽管随着原子序数的增大，核电荷数也增大，使原子半径缩小，但电子层数增加使半径增大的作用较强，总的效果是原子半径自上而下逐渐增大。

4.4.2　元素的电离能

基态的气态原子失去电子变为气态阳离子所需要的能量称为该元素的电离能，用符号 I 表示，其单位为 $kJ \cdot mol^{-1}$。

基态气体原子失去一个电子成为带一个正电荷的气态正离子所消耗的能量称为该元素的第一电离能，用 I_1 表示；从一价气态正离子再失去一个电子成为二价正离子所需要的能量称为第二电离能 I_2，其余依此类推。

$$M(g) - e^- \longrightarrow M^+(g) \quad I_1$$

$$M^+(g) - e^- \longrightarrow M^{2+}(g) \quad I_2$$

$$I_1 < I_2$$

原子的电离能越小，越易失去电子，反之，原子的电离能越大，越难失去电子，常用原子的第一电离能来衡量原子失去电子的难易程度。

元素原子的电离能受原子的有效核电荷、原子半径和原子的电子层结构等因素的影响。

同一周期元素原子的第一电离能从左至右的趋势是逐渐增大。同一主族元素从上至下，第一电离能明显减小，对副族元素而言，从上至下第一电离能减少的趋势不明显。

4.4.3　电子亲和能

原子结合电子的难易，可用电子亲和能 E 来衡量。

气态原子获得一个电子形成气态 -1 价离子所释放的能量，称为该元素的第一电子亲和能 E_1。电子亲和能越大，表示该元素的原子越易获得电子。

在周期表中，电子亲和能的变化规律与电离能的变化规律基本相同，即同一周期从左至右趋势逐渐增大。同一主族从上到下总趋势逐渐减小，但都有例外。例如，同主族元素中，电子亲和能最大的不是第二周期元素，而是第三周期元素，这是因为第二周期元素原子半径特别小，电子云密度大，电子间斥力大，所以增加一个电子形成离子时，放出的能量减小。

4.4.4　电负性

元素的电负性χ是指分子中元素的原子吸引电子的能力。电负性概念是1932年由鲍林首先提出来的，他指定最活泼的非金属元素氟的电负性为4.0，然后通过计算得出其他元素电负性的相对值，故电负性没有单位(图4-11)。

	ⅠA	ⅡA	ⅢB	ⅣB	ⅤB	ⅥB	ⅦB	Ⅷ			ⅠB	ⅡB	ⅢA	ⅣA	ⅤA	ⅥA	ⅦA
1	H 2.1																
2	Li 1.0	Be 1.5											B 2.0	C 2.5	N 3.0	O 3.5	F 4.0
3	Na 0.9	Mg 1.2											Al 1.5	Si 1.8	P 2.1	S 2.5	Cl 3.0
4	K 0.8	Ca 1.0	Sc 1.3	Ti 1.5	V 1.6	Cr 1.6	Mn 1.5	Fe 1.8	Co 1.8	Ni 1.8	Cu 1.9	Zn 1.6	Ga 1.6	Ge 1.8	As 2.0	Se 2.4	Br 2.8
5	Rb 0.8	Sr 1.0	Y 1.2	Zr 1.4	Nb 1.6	Mo 1.8	Tc 1.9	Ru 2.2	Rh 2.2	Pd 2.2	Ag 1.9	Cd 1.7	In 1.7	Sn 1.8	Sb 1.9	Te 2.1	I 2.5
6	Cs 0.7	Ba 0.9	La 1.1	Hf 1.3	Ta 1.5	W 1.7	Re 1.9	Os 2.2	Ir 2.2	Pt 2.2	Au 2.4	Hg 1.9	Tl 1.8	Pb 1.8	Bi 1.9	Po 2.0	At 2.2

图4-11　元素原子的电负性

电负性越大，表示原子吸引电子能力越强，非金属性越强。电负性越小，则金属性越强。

(1) 同一周期元素从左到右电负性逐渐变大，元素的非金属性也逐渐增强。

(2) 同一主族元素从上至下元素的非金属性依次减小，金属性增强，电负性降低。副族元素的电负性变化规律不明显。

(3) 一般金属的电负性在2.0以下，非金属元素的电负性在2.0以上。电负性是衡量各类化合物所属化学键的标志。

4.5　化　学　键

分子是物质能独立存在并保持其化学特性的最小微粒。物质的化学性质主要取决于分子的性质，而分子的性质又是由化学键和分子的内部结构来决定的。通常把分子或晶体内直接相邻的原子或离子之间强烈的相互作用，称为化学键。化学键一般可分为离子键、共价键和金属键三种基本类型。

除分子内原子之间存在强烈相互作用之外，在分子之间还普遍存在着一种较弱的相互作用力，从而使大量的分子聚集成液体或固体。通常把这种存在于分子之间的较弱作用力称为分子间力或称范德华力。

本节仅讨论离子键、共价键及用杂化轨道理论解释分子的空间构型。

4.5.1　离子键

1. 离子键的形成

离子键的概念是德国化学家柯塞尔(Kossel)于1916年提出的。他认为原子间相互化合时,原子失去或得到电子以达到稀有气体元素的稳定结构。这种靠原子得失电子形成正负离子,由正负离子间靠静电作用形成的化学键称为离子键。例如,金属钠与氯气反应生成氯化钠:

$$\left.\begin{array}{l} Na(3s^1) \xrightarrow{-e^-} Na^+\ (2s^2 2p^6) \\ Cl(3s^2 3p^5) \xrightarrow{+e^-} Cl^-\ (3s^2 3p^6) \end{array}\right\rangle \longrightarrow NaCl$$

活泼金属原子易失去最外层电子形成稳定结构的带正电的离子,活泼非金属原子易得到电子形成稳定结构的带负电的离子。正负离子之间由于静电引力相互靠近,当它们充分接近时,离子的外电子层之间又产生排斥力,当吸引力和排斥力相平衡时,体系能量最低,正负离子间便形成稳定的结合体。

只有金属性强的金属元素和非金属性强的非金属元素相互化合时,才能产生电子转移,生成正负离子,形成离子键。一般来说,当相互化合的两元素电负性相差大于1.7时,即可形成离子键。

2. 离子键的特征

离子键的本质是正负离子之间的静电作用力。

$$F = \frac{q^+ \cdot q^-}{d^2} \tag{4-4}$$

式中,q^+和q^-分别为正离子、负离子的电荷;d为正负离子核间距。

(1) 离子键没有方向性。因为离子所带的电荷分布呈球形对称,在空间各个方向上的静电作用相同,可从任何一个方向同等程度地吸引带相反电荷的离子,所以说离子键没有方向性。

(2) 离子键没有饱和性。由于离子的电荷分布是均匀的,每一个正离子或负离子可以同时在各方向上与多个带相反电荷的离子产生静电作用,带相反电荷离子的数目不受正负离子本身所带电荷的限制,所以离子键没有饱和性。

(3) 离子键的强度。离子键的强度影响离子化合物的性质,正负离子的性质影响离子键的强度。对同构型离子而言,一般离子半径越小,电荷越高,离子间引力越强,离子键的强度就越大,离子化合物就越稳定。离子键的强度或离子晶体的强度通常用晶格能来衡量。晶格能是指在标准状态下,由气态离子生成1mol晶体放出的能量,用U表示,单位是$kJ \cdot mol^{-1}$。晶格能越大,离子键越强,离子晶体越稳定。

4.5.2　共价键

1916年,美国化学家路易斯提出了早期的共价键理论:分子中的原子通过共用电子对使每一个原子达到稳定的稀有气体电子结构。原子通过共用电子对而形成的化学键称为共价键。经典共价键理论没有阐明共价键的本质。1927 年,海特勒-伦敦、鲍林等发展现代价键理论(VB 理论)。

1. 现代价键理论

以相邻原子间电子相互配对为基础来说明共价键,也称电子配对法或 VB 法。

1) 现代价键理论的基本要点

(1) 具有自旋方向相反的单电子的两个原子相互靠近时,原子核间的电子云密度增大,形成稳定的共价键。

(2) 一个原子有几个未成对电子,便能和几个来自其他原子的自旋方向相反的电子配对,生成几个共价键。

(3) 成键电子的原子轨道相互重叠时,必须满足最大重叠原理。两个原子成键时总是采取原子轨道重叠最大的方向上成键。

2) 共价键的特点

共价键的特点是既有饱和性,又有方向性。

(1) 饱和性。形成共价键时,成键原子必须有成单电子,而且自旋方向相反。原子有几个成单电子,则只能形成几个共价键,即共价键具有饱和性。

(2) 方向性。根据最大重叠原理,在形成共价键时,原子间总是尽可能地沿着原子轨道最大伸展的方向成键。除了 s 轨道是球型对称外,p、d、f 轨道在空间都有一定伸展方向,所以成键时原子轨道只能沿着一定方向才能发生最大重叠,这就是共价键的方向性。

3) 共价键的类型

按原子轨道重叠方式不同,分为 σ 键和 π 键两种类型。

(1) σ 键。成键原子轨道沿着两核的连线方向,以"头碰头"的方式发生重叠形成的共价键称为 σ 键,如图 4-12 所示。σ 键的特点是原子轨道重叠部分沿键轴方向,具有圆柱形对称。由于原子轨道在轴向上重叠是最大程度的重叠,故 σ 键的键能大而且稳定性高。例如,H_2 分子的成键采取 1s-1s 重叠, HCl 分子的成键采取 1s-3p_x 重叠,Cl_2 分子的成键采取 3p_x-3p_x 重叠。

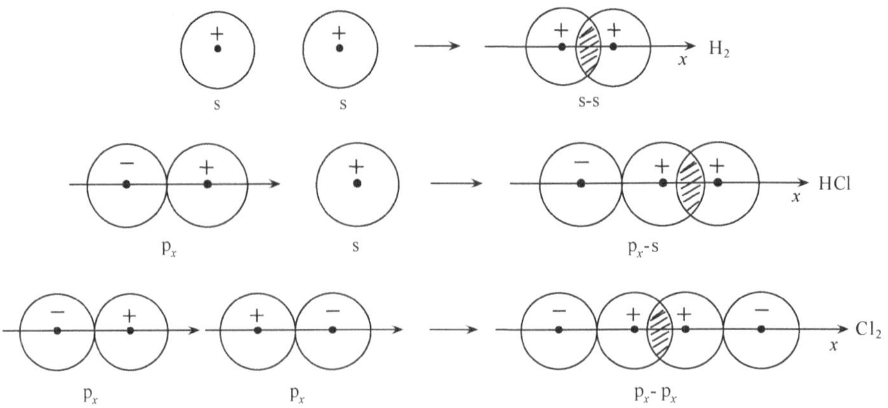

图 4-12　σ 键的形成

(2) π 键。成键原子轨道沿两核的连线方向，以“肩并肩”的方式发生重叠形成的共价键称为 π 键(图 4-13)。π 键的特点是原子轨道重叠部分是以通过一个键轴的平面呈镜面反对称。π 键没有 σ 键牢固，较易断裂。

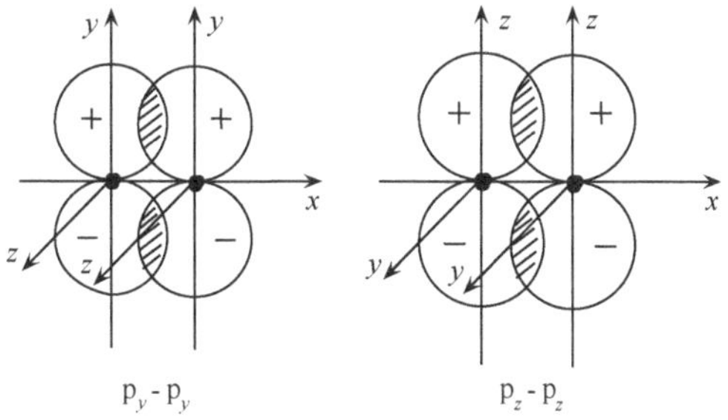

图 4-13　π 键的形成

共价单键一般是 σ 键，在共价双键和共价叁键中，除 σ 键外，还有 π 键。例如，N_2 分子中的 N 原子有 3 个未成对的 p 电子，2 个 N 原子间除形成 σ 键外，还形成 2 个互相垂直的 π 键，如图 4-14 所示。

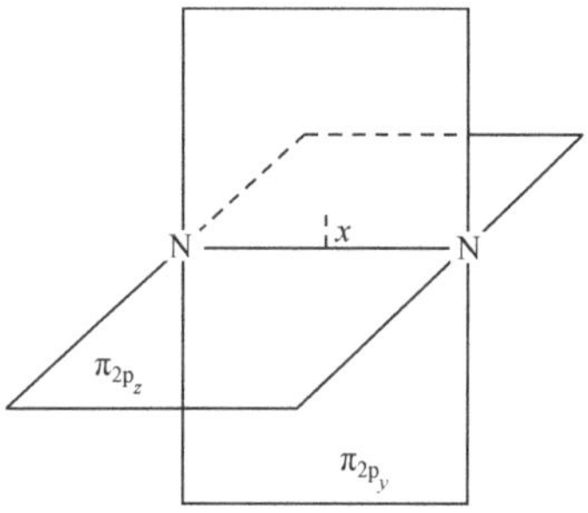

图 4-14　N_2 分子中的共价键

2. 键参数

共价键的性质及分子的空间构型可由某些物理量来描述。例如，键能、键长说明键的强弱，用键角描述分子的空间构型。这些物理量称为键参数。

1) 键长

分子内成键两原子间的平均距离称为键长，以皮米(pm)为单位。一般两原子之间所形成键的长度越短，键就越牢固。

2) 键能

键能是从能量角度来衡量化学键强弱的物理量。键能是指在 0.1013MPa、298.15K 的条件下，将 1mol 气态双原子分子 AB 中的化学键断开，使其断裂成两个气态中性原子 A 和 B 所需的能量，单位为 $kJ \cdot mol^{-1}$。例如，H_2 分子的键能是 $436.0 kJ \cdot mol^{-1}$，这个能量就是 H—H 的键能。键能越大，表示化学键越牢固，含有该键的分子越稳定。

3) 键角

分子中两相邻共价键之间的夹角称为键角。键角是确定分子空间结构的重要参数之一。例如，水分子中两个 O—H 键间的夹角是 104.5°，水分子是 V 形结构；CO_2 分子中，两个 C═O 键成直线，夹角是 180°，CO_2 分子是直线形分子；CH_4 分子中四个 C—H 键之间的夹角为 109°28′，CH_4 分子构型是正四面体。

4）键的极性

当两个电负性不同的原子之间成键时，吸引电子的能力不同，导致共用电子对偏向一方。

两个原子核正电荷中心和原子的负电荷中心不重合时，称为极性共价键。例如，H—Cl 分子中的共价键就是极性共价键。两个相同元素原子间成键，电荷中心重合，则称为非极性共价键，如 H_2、O_2 分子中的共价键就是非极性共价键。

3. 杂化轨道理论

价键理论成功地揭示了共价键的本质，阐明了共价键的饱和性和方向性。但对某些共价化合物分子的形成和空间构型却无法解释。例如，碳原子基态价电子层结构为 $2s^2 2p_x^1 2p_y^1$，按照电子配对法它只能形成两个近乎互相垂直的共价键。但经实验测定，CH_4 分子中有四个能量相同的 C—H 键，键角均为 109°28′，分子的空间构型为正四面体。这用价键理论是解释不通的。1931 年，鲍林提出了杂化轨道理论，解释了许多用价键理论不能说明的实验事实，从而发展了价键理论。

原子在形成分子的过程中，为了增大轨道有效重叠程度，增强成键能力，同一原子中能量相近的某些原子轨道重新组合并分裂成一系列能量相近的新轨道，这个过程称为原子轨道的杂化，由此而形成的新轨道称为杂化轨道。

1）杂化轨道理论的基本要点

（1）只有能量相近的轨道才能进行杂化，同时只有在形成分子的过程中才会发生杂化，而孤立的原子是不可能发生杂化的。

（2）杂化轨道的成键能力比原来未杂化轨道的成键能力强，杂化后原子轨道的形状发生变化，电子云分布集中在某一方向上，比未杂化轨道的电子云分布更集中，重叠程度增大，成键能力增强。

（3）杂化轨道的数目等于参加杂化的原子轨道的总数，或者说，n 个原子轨道杂化就形成 n 个杂化轨道(图 4-15)。

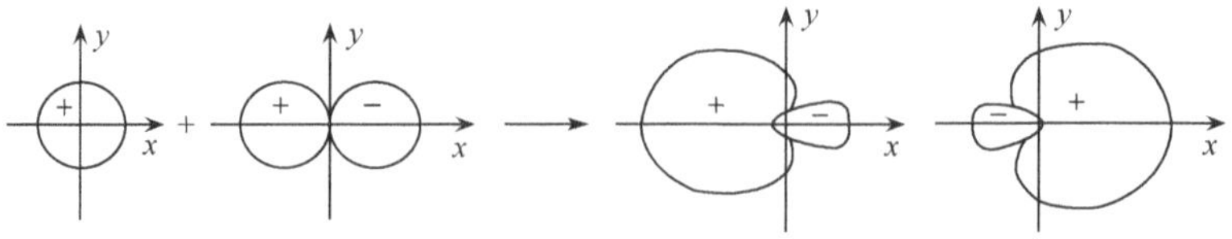

图 4-15　一个 s 轨道与一个 p 轨道经杂化所得的杂化轨道

2）杂化轨道类型

由于参加杂化的原子轨道的类型和数目不同，因此可组成不同类型的杂化轨道。本章只讨论中心原子用 ns 轨道和 np 轨道组合而成的杂化轨道及以此杂化轨道所形成的分子的空间构型。

(1) sp 杂化。由 1 个 ns 轨道和 1 个 np 轨道进行的杂化，称为 sp 杂化，所形成的杂化轨道称为 sp 杂化轨道。杂化后产生两个等同的 sp 杂化轨道，每个 sp 杂化轨道均含有 1/2 s 和 1/2 p 成分，轨道间夹角为 180°，呈直线形。

以气态 $BeCl_2$ 分子为例。基态 Be 原子的电子构型为 $1s^2 2s^2$，Be 在与 Cl 成键的过程中，Be 原子的 1 个 2s 轨道上的电子被激发到 2p 轨道上，2s 轨道与 1 个 2p 轨道经杂化形成 2 个能量、形状完全相同的 sp 杂化轨道，每个杂化轨道中有 1 个未成对电子。Be 原子用 2 个 sp 杂化轨道分别与 2 个 Cl 原子含有未成对电子的 3p 轨道进行重叠，形成了 2 个 sp-p 的 σ 键。由于 Be 原子所提供的 2 个 sp 杂化轨道间的夹角是 180°，因此所形成的 $BeCl_2$ 分子的空间构型为直线形(图 4-16)。

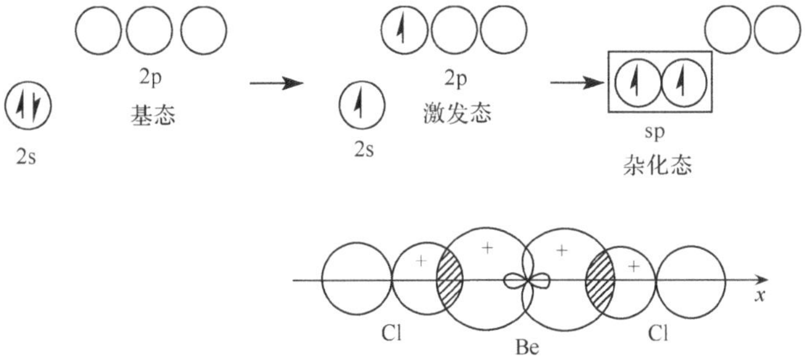

图 4-16　sp 杂化及 $BeCl_2$ 分子的结构

BeH_2、$BeCl_2$、CO_2、$HgCl_2$、C_2H_2 等分子的中心原子均采取 sp 杂化轨道成键，故其分子的几何构型均为直线形，分子内键角为 180°。

(2) sp^2 杂化。由 1 个 ns 轨道和 2 个 np 轨道进行的杂化，称为 sp^2 杂化，所形成的 3 个杂化轨道称为 sp^2 杂化轨道。每个轨道均含有 1/3s 和 2/3p 的成分，轨道间夹角为 120°，呈平面三角形。

以 BF_3 分子为例。基态 B 原子的电子构型是 $2s^2 2p^1$，B 原子在与 F 成键时，B 的 1 个 2s 电子激发到 2p 轨道上，形成 $2s^1 2p_x^1 2p_y^1$ 价电子构型，然后 2s、$2p_x$ 和 $2p_y$ 三个轨道杂化，形成 3 个相同的 sp^2 杂化轨道。这 3 个 sp^2 杂化轨道分别和 3 个氟原子的 2p 轨道重叠，形成 3 个 sp^2-p 的 σ 键，由于 B 原子所提供的 3 个 sp^2 杂化轨道间的夹角为 120°，所以 BF_3 分子空间构型是平面正三角形(图 4-17)。

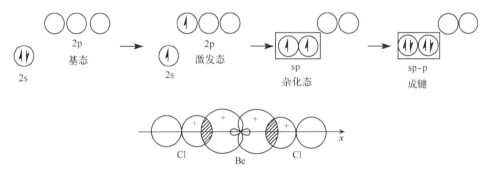

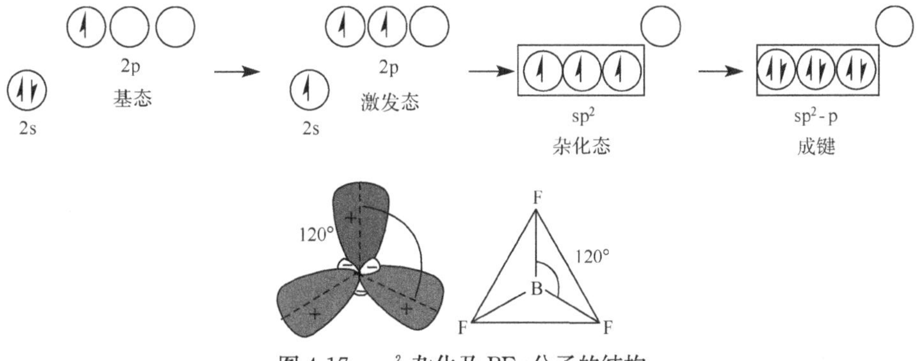

图 4-17　sp^2 杂化及 BF_3 分子的结构

如 BCl_3、BBr_3、SO_2 以及 CO_3^{2-}、NO_3^- 等的中心原子均采取 sp^2 杂化轨道与配位原子成键，故其分子构型为平面三角形，分子键角为 120°。

(3) sp^3 杂化。由 1 个 ns 和 3 个 np 进行的杂化，称为 sp^3 杂化，所形成的 4 个杂化轨道称为 sp^3 杂化轨道。杂化后产生 4 个等同的 sp^3 杂化轨道，每个杂化轨道均含有 1/4 s 和 3/4 p 轨道成分，而且能量相同，键角为 109°28′，形成分子时呈正四面体构型。

以 CH_4 分子为例。基态的 C 原子最外层电子结构是 $2s^22p^2$，C 原子在与 H 原子成键时，C 原子的 1 个 2s 轨道和 3 个 2p 轨道进行 sp^3 杂化，形成 4 个 sp^3 杂化轨道，每个杂化轨道中有一个未成对电子。C 原子用 4 个 sp^3 杂化轨道分别与 4 个 H 原子的 1s 轨道进行重叠，形成 4 个 sp^3-s 的 σ 键。由于 C 原子所提供的 4 个 sp^3 杂化轨道间的夹角为 109.5°，所以生成的 CH_4 分子的空间构型为正四面体(图 4-18)。

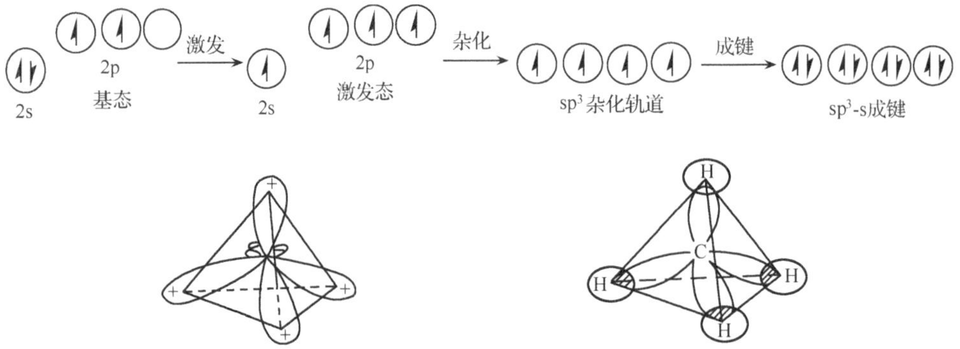

图 4-18　sp^3 杂化及 CH_4 分子的结构

如 CCl_4、CF_4、SiH_4、$SiCl_4$ 等的中心原子均采用 sp^3 杂化轨道成键，故其分子的几何构型均为正四面体，分子内键角为 109.5°。

上述三种类型的杂化是全部由具有未成对电子的轨道形成的。因为每个杂化轨道的成分相同，这种杂化是等性杂化。

3) 等性杂化与不等性杂化

对于水分子来说，氧原子的价电子层构型为 $2s^22p_x^22p_y^12p_z^1$，即只有两个未成对电子。根据价键理论形成两个共价键，而且两个 p 轨道是相互垂直的，键角应是 90°，事实上，水分子的 O—H 键的键角为 104°45′。

上述几种杂化轨道都是能量和成分完全等同的杂化，称为等性杂化。如果参加杂化的原子轨道中有不参加成键的孤对电子存在，杂化后所形成的杂化轨道的形状和能量不完全等同，这类杂化称为不等性杂化。

例如，NH_3 分子中，N 原子中的一个 2s 轨道和三个 2p 轨道混合，形成四个 sp^3 杂化轨道，其中一个杂化轨道已有一对成对电子，称为孤对电子，该孤对电子不参与成键，另外三个杂化轨道各有一个单电子与 H 原子的 1s 原子轨道重叠，单电子配对成键。由于孤对电子对另外三个成键的轨道有排斥压缩作用，NH_3 分子的键角不是 109°28′，而是 107°18′。NH_3 的几何构型是三角锥形(图 4-19)。

对于 H_2O 分子，同样有两个杂化轨道被孤对电子占据，对成键的两个杂化轨道的排

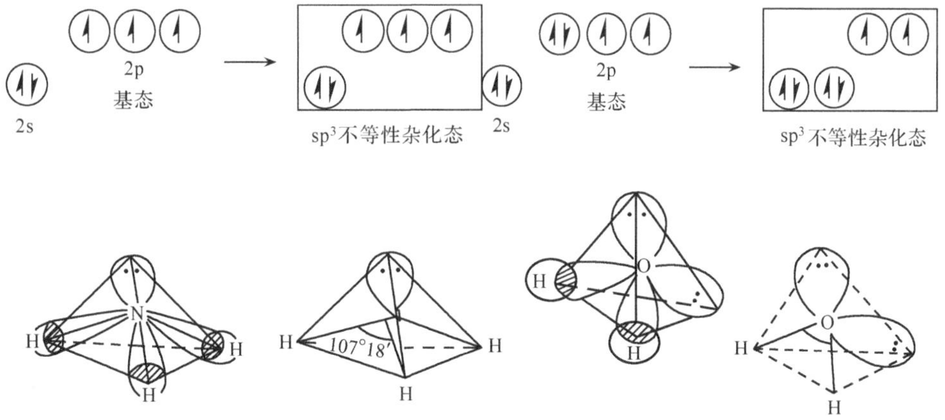

图 4-19　NH_3 和 H_2O 的形成

斥作用更大，以致两个 O—H 键间的夹角压缩成 104°45′，所以水分子的几何构型呈“V”字形，如图 4-19 所示。

表 4-4 列出了常见 sp 型杂化轨道和分子的空间结构。

表 4-4　sp 型杂化轨道和分子的空间结构

杂化类型	sp	sp^2		sp^3		
		等性	不等性	等性	不等性	不等性
分子形状	直线形	三角形	三角形	正四面体	三角锥	倒 V 形
参与杂化的轨道	1 个 s，1 个 p	1 个 s，2 个 p		1 个 s，3 个 p		
杂化轨道数目	2	3		4		
孤对电子数目	0	0	1	0	1	2
杂化轨道空间几何构型	直线形	正三角形	三角形	正四面体	四面体	四面体
杂化轨道间夹角	180°	120°	<120°	109°28′	<109°28′	<109°28′
实例	$BeCl_2$、CO_2、$HgCl_2$、C_2H_2	BF_3、SO_3、C_2H_4	SO_2、NO_2	CH_4、SiF_4、NH_4^+	NH_3、PCl_3、H_3O^+	H_2O、OF_2

杂化轨道理论成功地解释了众多共价分子的形成及空间结构问题。如果已知分子的空间结构，利用杂化轨道理论可以很好地解释其成键情况，并说明其空间结构产生的原因。但是，在很多情况下，不了解分子的空间结构，无法判断其分子中原子轨道的杂化类型。

4.6　分子间的作用力

分子间除有化学键外，在分子与分子之间还存在着一种比化学键弱得多的相互作用力，称为分子间力。例如，液态的水要气化，必须吸收热量来克服分子间力才能气化。早在 1873 年荷兰物理学家范德华(van der Waals)就注意到分子间力的存在并进行了研究，因此分子间力又称范德华力。分子间力是决定物质物理性质的主要因素之一。

4.6.1 分子的极性

任何分子都是由带正电荷的原子核和带负电荷的电子组成，正如物体有重心一样，可以设想分子中的正负电荷各集中于一点，形成正负电荷中心。

正负电荷中心相互重合的分子称为非极性分子。对于同核双原子分子，如 H_2、Cl_2 等，由于两原子的电负性相同，所以两个原子对共有电子对的吸引能力相同，正负电荷中心必然重合，它们是非极性分子。

正负电荷中心不相互重合的分子称为极性分子。异核双原子分子，如 HCl、NO 等，由于两元素的电负性不相同，两原子间的化学键是极性键，其中电负性大的元素原子吸引电子的能力较强，负电荷中心靠近电负性大的原子一方，而正电荷中心则靠近电负性小的原子一方，正负电荷中心不重合，它们是极性分子。

对于不同原子组成的多原子分子来说，键有极性，而分子是否有极性，则取决于分子的空间构型是否对称。当分子的空间构型对称时，键的极性相互抵消，使整个分子的正负电荷中心重合，因此，这类分子是非极性分子，如 CO_2、CH_4、BF_3、$BeCl_2$、C_2H_2 等；当分子的空间构型不对称时，键的极性不能相互抵消，分子的正负电荷中心不重合，因此，这类分子是极性分子，如 H_2O、NH_3、SO_2、CH_3Cl 等。

极性分子中必含有极性键，但含有极性键的分子不一定是极性分子。表 4-5 为分子的极性与空间构型的关系。

表 4-5 分子的极性与空间构型的关系

分子	空间构型	分子极性	分子	空间构型	分子极性
H_2	直线形	无	CH_4	正四面体形	无
HF	直线形	有	NH_3	三角锥形	有
BeH_2	直线形	无	H_2O	V 形	有
BF_3	平面三角形	无	CH_3Cl	四面体形	有

分子极性的大小用偶极矩(μ)来度量，定义为分子中正负电荷中心上的电荷量(q)与正负电荷中心间的距离(d)的乘积(图 4-20)。

$$\mu = q \cdot d$$

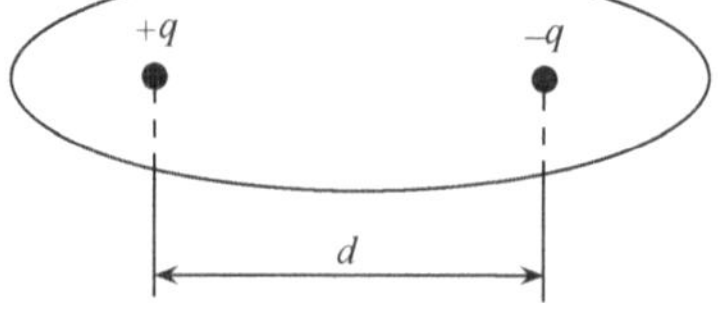

图 4-20 分子的偶极矩

如果 $\mu=0$，则分子为非极性分子。如果 $\mu>0$，则分子为极性分子。μ 越大，极性越强，固有偶极越大。

4.6.2　分子间力

(1) 取向力。当两个极性分子彼此靠近时，由于固有偶极存在，同极相斥，异极相吸。使分子发生相对移动，并定向排列。因异极间的静电引力，极性分子相互更加靠近，由于固有偶极的取向而产生的作用力，称为取向力。

取向力的本质是静电引力，它只存在于极性分子间。

(2) 诱导力。当极性分子与非极性分子相互接近时，极性分子使非极性分子的正负电荷中心彼此分离，产生诱导偶极。这种由于诱导偶极而产生的作用力，称为诱导力。

诱导力不仅存在于极性分子与非极性分子之间，也存在于极性分子与极性分子之间。诱导力的本质也是静电力。

(3) 色散力。当非极性分子相互接近时，由于分子中电子的不断运动和原子核的不断振动，常发生电子云和原子核之间的瞬时相对位移，而产生瞬时偶极。分子间由于瞬时偶极而产生的作用力称为色散力。

色散力普遍存在于各种分子以及原子之间。分子的质量越大，色散力也越大。

在非极性分子间，只存在色散力；在非极性分子和极性分子间，存在色散力和诱导力；在极性分子和极性分子间，存在色散力，诱导力和取向力。

4.6.3　氢键

分子间力作用较弱，比化学键键能小1～2个数量级。其特点是没有方向性，没有饱和性，作用范围只有0.3～0.5nm，只有当分子间充分接近时才能显示出来。分子间力是气体液化或液体固化的主要因素，分子间力越大，物质的熔沸点越高。

对于同类物质而言，熔沸点随相对分子质量增大而升高，但在ⅤA、ⅥA、ⅦA族元素的氢化物中，NH_3、H_2O、HF的熔沸点反而偏高。这是因为它们的分子间除了有范德华力外，还有氢键。

例如，在HF分子中，由于F的电负性很大，共用电子对强烈偏向F原子一边，使H原子的电子近乎失去而成为“裸露”的质子(H原子核外只有1个电子，核内也只有1个质子)，因此，这个带正电的氢原子能和另一个HF分子中含孤对电子的氟原子相互吸引，形成氢键。

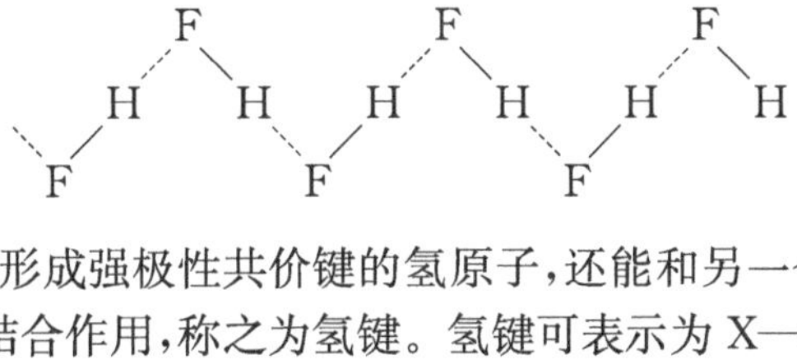

和电负性大的原子形成强极性共价键的氢原子，还能和另一个电负性大的原子相互吸引，形成一种特殊的结合作用，称之为氢键。氢键可表示为X—H…Y，X—H表示氢原子的一个强极性共价键，Y表示另一个电负性很大的原子，“—”表示共价键，“…”表示氢键。X、Y可以是同种原子，也可以是不同种原子。

1. 氢键形成的条件

X—H为强极性共价键，即X元素电负性很大，且半径要小；Y元素要有吸引氢核的能力，即 Y 元素电负性也要大，原子半径要小，而且有孤对电子。

X、Y 元素电负性越大，原子半径越小，形成的氢键越牢固。一般氟、氧、氮原子都能形成氢键。例如，H_2O、NH_3、邻硝基苯酚等分子均可以形成氢键。氯原子的电负性虽大，但原子半径也较大，形成的氢键 Cl—H…Cl 非常弱；而碳原子的电负性小，不能形成氢键。氢键可以在同种分子间形成，也可以在不同种分子间形成。例如，NH_3 的水溶液中，存在着 NH_3 分子之间的氢键和水分子之间的氢键，也存在着氨与水分子间的氢键 N…H—O 或 N—H…O。

2. 氢键的特点

1) 方向性

在氢键 X—H…Y 中，Y 原子沿 X—H 的键轴方向与 H 靠近，即 X—H…Y 中三个原子在一直线上，以使 Y 与 X 距离最远，两个原子电子云之间的斥力最小，从而能形成较强的氢键，即分子间氢键键角为 180°。

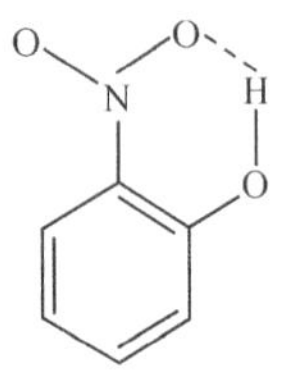

图 4-21　邻硝基苯酚分子内氢键

2) 饱和性

当化合物中 H 原子与一个 Y 原子形成氢键后，就不能和第二个 Y 原子形成氢键了，这就是氢键的饱和性。

除了分子间氢键外，某些化合物，如一些有机物(邻硝基苯酚、水杨醛等)，可以形成分子内氢键(图 4-21)。

3. 氢键对化合物性质的影响

(1) 分子间氢键的生成使物质的熔沸点比同系列氢化物的熔沸点高。例如，HF、H_2O、NH_3 的熔沸点比其同族氢化物的熔沸点要高。

(2) 在极性溶剂中，氢键的生成使溶质的溶解度增大。例如，HF 和 NH_3 在水中的溶解度较大。

(3) 存在分子间氢键的液体，一般黏度较大。例如，磷酸、甘油、浓硫酸等多羟基化合物由于氢键的生成而为黏稠状液体。

(4) 液体分子间若生成氢键，有可能发生缔合现象。分子缔合的结果会影响液体的密度。

阅读材料

漫谈自然界中的物质形态

自然界是物质的。自然界的一切物质总是以一定形态存在，又在一定条件下相互作用发生形态的转化。自然界的物质以哪几种形态存在呢？各种物质形态有什么不同呢？在什么条件下发生形态的转化呢？转化为哪种形态呢？

日常生活中，人们见到的物质主要是固态、液态和气态三种，它们的形态特点以及相互转化的条件，早已为人们所熟知。但是，这三态的物质在整个宇宙中极少，绝大部分的物质是以其他形态存在的。现代科学发现，自然界的物质除了固、液、气三态以及一系列的过渡态之外，还有第四态、第五态、第六态、第七态等。

物质第四态——等离子态

1879年,英国物理学家克鲁克斯在研究阴极射线时,发现了具有独特性质的等离子体,从而发现了物质的第四态。

等离子态可由气态转化而来。其转化机理是:在高温、放电或辐射的条件下,气体分子被解离成气体原子,大部分或全部原子及分子发生电离,外层电子脱离原子或分子,成为自由电子在空间运动。这时,失去一部分电子的原子或分子就成为正离子,得到电子的则成为负离子。这种由分子、原子、正负离子和电子组成的混合气体称为等离子体。等离子体由于正负离子所带电荷符号相反,数量相等而呈中性状态,故称为等离子态。等离子体导电与一般气体不同。

日常生活中,人们也遇到过等离子体。五光十色的霓虹灯就是氖或氩的等离子体在发光。把各种不同的惰性气体分别充入不同的灯管,通电时之所以发出各种不同颜色的光,就是在通电的条件下产生了各种不同的等离子体的缘故。例如,通电时,氩的等离子体发生蓝紫色光,氦的等离子体发出粉红色光,氖的等离子体发出红光。所以,惰性气体的等离子态在电光源中具有特殊的应用。

物质第五态—超密态

在通常状况下,铁的密度是每立方厘米7.9g,为普通岩石密度的2倍多。铂的密度是每立方厘米21.5g,约为铁的密度的2.8倍,其密度在地球上可谓大矣。然而,在宇宙中有些天体的密度却大得惊人。

像白矮星和中子星这样超高密度的物质已与一般固体迥然不同,故被称为超固体,其物质形态称为超密态。如果超固体几乎全部由中子组成,则被称为中子态,如中子星。中子星以脉冲形式辐射出强烈的电磁波,自20世纪60年代以来,宇宙中已发现的中子星有300多颗。

物质第六态——辐射场态

根据科学发现,人们把自然界的物质划分为实物和场两大形态,场包括电磁场和引力场等。电磁场和引力场辐射整个宇宙空间,没有不可介入性。在一定条件下,电磁场和实物粒子可以相互转化。

由此可知,自然界不存在没有物质的空间,即使是真空,也并非空无一物。真空中,即使没有实物粒子,也存在引力场和充满了热辐射。热辐射,即各种波长的电磁波组成的粒子,统称光子。20世纪60年代的天文观测发现,在整个宇宙空间(包括真空)始终存在着3K微波背景辐射。像这种具有辐射作用的引力场和电磁场(包括无线电波、微波、红外线、可见光、紫外线和γ射线等),人们称之为辐射场态物质,又称真空场态物质,即物质的第六态。

物质第七态——反物质

1978年,欧洲物理学家利用现代科学设备分离出了反质子,并将它储存了一段较长的时间。1979年,美国科学家利用巨型气球在35km的高空测获了28个反质子。这表明反粒子在宏观物质世界是独立存在的。人们据此推测,在宇宙的某些空间可能存在一种完全由反粒子组成的物质,这种物质称为反物质,即物质的第七态。

暗物质与物质第八态之谜物质形态的奥秘与对立统一

近年来,天文学家通过不同测定方法,发现在宇宙星系外围有层质量很大的暗物质,即我们用光学、红外、放射等手段不能推出其能量的物质。暗物质占了我们宇宙中的绝大多数质量,而且有很高的能量产生,具有相当的普遍性。可是,我们不知其为何物?来源如何?这是当代科学的重大前沿问题之一。

暗物质以及其他许多在自然界客观存在而人们至今尚未了解的物质,其物质形态如何?其物质形态如何转化?在什么条件下转化?其中奥秘无穷无尽。

本章小结

了解原子核外电子运动的波粒二象性、波函数、概率密度等概念；理解四个量子数的取值、含义和核外电子运动状态的关系；熟练掌握电子排布遵循的三个原理，能写出一些常见元素的电子排布；理解原子结构与元素周期系的关系，元素若干性质与原子结构的关系；了解元素周期表的分区、重要元素的位置。

(1) 核外电子运动特性：波粒二象性，量子化，统计性。

(2) Ψ 函数与量子数的概念（n、l、m、m_s）取值和意义，主量子数 n 和轨道角动量量子数 l 决定核外电子的能量；轨道角动量量子数 l 决定电子云的形状；磁量子数 m 决定电子云的空间取向；自旋角动量量子数 m_s 决定电子运动的自旋状态。

(3) 鲍林近似能级图，分 7 个能级组，能级交错。

(4) 核外电子排布原理，泡利不相容原理，能量最低原理，洪德规则。

(5) 核外电子排布的表示，电子构型（或电子结构式），轨道排布式，原子实表示式，外层电子构型。注意：能级交错，半充满和全充满（$_{24}Cr$，$_{29}Cu$）。

(6) 元素周期系，核外电子排布的周期性导致了区、族的划分。

(7) 原子性质周期性，从同一周期，同一族，和过渡区的有效核电荷的周期变化，导致了电离能、电子亲和能、电负性、原子半径（注意镧系收缩现象）的有规律变化（注意 N 半充满）。

(8) 离子键，稀有气体结构形成正负离子以静电引力为作用力，没有方向性和饱和性。晶格能越大，离子晶体越稳定，与离子半径和电荷有关。

(9) 价键理论：成单电子，自旋相反能配对成键，有方向性和饱和性。

(10) 对称性与共价键，C_2 轴对称即 σ 对称性，C_2 轴反对称即 π 对称性。σ 键——“头碰头”，π——“肩并肩”，如两原子间有叁键则为一个 σ 键，两个 π 键。

(11) 杂化轨道理论，有等性杂化和不等性杂化，注意典型例子，如 CO_2、BF_3、NH_3、H_2O 等。

(12) 分子晶体，极性分子的条件，分子偶极的产生使分子间有三种力，色散力、诱导力、取向力。注意极-极有三种力，非极-极有两种力，非-非只有色散力。氢键——形成条件，有饱和性、方向性，对物理性质的影响。

习　　题

4-1　判断题

(1) 波函数 Ψ 是描述微观粒子运动的数学函数式。（　）

(2) 微观粒子的特性主要是波粒二象性。（　）

(3) 1s 轨道上只可容纳 1 个电子。（　）

(4) 主量子数 $n=3$ 时，有 3s，3p，3d，3f 四种原子轨道。（　）

(5) 一组 n,l,m,m_s 组合可表述核外电子一种运动状态。（　）

(6) d 区元素外层电子构型是 $ns^{1\sim2}$。（　）

(7) 电负性越大的元素的原子越容易获得电子。

(8) NH_3 和 BF_3 都是四原子分子，所以二者空间构型相同。（　）

(9) 色散力只存在于非极性分子之间，取向力只存在于极性分子之间。（　）

(10) $\mu=0$ 的分子中的化学键一定是非极性键。（　）

4-2　选择题

(1) 在多电子原子中，各电子具有下列量子数，其中能量最高的电子是（　）

A. $2,1,-1,\frac{1}{2}$　　B. $2,0,0,-\frac{1}{2}$

C. $3,1,1,-\frac{1}{2}$　　D. $3,2,-1,\frac{1}{2}$

(2) 用来表示核外某一电子运动状态的下列量子数中合理的一组是　(　)

A. $1,2,0,-\frac{1}{2}$　　B. $0,0,0,+\frac{1}{2}$

C. $3,1,2,+\frac{1}{2}$　　D. $2,1,-1,-\frac{1}{2}$

(3) 一个 2p 电子可以被描述为下列 6 组量子数之一　(　)

(1) $2,1,0,+\frac{1}{2}$　(2)$2,1,0,-\frac{1}{2}$　(3)$2,1,1,+\frac{1}{2}$

(4)$2,1,1,-\frac{1}{2}$　(5)$2,1,-1,+\frac{1}{2}$　(6)$2,1,-1,-\frac{1}{2}$

(4) 下列量子数组合中，$m=$　(　)

$n=4$　　$l=0$　　$m_s=+\frac{1}{2}$

A. 4　　B. 0　　C. 1　　D. 2

(5) 39 号元素钇的电子排布式应是下列排布的哪一种　(　)

A. $1s^2 2s^2 2p^6 3s^2 3p^6 3d^{10} 4s^2 4p^6 4d^1 5s^2$　　B. $1s^2 2s^2 2p^6 3s^2 3p^6 3d^{10} 4s^2 4p^6 5s^2 5p^1$

C. $1s^2 2s^2 2p^6 3s^2 3p^6 3d^{10} 4s^2 4p^6 5s^2 4d^1$　　D. $1s^2 2s^2 2p^6 3s^2 3p^6 3d^{10} 4s^2 4p^6 5s^2 5d^1$

(6) 已知某元素+3 价离子的电子排布式为 $1s^2 2s^2 2p^6 3s^2 3p^6 3d^5$，该元素在元素周期表中属于　(　)

A. ⅤB 族　　B. ⅢB 族　　C. Ⅷ族　　D. ⅤA 族

(7) 下列关于元素周期表分区中，原子核外价电子构型正确的有　(　)

A. $ns^{1\sim2}$　　B. $ns^0np^{1\sim8}$　　C. $(n-1)d^{1\sim10}ns^2$　　D. np^5

(8) 下列关于杂化轨道说法错误的是　(　)

A. 所有原子轨道都参与杂化

B. 同一原子中能量相近的原子轨道参与杂化

C. 杂化轨道能量集中，有利于牢固成键

D. 杂化轨道中一定有一个电子

(9) 下列分子中既有 σ 键又有 π 键的是　(　)

A. N_2　　B. $MgCl_2$　　C. CO_2　　D. Cu

(10) 下列物质中，既有共价键又有离子键的是　(　)

A. KCl　　B. CO　　C. Na_2SO_4　　D. NH_4^+

(11) 下列各分子中，是极性分子的为　(　)

A. $BeCl_2$　　B. BF_3　　C. NF_3　　D. C_6H_6

(12) H_2O 的沸点是 100℃，H_2Se 的沸点是−42℃，这可用下列哪种理论来解释　(　)

A. 范德华力　　B. 共价键　　C. 离子键　　D. 氢键

(13) 下列分子中不能形成氢键的是　(　)

A. NH_3　　B. N_2H_4　　C. C_2H_5OH　　D. HCHO

4-3　填空题

(1) 第 31 号元素镓(Ga)是当年预言过的类铝，现在是重要的半导体材料之一。Ga 的核外电子构型为________；外层电子构型为________；它属周期表中的________区。

(2) 填充下表：

化学式	杂化轨道类型	杂化轨道数目	键角	空间构型
PCl_3			102°	
BCl_3			120°	
$[PdCl_4]^{2-}$				平面四方形
$[Cd(CN)_4]^{2-}$				四面体形

(3) 已知某元素的原子的电子构型为 $1s^2 2s^2 2p^6 3s^2 3p^6 3d^{10} 4s^2 4p^1$。①元素的原子序数为________；②属第________周期，________族；③元素的价电子构型为________；单质晶体类型是________。

4-4 简答题

(1) 有 A,B,C,D,E,F 元素，试按下列条件推导出各元素在周期表中的位置、元素符号，给出各元素的价电子构型。

① A,B,C 为同一周期活泼金属元素，原子半径满足 A>B>C，已知 C 有 3 个电子层。

② D,E 为非金属元素，与氢结合生成 HD 和 HE。室温下 D 的单质为液体，E 的单质为固体。

③ F 为金属元素，它有 4 个电子层并有 6 个单电子。

(2) 指出下列化合物的中心原子可能采取的杂化类型，并预测分子的几何构型：BeH_2、BBr_3、SiH_4、PH_3。

(3) 试判断下列分子的空间构型和分子的极性，并说明理由。

CO_2，Cl_2，HF，NO，PH_3，SiH_4，H_2O，NH_3

(4) 试分析下列分子间有哪几种作用力(包括取向力、诱导力、色散力、氢键)。

①HCl 分子间 ②He 分子间 ③H_2O 分子和 Ar 分子间 ④H_2O 分子间 ⑤苯和 CCl_4 分子间

(5) 阐述下列事实的原因。

①室温下 CH_4 为气体，CCl_4 为液体，而 CI_4 为固体。②H_2O的沸点高于 H_2S，而 CH_4 的沸点却低于 SiH_4。

(6) 比较下列各组中两种物质的熔点高低，简单说明原因：

①NH_3，PH_3 ②PH_3，SbH_3 ③Br_2，ICl

第 5 章　分析化学概论

5.1　分析化学概述

5.1.1　分析化学的任务和作用

分析化学(analytical chemistry)是化学的一门分支科学，是研究物质化学组成的表征和测量的科学，主要任务是鉴定物质的化学组成、结构和测量有关组分的含量。

分析化学在国民经济建设中有重要意义，如工业生产中原料、材料、半产品、成品的检验，新产品的开发，废水、废气、废渣等环境污染物的处理和监测都要用到分析化学。武器装备的生产和研制，侦破刑事案件等也都需要分析化学的密切配合。分析化学也是医学上临床分析、药物理化检验的重要基础，产品质量监测、商品检验等工作也都离不开分析化学。

分析化学在现代农业生产和农业科学研究中也具有极其重要的作用。例如，测定土壤肥力状况，分析各种商品肥料中的有效成分含量，判断各种农作物对营养成分利用的状况等都需要用到分析化学的手段。

对农作物及其产品中的某些生化指标进行检测，从而筛选出更优的品种也离不开分析化学。

在农药的合成与使用中，运用分析化学的手段，对农药的品质及其使用后在农产品中的残毒进行检测，从而确保农药使用的安全。

对动物体内的各种代谢过程、各种不同的营养元素对动物生长的影响进行分析，为食用动物的优质高产、动物疾病防治提供依据。

在水产养殖方面，运用分析化学手段监测水质，了解水生态环境，保证水生动植物的正常生长。

在食品利用中，了解食品的营养价值、食品的腐败特征，对食品在化学修饰前后有关化学成分进行分析比较，以加快营养食品的开发。

本章重点讨论分析化学中最主要的定量分析理论和方法。

5.1.2　分析化学的分类

根据分析的目的和任务、分析对象、测定原理、操作方法等不同，分析方法可有如下分类。

1. 结构分析、定性分析和定量分析

根据分析目的的不同，分析方法可分为结构分析(construction analysis)、定性分析(qualitative analysis)和定量分析(quantitative analysis)。结构分析是研究物质的分子结构和晶体结构；定性分析是鉴定试样是由哪些元素、原子团、官能团或化合物组成的；定量分析是测定试样中有关组分的含量。

2. 无机分析和有机分析

根据分析对象的不同，分析方法可以分为无机分析(inorganic analysis)和有机分析(organic analysis)。无机分析的对象是无机物，由于无机物所含的元素种类繁多，要求分析的结果以某些元素、离子、化合物或某相是否存在及其含量的多少来表示；有机分析的对象是有机物，由于有机物组成元素较少，但结构千变万化，故有机分析不仅有元素分析，更重要的是官能团分析和结构分析。

3. 化学分析和仪器分析

根据分析方法所依据的物理或化学性质的不同，分析方法又可分为化学分析法(chemical analysis)和仪器分析法(instrumental analysis)。以物质的化学反应为基础的分析方法称为化学分析法；以被测物质的某种物理性质为基础的分析方法称为物理分析法；以被测物质的物理化学性质为基础的分析方法为物理化学分析法。由于物理分析以及物理化学分析法在分析过程中都需要特殊的仪器，所以又称为仪器分析法。

4. 常量分析、半微量分析和微量分析

根据分析时所需试样的量和操作方法不同，分析方法还可分为常量分析(macro analysis)、半微量分析(little analysis in half)、微量分析(little analysis)。

方法	试样质量	试样体积/mL
常量分析	>0.1g	>10
半微量分析	0.01～0.1g	1～10
微量分析	0.1～10mg	0.01～1
超微量分析	<0.1mg	<0.01

以上几种分类方法是人为规定的。不同的国家和部门，常有不同的标准。另外，常量、半微量和微量分析也可根据被测组分的质量分数粗略地分为常量组分(>1%)、微量组分(0.01%～1%)和痕量组分(<0.01%)的分析。

5.1.3 定量分析的一般程序

定量分析的任务是确定样品中有关组分的含量。

1. 取样

样品或试样是分析工作中被用来进行分析目的的物质体系，可以是固体、液体或气体。分析化学对试样的基本要求是其在组成和含量上能代表被分析的总体。合理的取样是分析结果准确、可靠的基础，取样必须采取特定的方法和程序。一般来说，要多点取样(指不同部位、深度)，然后将各点取得的样品粉碎之后混合均匀，再从混合均匀的样品中取少量物质作为试样进行分析。

2. 试样的分解

定量分析一般采用湿法分析，即将试样分解后转入溶液中，然后进行测定。分解试样的方法很多，主要有酸溶法、碱溶法和熔融法。操作时可根据试样的性质和分析的要求选用适当的分解方法。

3. 测定

根据分析要求以及样品的性质选择合适的方法进行测定。

4. 数据处理

根据测定的有关数据计算出组分的含量，并对分析结果的可靠性进行分析。

5.2　定量分析中的误差

准确测定组分在试样中的含量是定量分析的目的，但在实际测定过程中，由于某些主观和客观的因素，测定结果往往会不可避免地产生误差。误差是客观存在的，需要探讨误差产生的原因及出现的规律，采取相应措施减小误差对测量结果的影响。还要按照一定的规则对实验数据进行取舍、归纳等一系列分析处理工作，并判断测定方法的可靠性，报告合理的、更加接近客观真实值的测定结果。

5.2.1　误差的分类

1. 系统误差

系统误差是在分析过程中由于某些固定的原因所造成的误差。它的大小、正负是可测的，又称可测误差。系统误差的特点是具有单向性和重现性，即平行测定结果系统地偏高或偏低。它对分析结果的影响比较固定，在同一条件下重复测定时会重复出现。

1）方法误差

由于分析方法本身的缺陷产生的误差称为方法误差。如在分析测定过程中不能完全消除干扰离子的影响，反应不完全或滴定终点和理论终点不一致等，系统地影响测定结果，使结果偏高或偏低。

2）仪器和试剂误差

由于测量仪器不够精确，所造成的误差称为仪器误差，如容量器皿刻度和仪表刻度不准确等因素造成的误差；由试剂不纯造成的误差称为试剂误差，如试剂或蒸馏水中含有被测物质或干扰物质所造成的误差。

3）操作误差

操作误差也称个人误差，指由于操作人员的主观原因造成的误差。例如，个人对颜色的敏感程度不同，在辨别滴定终点的颜色时，有人偏深，有人偏浅；在读取仪器刻度时，有人偏高，有人偏低，都会引起误差。

2. 偶然误差

偶然误差是分析过程中某些随机的偶然原因造成的误差，也称随机误差或不定误差。例如，测量时环境、温度、湿度及气压的微小变动等原因引起测量数据波动，它的特点是具有对称性、抵偿性和有限性。

表面上看，偶然误差似乎没什么规律，多次测量中用统计方法研究，发现它服从正态分布，如图 5-1 所示。图中横轴代表偶然误差的大小，以标准偏差 σ 为单位，纵轴代表偶然误差发生的频率。

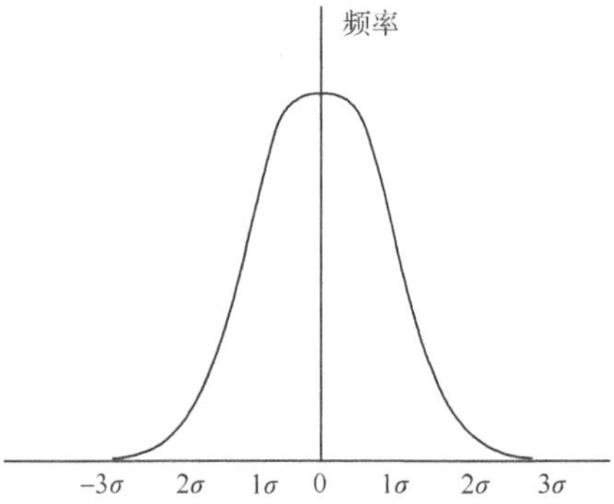

图 5-1 偶然误差的正态分布曲线

在平行测定次数趋于无穷大时，实验的偶然误差有如下规律：

(1) 绝对值相等的正误差和负误差具有相同的出现频率。

(2) 小误差出现的频率较高，而大误差出现的频率较低。

在实际工作中，如果消除了系统误差，平行测定次数越多，则测定值的算术平均值越接近真实值。适当增加平行测定次数，可以减小偶然误差对分析结果的影响。

3. 过失误差

过失误差是由于工作中的粗心大意，不遵守操作规程而造成的差错。这类差错在初学者中容易发生，如看错砝码、加错试剂、记错数据等，如发现错误的测定结果，应予舍弃。

5.2.2 准确度和精密度

准确度是指测定值(x)与真实值(x_T)之间相符合的程度，用误差 E 衡量准确度。误差越小，表示分析结果的准确度越高；反之，误差越大，准确度就越低。它由系统误差所决定。

精密度是指多次测定值之间相符合的程度，它由偶然误差决定。准确度表示测量的正确性，精密度表示测量的重复性，两者的含义不同，不可混淆，但相互又有制约关系。

例如，甲、乙、丙、丁四人同时测定某一物质含量，各分析四次，其测定结果以“·”表示。

从图 5-2 来看，甲测定结果的精密度和准确度好，结果可靠；乙测定结果的精密度虽

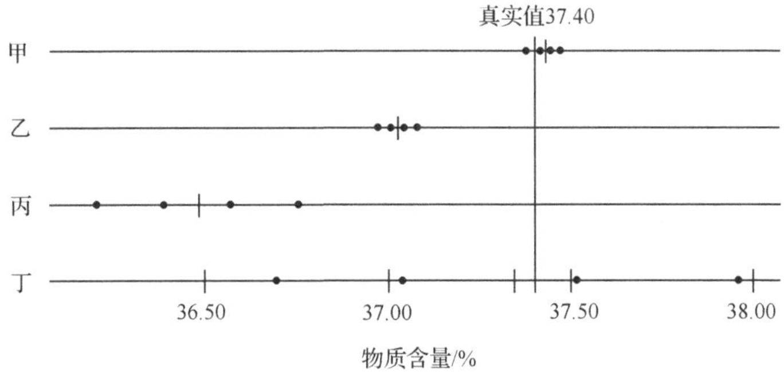

图5-2　不同分析人员的分析结果比较

然很高，但准确度较低；丙测定结果的精密度和准确度都很差；丁测定结果的精密度很差，平均值虽然接近真实值，但这是由于正负误差凑巧相互抵消的结果，因此可靠性差，不可取。

(1) 准确度高，精密度一定高。精密度是保证准确度的必要条件，精密度差，准确度不可能真正好；如果精密度差而准确度好，只是偶然巧合，并不可靠。

(2) 精密度高，准确度不一定高。精密度虽然是准确度的必要条件，但不是充分条件，因为可能存在系统误差。

(3) 对一个好的分析结果，既要求精密度高，又要求准确度高。

5.2.3　误差和偏差

1. *误差*

误差分为绝对误差(E_a)和相对误差(E_r)。

绝对误差 E_a 表示测定值 x 与真实值 x_T 之差。

$$E_a = x - x_T \tag{5-1}$$

显然，绝对误差越小，测定值与真实值越接近。测定结果越准确。一些仪器的测定准确度高低常用绝对误差大小来衡量。例如，电光分析天平的称量误差为±0.0002g，50mL常量滴定管的读数误差为±0.02mL 等。但是，用绝对误差的大小来衡量测定结果的准确度，有时并不明显，因为它没有和测定过程中所取试样的数量多少联系起来。

把绝对误差在真实值中所占的比例称为相对误差 E_r。

$$E_r = \frac{x - x_T}{x_T} \tag{5-2}$$

绝对误差和相对误差都有正值和负值之分，正值表示分析结果偏高，负值表示分析结果偏低。相对误差能够反映误差在真实值中所占的比例，常用相对误差表示或比较各种情况下测定结果的准确度。

【例5-1】 用分析天平称得A、B两物质的质量分别为1.1990g和0.1990g；两物体的真实值分别为1.1991g和0.1991g，求用该分析天平称量A、B两个样品时的绝对误差及相对误差，并比较称量结果的准确度。

$$E_a(A) = 1.1990 - 1.1991 = -0.0001(g)$$
$$E_a(B) = 0.1990 - 0.1991 = -0.0001(g)$$

相对误差为

$$E_r(A) = \frac{-0.0001}{1.1990} = -0.008\%$$

$$E_r(B) = \frac{-0.0001}{0.1991} = -0.05\%$$

虽然称量A、B两个样品的绝对误差均为−0.0001g，但称量B样品的相对误差却是称量A样品相对误差的6.25倍，即称量A样品的准确度高。

称量的质量越大，称量误差越小，称量的准确度越高。

2. 偏差

在实际分析工作中，真实值通常不知道，一般取多次平行测定结果的算术平均值 $\bar{x}$ 表示分析结果。

个别测定值 x 与多次测定结果的平均值 $\bar{x}$ 之差称为偏差。偏差的大小可表示分析的精密度，偏差越小，测定结果的精密度越高。

1）绝对偏差和相对偏差

绝对偏差：个别测定值与算术平均值之差，也称偏差。

$$d_i = x_i - \bar{x} \tag{5-3}$$

相对偏差：绝对偏差在平均值中所占的比例，常用百分率表示。

$$d_r = \frac{d_i}{\bar{x}} \tag{5-4}$$

绝对偏差和相对偏差只能衡量单次测定结果对平均值的偏差，为了更好地说明测定结果的精密度，一般在分析中常用平均偏差和标准偏差表示。

2）平均偏差和相对平均偏差

平均偏差(算术平均偏差)：为各次偏差绝对值的平均值，用来表示一组数据的精密度。

$$\bar{d} = \frac{|d_1| + |d_2| + \cdots + |d_n|}{n} = \frac{\sum_{i=1}^{n} |d_i|}{n} \tag{5-5}$$

相对平均偏差是平均偏差在平均值中所占的比例，常用百分率表示。即

$$\bar{d}_r = \frac{\bar{d}}{\bar{x}} \tag{5-6}$$

平均偏差和相对平均偏差均可表示一组测定值的离散趋势。所测的平均数据越分散，平均偏差或相对平均偏差就越大，分析的精密度越低；相反，平行数据越接近，平均偏

差或相对平均偏差越小，分析的精密度越高。

3）标准偏差和相对标准偏差

标准偏差 S：也称均方根偏差，它和相对标准偏差是用统计方法处理分析数据后的结果，二者均可反映一组平行测定数据的精密度。标准偏差越小，精密度越高。

对有限测定次数（$n<20$）时的标准偏差用 S 表示。

相对标准偏差 S_r 也称变异系数(CV)，是指标准偏差在平均值中所占的比例，常用百分率表示。

$$S_r = \frac{S}{\bar{x}} \tag{5-7}$$

5.2.4 减小误差的方法

(1) 对照实验。在相同条件下，对标准试样（已知结果的准确度）与被测试样同时进行测定，通过对标准试样的分析结果与其标准值的比较，可以判断测定是否存在系统误差。

也可以对同一试样用其他可靠的分析方法进行测定，或由不同个人进行试验，对照其结果，达到检查系统误差存在的目的。

(2) 空白实验。由试剂或蒸馏水和器皿带入杂质所造成的系统误差通常可用空白实验来消除。空白实验是不加试样，按照与试样分析相同的操作步骤和条件进行实验。测定结果称为空白值，若空白值较低，则从试样测定结果中减去空白值，就可得到较可靠的测定结果；若空白值较高，则应更换或提纯所用的试剂。

(3) 校准仪器。仪器不准确引起系统误差，可通过校准仪器来减小。例如，在精确的分析过程中，要对滴定管、移液管、容量瓶、砝码等进行校准。

(4) 校正方法。某些分析方法的系统误差可用其他方法直接校正。选用公认的标准方法与所采用的方法进行比较，从而找出校正系数，消除方法误差。

由于操作者工作粗心大意，不遵守操作规程所造成的一些差错，如器皿未洗净、看错砝码、读错刻度值、记录或计算错误等而造成的错误结果，是不能通过上述方法减免的。

5.3 有效数字及其运算规则

5.3.1 有效数字

有效数字是实际能测量到的数字，通常包括仪器直接读出的全部准确数字和最后一位估计的可疑数字。一般理解为在可疑数字的位数上有±1个单位的误差。例如，从滴定管放出的标准溶液体积是24.25mL，其中24.2是准确数字，最后一位“5”是可疑数字，可能是“4”，也可能是“6”，有±1个单位的误差。这个“5”虽然是估计的，但不是臆造的，所以是有效的。24.25mL是四位有效数字。又如

试样质量	0.2450g	四位有效数字（分析天平称量）
溶液体积	20.20mL	四位有效数字（滴定管量取）

标准溶液浓度	$0.1030 mol \cdot L^{-1}$	四位有效数字
电离常数	1.8×10^{-5}(0.000 018)	两位有效数字
pH	4.30	两位有效数字

数字“0”具有双重意义。数字“0”是否为有效数字取决其所在位置，当“0”表示测量时，它是有效数字，当“0”用来定位，即用“0”表示小数点位数时，它不是有效数字，即数字中间和数字后面的“0”是有效数字，只起定位作用。例如，0.2050 中数字中间的“0”和末位的“0”都是有效数字，而电离常数 0.000 018 中的前五个“0”是定位的，非有效数字。为了避免混淆，应当用 1.8×10^{-5} 的指数形式，正确表示它是两位有效数字。

整数末尾的“0”意义往往不明确，如 1500，其有效数字可能是 4 位、3 位、2 位，即 1.500×10^3(4 位)、1.50×10^3(3 位)、1.5×10^3(2 位)。

pH、pM、$\lg K^{\ominus}$ 等对数数值，其有效数字位数只取决于小数部分的位数，整数部分只代表该数为 10 的多少次方，起定位作用。例如，pH＝4.00，有效数字为两位，说明 $c(H^+)=1.0\times10^{-4} mol \cdot L^{-1}$；又如，$\lg 1.6\times10^5=5.20$，这里 1.6×10^5 为两位有效数字，取对数后 5 为相应真实数 10 的方次，小数点后面的两位数字为有效数字。

分析化学计算中常有倍数或分数关系，如 1/3≈0.3，非测量所得，可视为无误差数字，有效数字的位数是无限的。

实验过程中，有效数字保留的位数应根据分析方法和仪器的准确程度来决定。例如，滴定管读数为 18.60mL，若记为 18.600mL，则夸大了仪器的准确度；若记为 18.6mL，则降低了仪器的准确度。

5.3.2　有效数字的修约

在记录测量数据时，应根据仪器的精密程度保留一位估计值，因而在保留适当位数的有效数字后，对多余的值必须舍去，这个过程为有效数字的修约。

有效数字的修约规则是“四舍六入五留双”：当尾数≤4 时则舍；当尾数≥6 时则入；当尾数等于 5 而后面还有不为 0 的任何数时，则进位，当尾数等于 5 而后面数为 0 时，若“5”前面为偶数(包括 0)则舍，为奇数则入。总之，这一方法使 5 的前一位成双数，这样由五舍或五入引起的误差可以互相抵消。

例如，将下列数据修约为四位有效数字。

0.526 64→0.5266　　0.526 66→0.5267　　10.2452→10.25

10.2450→10.24　　10.2350→10.24

应当注意，在修约有效数字时，必须一次修约到所需位数，不可分次修约。如将 0.1749 修约到两位有效数字，应一次修约到 0.17，不可先修约到 0.175，再修约到 0.18。

5.3.3　有效数字的运算

1. *加减法*

当几个数相加减时，保留有效数字的位数，以绝对误差最大或以小数点后位数最少的那个数为标准，如

$$0.0121+1.0356+25.64=0.01+1.04+25.64=26.69$$

原数	绝对误差	修约为
0.0121	±0.0001	0.01
1.0356	±0.0001	1.04
25.64	±0.01	25.64
26.6877	±0.01	26.69

三个数中以第三个数的绝对误差为最大，其他误差小的数不起作用，结果的绝对误差仍保持±0.01，故为 26.69。

2. 乘除法

当几个数相乘除时，保留有效数字的位数，以相对误差最大或通常以有效数字位数最少的那个数为标准，如

$$0.0121\times25.64\times1.0356=0.0121\times25.6\times1.04=0.322$$

这三个数的相对误差为

0.0121	$1/121\times100\%=0.8\%$
25.64	$1/2564\times100\%=0.04\%$
1.0356	$1/10\ 356\times100\%=0.01\%$

其中以 0.0121 的相对误差为最大，有效数字是三位，位数最少，应以它为准，其他各数都修约为三位有效数字，然后相乘。

3. 乘方和开方

对数据进行乘方或开方时，所得结果的有效数字位数保留应与原数据相同。例如，$6.72^2=45.1584$，保留三位有效数字则为 45.2；$\sqrt{9.65}=3.10644\cdots$保留三位有效数字则为 3.11。

4. 对数计算

所取对数的小数点后的位数(不包括整数部分)应与原数据的有效数字的位数相等。例如，lg102＝2.00860017…保留三位有效数字则为 2.009。

在计算中常遇到分数、倍数等，可视为多位有效数字。在乘除运算过程中，首位数为“8”或“9”的数据，有效数字位数可以多取一位。在混合计算中，有效数字的保留以最后一步计算的规则执行。

5.4　滴定分析概述

滴定分析是常规分析工作中应用最广泛的一类化学分析法，操作简便、快速，所用仪

器设备简单,测定结果准确,可以测定很多无机物和有机物。

5.4.1 滴定分析的基本概念

滴定分析(又称容量分析)是将一种已知准确浓度的试剂溶液,滴加到一定量待测溶液中,直到待测组分与所加试剂按照化学计量关系完全反应为止,然后根据标准滴定溶液的浓度和所消耗的体积,利用化学反应的计量关系计算出待测物质的含量。

标准溶液:已知准确浓度的试剂溶液,又称滴定剂。

滴定:将标准滴定溶液通过滴定管滴加到待测组分溶液中的过程。

滴定反应:滴定时进行的化学反应。

化学计量点:滴定分析中,当待测组分与滴加标准溶液按照滴定反应方程式所示,滴定剂与被测物质按化学式计量关系恰好完全反应的这一点称为化学计量点,也称理论终点。

指示剂:分析中用于指示滴定终点的试剂。它在滴定反应的化学计量点附近产生能敏锐觉察到的颜色或沉淀等变化,从而指示滴定终点的到达。

滴定终点:在滴定分析中,实际操作时依据指示剂颜色发生突变而停止滴定的一点,称为滴定终点,简称终点。

滴定误差:由滴定终点与化学计量点不一致所产生的误差。滴定误差是滴定分析误差的主要来源之一,其大小主要取决于化学反应的完全程度、指示剂的选择及用量是否恰当以及滴定操作的准确程度等。

滴定分析:适用于常量组分的分析(组分含量$\geqslant 1\%$),操作简便、快速、准确度高,对常量组分的测定,其相对误差不大于0.2%,在生产实际和科学研究中应用非常广泛。

5.4.2 滴定分析方法

根据化学反应的类型不同,滴定分析法主要包括酸碱滴定法、配位滴定法、氧化还原滴定法及沉淀滴定法等。

(1) 酸碱滴定法。以酸碱中和反应为基础的滴定分析法,也称中和滴定法,其实质可表示为

$$H^+ + OH^- \rightleftharpoons H_2O$$

酸碱滴定法可用于测定一般的酸、碱,以及能够与酸碱直接或间接发生定量反应的各种物质。

(2) 配位滴定法。以生成配位化合物的配位反应为基础的滴定分析法称为配位滴定法。滴定的最终产物是配合物(或配离子)。其中最常用的是用 EDTA 标准溶液测定各种金属离子的含量,其反应为

$$M^{n+} + H_2Y^{2-} = MY^{n-4} + 2H^+$$

此法用于测定多种金属或非金属元素,有着广泛的实际应用(用 H_2Y^{2-} 代表 EDTA)。

(3) 氧化还原滴定法。以氧化还原反应为基础的滴定分析方法,反应的实质是电子的得失。根据所用滴定剂的不同,氧化还原滴定法可分为高锰酸钾法、碘量法、亚硝酸钠法、重铬酸钾法以及溴酸钾法等,其反应可表示为

$$MnO_4^- + 5Fe^{2+} + 8H^+ \longrightarrow Mn^{2+} + 5Fe^{3+} + 4H_2O$$

$$I_2 + 2S_2O_3^{2-} \longrightarrow 2I^- + S_4O_6^{2-}$$

氧化还原滴定法应用非常广泛，利用该法不仅可以直接测定具有氧化性或还原性的物质，还可以间接测定各种能够与氧化剂或还原剂发生定量反应的非氧化性物质和非还原性物质。

(4) 沉淀滴定法。以生成沉淀反应为基础的滴定分析方法。目前应用最多的是以生成难溶性银盐反应为基础的银量法，该法常用硝酸银作为沉淀剂测定 Cl^-、Br^-、SCN^- 等离子，如

$$Ag^+ + Cl^- \longrightarrow AgCl\downarrow$$

$$Ag^+ + SCN^- \longrightarrow AgSCN\downarrow$$

上述方法各有优缺点，而同一种物质可能用几种方法均可进行测定。因此，在选择分析方法时，应根据待测组分的性质、含量以及试样的组成和分析结果准确度的要求等因素，选用适当的测定方法。

5.4.3 滴定分析对化学反应的要求

滴定分析是化学分析中主要的分析方法之一，它适用于组分含量在1%以上的物质的测定。化学反应很多，但并非所有化学反应都能作为滴定反应。

(1) 反应按确定的反应方程式进行，无副反应发生，或副反应可以忽略不计。

(2) 滴定反应完全的程度必须大于99.9%。

(3) 反应速率快，对于速率慢的反应，应采取适当措施来提高反应速率。

(4) 要有简便可靠的方法来确定滴定的终点。

5.4.4 滴定方式

(1) 直接滴定法。指用标准溶液直接滴定被测物质的溶液的方法，称为直接滴定法。例如，用 HCl 标准溶液滴定 NaOH 溶液，用 $K_2Cr_2O_7$ 标准溶液滴定亚铁盐溶液等。

直接滴定法是滴定分析中最常用和最基本的滴定方式，操作简便、快速，引入的误差较小，测定结果比较准确。

(2) 返滴定法。当反应速率较慢，被测物质中加入等计量的标准溶液后，反应通常不能立即完成，可向被测物质中先加入一定量过量的反应剂标准溶液，待反应完全后，再加另一种标准溶液滴定剩余的反应剂，称为返滴定法，也称剩余滴定法。例如，Al^{3+} 与 EDTA配位反应的速率很慢，Al^{3+} 不能用 EDTA 溶液直接滴定，可于 Al^{3+} 溶液中先加入过量的 EDTA 溶液，并将溶液加热煮沸，待 Al^{3+} 与 EDTA 完全反应后，再用 Zn^{2+} 标准溶液返滴剩余的 EDTA。

(3) 置换滴定法。若被测物质与滴定剂不能足量反应，则可以用置换反应来完成测定，向被测物质中加入一种化学试剂溶液。被测物质可以定量地置换出该试剂中的有关物质，再用标准溶液滴定这一物质，从而求出被测物质的含量，称为置换滴定法。例如，Ag^+ 与 EDTA 形成的配合物不稳定，不宜用 EDTA 直接滴定，可将过量的$[Ni(CN)_4]^{2-}$

加入被测 Ag^+ 溶液中，Ag^+ 很快与 $[Ni(CN)_4]^{2-}$ 中的 CN^- 反应，置换出等计量的 Ni^{2+}，再用 EDTA 滴定 Ni^{2+}，从而求出 Ag^+ 的含量。

(4) 间接滴定法。有些物质不能直接与滴定剂起反应，可以利用间接反应使其转化为可被滴定的物质，再用滴定剂滴定所生成的物质，称为间接滴定法。例如，$KMnO_4$ 溶液不能直接滴定 Ca^{2+}，可用 $(NH_4)_2CO_4$ 先将 Ca^{2+} 沉淀为草酸钙，将得到的沉淀过滤洗涤后，用稀 H_2SO_4 溶解，以 $KMnO_4$ 滴定 $C_2O_4^{2-}$，从而求出 Ca^{2+} 的含量。

5.4.5　基准物质

能准确称量，用于直接配制具有准确浓度的标准溶液的物质，或用于确定标准溶液准确浓度的物质称为基准物质或基准试剂。

基准物质必须符合下列条件：

(1) 在空气中要稳定，干燥时不分解，称量时不吸潮，不吸收空气中的 CO_2，不被空气中氧气所氧化。

(2) 基准物质必须具有足够纯度，一般要求试剂纯度在 99.9%以上，所含杂质量应少到不影响分析结果的准确度。

(3) 实际组成与化学式完全相符，若含结晶水，其含量也应与化学式相符。

(4) 在符合上述条件的基础上，要求试剂最好具有较大的摩尔质量，称量相应较多，从而减小称量误差。例如，邻苯二酸氢钾和草酸作为确定碱溶液浓度的基准物质，都符合上述前三条要求，但前者摩尔质量大于后者，因此，邻苯二甲酸氢钾更适合作为标定碱的浓度的基准物质。

基准物质都可以直接配制成标准溶液。完全具备上述条件的化学试剂并不多，即使已具备条件的基准物质，在使用前一般也要进行一些处理，最常用的方法是在一定温度下干燥去水分。

5.4.6　标准溶液的配制

直接配制法　准确称取一定量的基准物质，溶于水后定量转入容量瓶中定容，然后根据所称物质的质量和定容的体积即可计算出该标准溶液的准确度。例如，准确称取 1.226g 基准物 $K_2Cr_2O_7$，用水溶解后，置于 250mL 的容量瓶中，加水稀释至刻度即得 0.016 67mol · L^{-1} 的 $K_2Cr_2O_7$ 标准溶液。

间接配制法　许多化学试剂由于纯度或稳定性不够等原因，不能直接配制成标准溶液，可先将它们配制成近似浓度的溶液，然后用基准物质或已知准确浓度的标准溶液来标定该标准溶液的准确浓度，这种配制标准溶液的方法称为间接配制法，也称标定法。例如，NaOH 溶液的配制，先配制成近似浓度的溶液，然后用基准物质邻苯二甲酸氢钾直接来标定 NaOH 溶液的准确浓度，或者用已知准确浓度的盐酸溶液标定 NaOH 溶液的准确浓度。

标定时，一般应平行测定 3～4 次，且滴定结果的相对偏差不得超过 0.2%，标定好的标准溶液应妥善保存。标定时的实验条件应与此标准溶液测定某组分时的条件尽量一致，以消除由条件影响所造成的误差。

5.4.7　滴定分析中的计算

1. 基本单元

按照 SI 和国家标准的规定，基本单元可以是分子、原子、离子、电子等基本粒子，也可以是这些粒子的特定组合。在滴定分析中，通常以实际反应的最小单元为基本单元。对于质子转移的酸碱反应，通常以转移一个质子的特定组合作为反应物的基本单元。

【例 5-2】 称取 0.3010g $K_2Cr_2O_7$，定容为 250mL。计算 $c_{K_2Cr_2O_7}$ 与 $c_{\frac{1}{6}K_2Cr_2O_7}$。

解

$$c_{K_2Cr_2O_7}=\frac{\frac{m}{M_{K_2Cr_2O_7}}}{V}=\frac{\frac{0.3010}{294.19}}{250.0\times10^{-3}}\text{mol}\cdot\text{L}^{-1}=0.004\,093\text{mol}\cdot\text{L}^{-1}$$

$$c_{\frac{1}{6}K_2Cr_2O_7}=\frac{m/M_{\frac{1}{6}K_2Cr_2O_7}}{V}=\frac{\frac{0.3010}{294.19/6}}{250.0\times10^{-3}}\text{mol}\cdot\text{L}^{-1}=0.024\,56\text{mol}\cdot\text{L}^{-1}$$

显然

$$n\left(\frac{1}{b}\text{A}\right)=bn(\text{A})\text{ 或 }c\left(\frac{1}{b}\text{A}\right)=bc(\text{A})$$

2. 滴定度

滴定度 $T_{A/B}$是指每毫升标准溶液相当于被测物质的质量，常用 $T_{滴定剂/待测物}$表示，如 $T_{KMnO_4/Fe}=0.005\,682\text{g}\cdot\text{mL}^{-1}$，表示 1mL $KMnO_4$ 标准溶液相当于 0.005 682g 铁或 1mL $KMnO_4$ 标准溶液可把 0.005 682g Fe^{2+} 氧化成 Fe^{3+}。

对于反应 $a\text{A}+b\text{B}=c\text{C}+d\text{D}$，滴定度 $T_{A/B}$与标准溶液的浓度 c_A 之间存在下列关系：

$$T_{A/B}=\frac{b}{a}\times c_A\times M_B\times10^{-3}\tag{5-8}$$

【例 5-3】 在用 $K_2Cr_2O_7$ 法测铁的实验中，$K_2Cr_2O_7$ 标准溶液浓度为 0.015 60mol · L^{-1}，求滴定度 $T_{K_2Cr_2O_7/Fe^{2+}}$。

解　滴定反应为

$$6Fe^{2+}+Cr_2O_7^{2-}+14H^+=6Fe^{3+}+2Cr^{3+}+7H_2O$$

$$T_{K_2Cr_2O_7/Fe^{2+}}=6c_{K_2Cr_2O_7}M_{Fe^{2+}}\times10^{-3}=6\times0.015\,60\times55.85\times10^{-3}$$
$$=5.228\times10^{-3}(\text{g}\cdot\text{mL}^{-1})$$

3. 基本计算

1）两种溶液间的滴定计算

在滴定分析中，若以 c_A 表示待测组分 A 以 A 为基本单元的物质的量浓度，c_B 表示滴定剂 B 以 B 为基本单元的物质的量浓度，V_A、V_B 分别表示 A、B 两种溶液的体积，则达到化学计量点时，依据等物质的量的规则，存在如下等式：

$$c_A V_A = c_B V_B \tag{5-9}$$

2）固体物质 A 与溶液 B 之间反应的计算

对于固体物质 A，当其质量为 m_A 时，有 $n_A = \frac{m_A}{M_A}$；对于溶液 B，其物质的量 $n_B = c_B V_B$。若固体物质 A 与溶液 B 完全反应，达到化学计量点时，根据等物质的量规则，得

$$c_B V_B = \frac{m_A}{M_A} \tag{5-10}$$

【例 5-4】 欲标定某盐酸溶液，准确称取无水碳酸钠 1.3078g，溶解后稀释至 250mL。移取 25.00mL 上述碳酸钠溶液，以欲标定盐酸溶液滴定至终点时，消耗盐酸溶液的体积为 24.8mL，计算该盐酸溶液的准确浓度。

解　　$2HCl + Na_2CO_3 \longrightarrow 2NaCl + H_2O + CO_2\uparrow$

则

$$n_{HCl} = n_{\frac{1}{2}Na_2CO_3}$$

$$c_{HCl}V_{HCl} = \frac{m_{Na_2CO_3}}{M_{\frac{1}{2}Na_2CO_3}}$$

$$c_{HCl} = \frac{1.3078 \times \frac{25.00\times10^{-3}}{250.00\times10^{-3}}}{\frac{1}{2}\times105.99\times24.28\times10^{-3}}$$

$$= 0.1016(mol \cdot L^{-1})$$

阅读材料

分析化学前沿领域——化学计量学综述

化学计量学是一门研究化学量测基础理论与方法学的新的化学分支学科。它是应用数学、统计学及计算机科学的方法与手段，设计和选择最优的化学量测方法，并通过对化学数据的解析，最大限度地获取有关物质系统的化学信息。

化学计量学是瑞典于默奥大学沃尔德在 1971 年首先提出来的。1974 年美国的科瓦斯基和沃尔德共同倡议成立了化学计量学学会。化学计量学在 80 年代有了较大的发展，各种新的化学计量学算法的基础及应用研究有了长足的进展，成为化学与分析化学发展的重要前沿领域。它的兴起有力地推动了化学和分析化学的发展，为分析化学工作者优化试验设计和测量方法、科学处理和解析数据并从中提取有用信息，开拓了新的思路，提供了新的手段。以化学反应式形式表达的质量守恒定律，用于计算某一时刻化学组成和各组分的数量变化。

化学计量学是一门通过统计学或数学方法将对化学体系的测量值与体系的状态之间建立联系的学科。由于化学反应而引起反应物系组成变化的计算方法，是对反应过程进行物料衡算和热量衡算的依据之一。它应用数学、统计学和其他方法和手段（包括计算机）选择最优试验设计和测量方法，并通过对测量数据的处理和解析，最大限度地获取有关物质系统的成分、结构及其他相关信息。与基于量子化学的计算化学（computational chemistry）的不同之点在于化学计量学是以化学测量为其基点，实质上是化学量测的基础理论与方法学，为化学量测提供理论和方法，为各类波谱及化学量测数据的解析，为化学化工过程的机理研究和优化提供新途径，涵盖了化学量测的全过程，包括采样理论与方法、试验设计与

化学化工过程优化控制、化学信号处理、分析信号的校正与分辨、化学模式识别、化学过程和化学量测过程的计算机模拟、化学定量构效关系、化学数据库、人工智能与化学专家系统等。

将化学计量学方法结合近红外光谱技术应用于食品、饲料的多组分检测以及模式识别。化学计量学是近红外光谱分析技术的中枢，主要应用在三个方面：一是光谱数据预处理，针对样品的要求对光谱数据进行适当的处理，最大限度地减弱各种非目标因素对光谱的影响净化图谱信息，为建立校正模型及预测未知样品做好前期准备；二是作为近红外光谱技术的定性或定量方法，建立稳定可靠的分析检测模型；三是用于校正模型的传递，也称近红外光谱仪器的标准化，实现校正模型的共享。

本章小结

(1) 掌握滴定分析的方法和滴定方式几个基本概念：滴定分析；滴定剂；滴定；滴定终点；滴定误差或终点误差。

(2) 滴定分析的方法：①酸碱滴定法；②沉淀滴定法；③氧化还原滴定法；④配位滴定法。

(3) 滴定分析对滴定反应的要求：①反应要按化学计量关系定量地进行；②反应要迅速进行；③有简便可靠的确定终点的方法。

(4) 滴定方式：①直接滴定；②返滴定；③置换滴定；④间接滴定。

(5) 滴定分析的标准溶液和基准物质：①直接配制法；②间接配制法。

(6) 误差的分类。

① 系统误差(可测误差)。

特点：单向性，可测性。

系统误差可以分为下列几种：方法误差；仪器、试剂误差；操作误差。注意：要求在正常操作下引起的。

② 偶然误差(随机误差)。

特点：随机性，符合正态分布。

(7) 误差和偏差的表示方法。

① 准确度与误差。

绝对误差　$E = x - x_T$(有正负之分)

相对误差　$E_r = \frac{E}{x_T} \times 100\%$

② 精密度与偏差。

绝对偏差　$d_i = x_i - \bar{x}$

相对偏差　$d_r = \frac{d_i}{\bar{x}} \times 100\%$

平均偏差

$$\bar{d} = \frac{|d_1| + |d_2| + |d_3| + \cdots + |d_n|}{n} \quad \text{(没有正负之分)}$$

相对平均偏差($\bar{d}_r$)　$\bar{d}_r = \frac{\bar{d}}{\bar{x}} \times 100\%$

标准偏差　$S = \sqrt{\frac{\sum (x_i - \bar{x})^2}{n-1}} = \sqrt{\frac{\sum d_i^2}{n-1}}$

相对标准偏差　$S_r = \frac{S}{\bar{x}} \times 100\%$

(8) 提高分析结果准确度的方法。

准确度表示测量的准确性,精密度表示测量的重现性。

精密度高,准确度不一定高。只有在消除或减免系统误差的前提下,才能以精密度的高低来衡量准确度的高低。

(9) 有效数字及其运算规则。

① 记录测量数值时,只保留一位可疑数字。

② 当有效数字位数确定后,其余数字应一律舍弃,舍弃办法:采取"四舍六入五留双"的规则。

③ 加减法:几个数据相加或相减时,它们的和或差的有效数字的保留,应该以小数点后位数最少的数字为准。

④ 在乘除法中,有效数字的保留。应该以有效数字位数最少的为准。

习　题

5-1　选择题

(1) 减少分析测定中的随机误差的方法是　(　)

A. 进行对照实验　B. 进行空白实验

C. 进行仪器校正　D. 增加平行测定次数

(2) 下述正确的叙述是　(　)

A. 精密度高,测定的准确度一定高　B. 精密度高的测定结果不一定是正确的

C. 准确度是表示测定结果相互接近的程度　D. 系统误差是影响精密度的主要因素

(3) 下列数据有效数字位数正确的是　(　)

A. pH=3.02,pK_a=7.2,两位　B. 300g,100mL,两位

C. 1.30,$\lg K^{\ominus}$=8.02,三位　D. 0.023 22,1.030,四位

(4) 下列叙述中不正确的是　(　)

A. 偶然误差具有随机性　B. 偶然误差服从正态分布

C. 偶然误差具有单向性　D. 偶然误差是由不确定因素引起的

(5)下列情况中,能引起偶然误差的是　(　)

A. 滴定管读数时,最后一位数字估计不准

B. 使用腐蚀的砝码进行称量

C. 标定 EDTA 溶液时,所用金属锌不纯

D. 所使用的试剂中含有被测组分

(6) 以下试剂能直接配制标准溶液的是　(　)

A. 优级纯的 NaOH　B. 分析纯的 $Na_2B_4O_7\cdot 10H_2O$

C. 分析纯的 $KMnO_4$　D. 分析纯的 $Na_2S_2O_3$

(7) 下列各数中,有效数字位数为四位的是　(　)

A. $c(H^+)=0.0003mol\cdot L^{-1}$　B. pH=10.42

C. w(MgO)=0.1996　D. 4000

5-2　判断题

1. 随机误差是由某些难以控制,无法避免的偶然原因造成的,因而又称偶然误差。　(　)

2. 系统误差是由某些固定的原因造成的。　(　)

3. 由操作者粗心大意或违反操作规程所引起的误差称为偶然误差。　(　)

4. pH=8.34,其有效数字位数为三位。　(　)

5. 若滴定管的刻度最小单位是 0.1mL，某测定结果可记作 20.1mL。（　）

6. 有效数字的位数与实验过程中仪器的准确度有关。（　）

5-3　简答题

（1）下列情况属于系统误差还是随机误差：

①天平称量时最后一位读数估计不准；②终点与化学计量点不符合；③砝码腐蚀；④试剂中有干扰离子；⑤称量试样时吸收了空气中的水分；⑥重量法测定水泥中 SiO_2 含量时，试样中的硅酸沉淀不完全；⑦滴定管读数时，最后一位估计不准；⑧用含量为 99%的硼砂作为基准物质标定盐酸溶液的浓度；⑨天平的零点有微小变动。

（2）如果分析天平的称量误差为±0.2mg，拟分别称取试样 0.1g 和 1g 左右，称量的相对误差各为多少？这些结果说明了什么问题？

5-4　计算题

（1）进行下列运算，给出适当的有效数字。

① $7.9936 \div 0.9967 - 5.02 =$

② $0.0325 \times 5.0103 \times 60.06 \div 139.8 =$

③ $1.276 \times 4.17 + 1.7 \times 10^{-1} - (0.002\,176\,4 \times 0.0121) =$

（2）称取基准物质 $H_2C_2O_4 \cdot 2H_2O$（$M = 126.07$）0.1258g，用 NaOH 溶液滴定至终点消耗 19.85mL，计算 c_{NaOH}。

（3）为标定 $Na_2S_2O_3$ 溶液，称取基准物质 $K_2Cr_2O_7$ 0.1260g，用稀 HCl 溶解后，加入过量 KI，置于暗处 5min，待反应完毕后加水 80mL，用待标定的 $Na_2S_2O_3$ 溶液滴定。终点时耗用 $V_{Na_2S_2O_3} = 19.47mL$，计算 $c_{Na_2S_2O_3}$。

（4）称取分析纯试剂 $K_2Cr_2O_7$ 14.709g，配成 500mL 溶液，试计算 $K_2Cr_2O_7$ 溶液对 Fe_2O_3 和 Fe_3O_4 的滴定度。已知 $M_{K_2Cr_2O_7} = 294.2\ g \cdot mol^{-1}$，$M_{Fe_2O_3} = 159.7g \cdot mol^{-1}$，$M_{Fe_3O_4} = 231.5g \cdot mol^{-1}$。

（5）称取硼砂基准物（$Na_2B_4O_7 \cdot 10H_2O$）0.4710g，以甲基红为指示剂，用 HCl 溶液滴定至终点时，HCl 消耗 24.20mL。求 HCl 溶液的浓度。

（6）称取分析纯试剂 $MgCO_3$ 1.850g 溶解于过量的 HCl 溶液 48.48mL 中，待两者反应完全后，过量的 HCl 需 3.83mL NaOH 溶液返滴定。已知 30.33mL NaOH 溶液可以中和 36.40mL HCl 溶液。计算该 HCl 和 NaOH 溶液的浓度。

第6章 酸碱平衡与酸碱滴定法

酸和碱是两类重要的化学物质，酸碱平衡是水溶液中最重要的平衡体系，以酸碱反应为基础的酸碱滴定法是最基本、最重要的分析方法，具有反应速率快，反应过程简单，副反应少，滴定终点易判断，有多种指示剂指示终点等优点。本章在介绍酸碱理论的基础上重点以酸碱质子理论为基础，讨论水溶液中的酸碱平衡及其影响因素，酸碱平衡体系中有关各组分的浓度计算，缓冲溶液的性质、组成和应用，酸碱滴定法的基本原理，酸碱指示剂的选择，酸碱滴定法的应用。

6.1 酸碱理论

6.1.1 酸碱理论的发展

人们对酸和碱的认识经历了一个由浅入深，由感性到理性，由低级到高级的过程。1887年，瑞典化学家阿伦尼乌斯提出了酸碱电离理论：在水溶液中电离出来的阳离子全部是 H^+ 的为酸，电离出来的阴离子全部是 OH^- 的为碱。这是公认的最早对酸碱理论的系统研究。在该理论的基础上，丹麦物理化学家布朗斯台德(Brönsted)和英国化学家劳莱(Lowry)于1923年提出了酸碱质子理论，用质子的给出和接受来定义酸和碱，称为酸碱质子理论。酸碱质子理论比酸碱电离理论适用范围更大。例如，酸碱电离理论中除有弱酸弱碱的计算外，还有种类繁多的盐的水解计算，而在酸碱质子理论中均归入一般酸碱的计算，概念更简单，计算更方便。在1923年，美国化学家路易斯提出了用电子对的得失来定义酸和碱，称为酸碱电子理论。酸碱电子理论再一次扩大了酸碱的范围。但是由于在酸碱电子理论中酸和碱都无法定量表达，于是1963年美国化学家皮尔森(Pearson)根据路易斯酸碱之间接受电子对的难易程度提出了软硬酸碱理论。

6.1.2 酸碱质子理论

1. 共轭酸碱对

布朗斯台德和劳莱认为：凡能给出质子的物质是酸；凡能接受质子的物质是碱。例如，HCl、HAc、NH_4^+、H_2SO_3、HCO_3^-、$[Al(H_2O)_6]^{3+}$ 等都能给出质子，它们是酸；而 OH^-、Ac^-、NH_3、HSO_3^-、CO_3^{2-} 等都能接收质子，所以它们都是碱。

$$HCl \xlongequal{} H^+ + Cl^-$$
$$HAc \rightleftharpoons H^+ + Ac^-$$
$$NH_4^+ \rightleftharpoons H^+ + NH_3$$
$$H_2SO_3 \rightleftharpoons H^+ + HSO_3^-$$

$$HCO_3^- \rightleftharpoons H^+ + CO_3^{2-}$$

$$[Al(H_2O)_6]^{3+} \rightleftharpoons H^+ + [Al(OH)(H_2O)_5]^{2+}$$

酸给出质子后余下的部分就是碱，碱接收质子后就变成酸。

$$HA \rightleftharpoons H^+ + A^-$$

$$\text{酸} \rightleftharpoons H^+ + \text{碱}$$

这种酸与碱的相互依存关系，称为共轭关系。上面这些方程式中，左边的酸是右边碱的共轭酸，而右边的碱则是左边酸的共轭碱，这种共轭关系称为共轭酸碱对。酸与其共轭碱只相差一个质子，质子得失变化称为酸碱半反应。这种酸碱半反应都是不能单独存在的，因为酸并不能自动放出质子，必须同时存在一种物质作为碱接受质子。反之，碱也必须从另外一种酸得到质子，才能变成共轭酸。酸性和碱性通过质子的给出和接受来体现，一切酸碱反应都是质子传递反应。

有些质子传递相当于阿伦尼乌斯理论中酸的电离

$$\underset{\text{酸1}}{HAc} + \underset{\text{碱2}}{H_2O} \rightleftharpoons \underset{\text{酸2}}{H_3O^+} + \underset{\text{碱1}}{Ac^-} \text{（质子传递）}$$

$$HAc \rightleftharpoons H^+ + Ac^- \text{（电离）}$$

有些质子传递反应相当于阿伦尼乌斯理论中弱碱盐的水解

$$\underset{\text{酸1}}{NH_4^+} + \underset{\text{碱2}}{H_2O} \rightleftharpoons \underset{\text{酸2}}{H_3O^+} + \underset{\text{碱1}}{NH_3}$$

HAc 和 NH_4^+ 在水中的质子传递平衡中，作为溶剂的 H_2O 起碱的作用，接受质子而成为共轭酸 H_3O^+。

碱在水中质子化时，H_2O 作为质子给体参加反应。例如

$$\underset{\text{碱1}}{NH_3} + \underset{\text{酸2}}{H_2O} \rightleftharpoons \underset{\text{酸1}}{NH_4^+} + \underset{\text{碱2}}{OH^-}$$

也包括阿伦尼乌斯理论称之为弱酸盐水解的反应。例如

$$\underset{\text{碱1}}{Ac^-} + \underset{\text{酸2}}{H_2O} \rightleftharpoons \underset{\text{酸1}}{HAc} + \underset{\text{碱2}}{OH^-}$$

在以上两个反应中，H_2O 作为酸失去质子成为共轭碱 OH^-。所以一个物质的酸碱属性与具体的化学环境相关。

总之，酸碱质子理论认为酸和碱是通过给出和接受质子的共轭关系相互依存和相互转化的。每一个酸（碱）要表现出它的酸（碱）性必须有另一个碱（酸）同时存在才行。这是酸碱质子理论与酸碱电离理论的主要不同之处。

质子理论扩展了酸碱的范围，盐需要重新认识。例如，NH_4Cl 中的 NH_4^+ 是酸，NaAc 中的 Ac^- 是碱，“纯碱”和“小苏打”中分别含有碱 CO_3^{2-} 和 HCO_3^-。盐水解的实质也是组成它的酸或碱与溶剂水分子间的质子传递或结合的过程，也是共轭酸碱对之间的质子传

递过程。

按照质子理论，酸和碱既可以是分子，也可以是离子。另外，像 HCO_3^-、$H_2PO_4^-$ 和 HS^- 等既能给出质子作为酸，也能接受质子作为碱，故称为两性物质。例如

$$HS^- + H_2O \rightleftharpoons H_3O^+ + S^{2-}$$
$$HS^- + H_2O \rightleftharpoons OH^- + H_2S$$

HS^- 既是酸又是碱，其水溶液显酸性还是碱性，取决于以上两个反应向右进行的程度的大小。

2. 水的质子自递平衡

无论在工业生产中还是在生物体内，水都是最重要的溶剂。纯水有微弱的导电性，表明在水分子之间也能进行质子传递，这种反应平衡称为水的质子自递平衡，也称自解离平衡：

$$H_2O + H_2O \rightleftharpoons H_3O^+ + OH^-$$

在 298.15K，上述反应的标准平衡常数称为水的质子自递平衡常数或水的离子积，用 $K_w^\ominus$ 表示

$$K_w^\ominus = \frac{[H_3O^+]}{c^\ominus} \cdot \frac{[OH^-]}{c^\ominus} = c(H^+) \cdot c(OH^-) \tag{6-1}$$

在 297K 时测得纯水中

$$c(H^+) = c(OH^-) = 1.0 \times 10^{-7} mol \cdot L^{-1}$$

故

$$K_w^\ominus = 1.0 \times 10^{-14} mol \cdot L^{-1}$$

水的质子自递是吸热反应，温度越高，$K_w^\ominus$ 值越大。由于 $K_w^\ominus$ 随温度变化不大(表 6-1)，为了方便起见，在室温时通常采用 297K 的数值。

表 6-1　不同温度时水的离子积

T/K	273	283	293	297	298	323	373
$K_w^\ominus$	1.14×10^{-15}	2.29×10^{-15}	6.81×10^{-15}	1.00×10^{-14}	1.01×10^{-14}	5.47×10^{-14}	5.50×10^{-13}

许多化学反应和生理现象都发生在 H^+ 浓度较低(10^{-8}～10^{-2} mol · L^{-1})的溶液中，为了使用方便，通常用 H^+ 相对浓度的负对数(以符号 pH 代表)来表示溶液的酸碱性

$$pH = -\lg \frac{c(H^+)}{c^\ominus}$$

$c(H^+)/c^\ominus$ 改变 10 倍，相当于 pH 改变 1 个单位。

类似地，OH^- 相对浓度和 $K_w^\ominus$ 也可用 pOH 和 $pK_w^\ominus$ 来表示，其关系为

$$pH + pOH = pK_w^\ominus = 14.00$$

pH 和 pOH 的适用范围一般为 1～14，在这个范围以外，用浓度 $c(\mathrm{mol \cdot L^{-1}})$ 表示酸度和碱度更方便。

$K_w^{\ominus}$ 不因溶解其他物质而改变，利用式(6-1)可以计算水溶液中的平衡浓度$[H^+]$或$[OH^-]$。在纯水中加一些酸，$[H^+]$就大于 $10^{-7}\mathrm{mol \cdot L^{-1}}$，水的质子自递平衡必然向左移动；也就是说，由水提供的$[H^+]$必然小于 $10^{-7}\mathrm{mol \cdot L^{-1}}$。因此，在强酸或浓度较大的弱酸溶液中，由水解离的那部分 H^+ 可以忽略不计。

例如，在 0.10mol · L^{-1} HCl 中，$c(H^+)=0.1\mathrm{mol \cdot L^{-1}}$，根据式(6-1)，可求得该酸性溶液中 OH^- 的平衡浓度为

$$c(\mathrm{OH^-}) = \frac{K_w^{\ominus}}{c(\mathrm{H^+})} = \frac{1.0 \times 10^{-14}}{0.10} = 1.0 \times 10^{-13}(\mathrm{mol \cdot L^{-1}})$$

HCl 溶液中的 H^+ 有两个来源：由 HCl 解离产生，$c(H^+)=c(HCl)=0.10\mathrm{mol \cdot L^{-1}}$；由 H_2O 产生，$c(H^+)=c(OH^-)=1.0\times10^{-13}$。二者相比，后者可以忽略不计。

对于在强碱(如 NaOH)或浓度较大的弱碱溶液中的情况可作类似分析。自来水的$[OH^-]$比 NaOH 解离的$[OH^-]$少得多，可以忽略；$[H^+]$只有水产生，虽然很少，但不能忽略。

水的离子积 $K_w^{\ominus}$ 的重要意义在于，它表明水溶液中$[H^+]$和$[OH^-]$的乘积在一定温度下恒等于一个常数。不管是酸性溶液还是碱性溶液，H^+ 和 OH^- 都共存于其中。增大$[H^+]$，则$[OH^-]$减少；减少$[H^+]$，则$[OH^-]$增大；其中任何一个离子的浓度多小，都不等于零。根据水的离子积能简洁地计算溶液中的酸度或碱度，即溶液中的$[H^+]$和$[OH^-]$。注意：酸(碱)的分析浓度(即总浓度)等于未解离的酸(碱)和已解离的酸(碱)浓度之和，应注意与酸度或碱度的概念相区别。

在室温条件下，归纳如下：

$\frac{[\mathrm{H_3O^+}]}{c^{\ominus}}=\frac{[\mathrm{OH^-}]}{c^{\ominus}}=\sqrt{K_w^{\ominus}}=1.0\times10^{-7}\mathrm{mol \cdot L^{-1}}$，溶液表现为中性。

$\frac{[\mathrm{H_3O^+}]}{c^{\ominus}}>\frac{[\mathrm{OH^-}]}{c^{\ominus}}$，即$[H^+]>10^{-7}\mathrm{mol \cdot L^{-1}}$，溶液表现为酸性，而且$[H^+]$越大，溶液酸性越强。

$\frac{[\mathrm{H_3O^+}]}{c^{\ominus}}<\frac{[\mathrm{OH^-}]}{c^{\ominus}}$，即$[H^+]<10^{-7}\mathrm{mol \cdot L^{-1}}$，溶液表现为碱性，而且$[H^+]$越小，溶液碱性越强。

pH 的测定对工业、农业、医学、生物学方面的研究有很重要的实际意义。各种农作物的生长发育，微生物的生长都要求一定的 pH；人体内各部分体液都具有一定的 pH，以保证人体正常的生理活动；在生理作用中，其重要作用的酶只有在一定 pH 时才有效，否则酶的活性降低甚至失去活性。

测定 pH 的方法很多，在实际工作中如果只需要知道溶液 pH 大致是多少，以便及时调节和控制，常用酸碱指示剂和 pH 试纸来测定；如果需要准确测定溶液的 pH，则用酸度计来测量。

6.2 弱酸、弱碱解离平衡

酸碱的强弱不仅取决于酸碱本身释放或接受质子的能力，同时也取决于溶剂接受或释放质子的能力。因此要比较各种酸碱的强度，必须固定溶剂。通常以水作为溶剂来比较各种酸和碱释放和接受质子的能力。

6.2.1 一元弱酸、弱碱解离平衡

一般的，弱酸 HA 与水分子之间的质子传递反应式的标准平衡常数称为酸度常数或酸解离常数，用 $K_a^\ominus$ 表示

$$HA(aq) + H_2O(aq) \rightleftharpoons H_3O^+(aq) + A^-(aq)$$

$$K_a^\ominus = \frac{\frac{[H_3O^+]}{c^\ominus} \cdot \frac{[A^-]}{c^\ominus}}{\frac{[HA]}{c^\ominus}} = \frac{c(H_3O^+) \cdot c(A^-)}{c(HA)} \tag{6-2}$$

式中，$c^\ominus = 1mol \cdot L^{-1}$，在平衡常数表达式中常略去不写；$K_a^\ominus$ 是量纲为一的量，常简写为 K_a。根据热力学规定，纯液体 H_2O 未写入平衡常数表达式中。有时也把 H_3O^+ 表示成 H^+，把 $K_a^\ominus$ 称为弱酸的解离常数。$K_a^\ominus$ 越大，酸性越强。例如

$$HAc + H_2O \rightleftharpoons H_3O^+ + Ac^-$$

$$K_a^\ominus = \frac{c(H_3O^+) \cdot c(Ac^-)}{c(HAc)} = 1.74 \times 10^{-5} (pK_a^\ominus = 4.75)$$

$$NH_4^+ + H_2O \rightleftharpoons H_3O^+ + NH_3$$

$$K_a^\ominus = \frac{c(H_3O^+) \cdot c(NH_3)}{c(NH_4^+)} = 5.75 \times 10^{-13} (pK_a^\ominus = 12.24)$$

由于 $K_a^\ominus(HAc) > K_a^\ominus(NH_4^+)$，所以可以认为 HAc 的酸性强于 NH_4^+。

类似地，弱碱 A^- 与水分子之间的质子传递反应式(6-3)的标准平衡常数称为碱度常数，用 $K_b^\ominus$ 或 K_b 表示

$$A^-(aq) + H_2O(aq) \rightleftharpoons HA(aq) + OH^-(aq)$$

$$K_b^\ominus = \frac{\frac{[HA]}{c^\ominus} \cdot \frac{[OH^-]}{c^\ominus}}{\frac{[A^-]}{c^\ominus}} = \frac{c(HA) \cdot c(OH^-)}{c(A^-)} \tag{6-3}$$

根据 $K_a^\ominus$ 或 $K_b^\ominus$ 数值，可以定量比较酸或碱的强弱。

$K_a^\ominus$、$K_b^\ominus$ 和 $K_w^\ominus$ 之间有如下关系

$$K_a^\ominus \times K_b^\ominus = \frac{c(H^+) \cdot c(A^-)}{c(HA)} \times \frac{c(HA) \cdot c(OH^-)}{c(A^-)} = c(H^+) \cdot c(OH^-) = K_w^\ominus$$

$$K_a^\ominus \times K_b^\ominus = K_w^\ominus \tag{6-4}$$

在同一溶剂中，不同酸碱的相对强弱取决于酸碱的本性。但同一酸碱在不同溶剂中的相对强弱则由溶剂的性质决定。例如，HAc 在溶剂水中是弱酸，而在液氨中则是较强的酸，因为液氨接受质子的能力（碱性）比水接受质子的能力（碱性）强，促进了 HAc 的解离

$$HAc + NH_3(l) \rightleftharpoons NH_4^+ + Ac^-$$

液态 HF 分子给质子能力大于 HAc，因此，HAc 在液态 HF 中不是给出质子，而是接受质子，表现为弱碱

$$HAc + HF(l) \rightleftharpoons H_2Ac^+ + F^-$$

酸碱的相对强弱与溶剂的酸碱性（即质子给、受能力大小）有密切关系。物质的酸碱性在不同溶剂作用的影响下，“强可变弱，弱可变强；酸可变碱，碱可变酸”，这是酸碱质子理论与酸碱电离理论的重要区别。

6.2.2　影响酸碱平衡的因素

酸碱平衡是一个动态平衡。当外界条件改变时，旧的平衡被破坏，经过分子或离子间的相互作用达到新的平衡。

1. 解离度与解离平衡的关系

以弱酸 HA 在水中的解离平衡为例，假设 HA 的初始浓度为 c，解离度为 α

	$HA \rightleftharpoons$	$H^+ +$	A^-
初始浓度/($mol \cdot L^{-1}$)	c	0	0
平衡浓度/($mol \cdot L^{-1}$)	$c-c\alpha$	$c\alpha$	$c\alpha$

$$K_a^\ominus = \frac{c(H^+) \cdot c(A^-)}{c(HA)} = \frac{c\alpha \cdot c\alpha}{c - c\alpha} = \frac{c\alpha^2}{1-\alpha}$$

当 $\alpha < 5\%$ 时，$1-\alpha \approx 1$，则可以用以下近似式表示

$$\alpha = \sqrt{\frac{K_a^\ominus}{c}} \tag{6-5}$$

式(6-5)成立的前提是 c 不是很小，α 不是很大。它表明酸碱平衡常数、解离度、溶液浓度三者之间的关系，称为稀释定律。

式(6-5)同样适用于弱碱的解离，只是将 $K_a^\ominus$ 换成 $K_b^\ominus$

$$\alpha = \sqrt{\frac{K_b^\ominus}{c}} \tag{6-6}$$

2. 同离子效应

若往 HAc 溶液中加入强电解质 NaAc 时，NaAc 完全解离，溶液中 Ac^- 浓度大大增加，使 HAc 的解离平衡向左移动，从而降低了 HAc 的解离度，溶液中的 H^+ 浓度下降

$$HAc + H_2O \rightleftharpoons H_3O^+ + Ac^-$$

$$NaAc = Na^+ + Ac^-$$

又如，在 NH_3 水溶液中加入 NH_4Cl，NH_4^+ 就抑制了 NH_3 与 H_2O 之间的质子传递反应；$[OH^-]$降低，$[H^+]$则升高

$$NH_3 + H_2O \rightleftharpoons NH_4^+ + OH^-$$

$$NH_4Cl = NH_4^+ + Cl^-$$

在 HAc 溶液中加入 NaAc 引入 Ac^- 或加 HCl 引入的 H^+；在 NH_3 水溶液中加入 NH_4Cl 引入的 NH_4^+ 或加入 NaOH 引入的 OH^-，是 HAc 或 NH_3 解离产生的离子的共同离子。这种在弱电解质的溶液中，加入与该弱电解质有共同离子的强电解质而使解离平衡向左移动，抑制弱电解质解离的现象，称为同离子效应。

3. 盐效应

如果在弱电解质溶液中加入不含共同离子的强电解质，由于强电解质解离出大量的正负离子，聚集在弱电解质解离出的正负离子周围，形成离子氛，降低了弱电解质离子重新结合成弱电解质分子的概率。随着强电解质浓度的增大，溶液的离子强度也增大，解离度也相应增大。这种在弱电解质的溶液中加入不含共同离子的强电解质，引起弱电解质解离度增大的效应称为盐效应。

显然，在产生离子效应的同时，也存在盐效应；只不过与同离子效应相比，盐效应较弱，一般不必考虑。

6.2.3 多元弱酸、弱碱的解离平衡

多元弱酸、弱碱在水溶液中是逐级解离的，每一级都有相应的质子转移平衡。例如，H_3PO_4 在水溶液中可建立三级解离平衡

$$H_3PO_4 \rightleftharpoons H^+ + H_2PO_4^- \quad K_{a_1}^\ominus = \frac{c(H^+) \cdot c(H_2PO_4^-)}{c(H_3PO_4)} = 7.6 \times 10^{-3}$$

$$H_2PO_4^- \rightleftharpoons H^+ + HPO_4^{2-} \quad K_{a_2}^\ominus = \frac{c(H^+) \cdot c(HPO_4^{2-})}{c(H_2PO_4^-)} = 6.3 \times 10^{-8}$$

$$HPO_4^{2-} \rightleftharpoons H^+ + PO_4^{3-} \quad K_{a_3}^\ominus = \frac{c(H^+) \cdot c(PO_4^{3-})}{c(HPO_4^{2-})} = 4.4 \times 10^{-13}$$

由 $K_{a_1}^\ominus > K_{a_2}^\ominus > K_{a_3}^\ominus$ 可知，三种弱酸的酸性强弱顺序为 $H_3PO_4 > H_2PO_4^- > HPO_4^{2-}$，并且磷酸的解离一般以第一级解离为主。同时，由共轭酸碱对的特性可知它们对应的三种共轭碱的碱性强弱顺序是 $PO_4^{3-} > HPO_4^{2-} > H_2PO_4^-$，它们在水溶液中可建立三级碱性解离平衡

$$PO_4^{3-} + H_2O \rightleftharpoons OH^- + HPO_4^{2-} \quad K_{b_1}^\ominus = \frac{c(OH^-) \cdot c(HPO_4^{2-})}{c(PO_4^{3-})} = 2.3 \times 10^{-2}$$

$$HPO_4^{2-} + H_2O \rightleftharpoons OH^- + H_2PO_4^- \quad K_{b_2}^\ominus = \frac{c(OH^-) \cdot c(H_2PO_4^-)}{c(HPO_4^{2-})} = 1.6 \times 10^{-7}$$

$$H_2PO_4^- + H_2O \rightleftharpoons OH^- + H_3PO_4 \quad K_{b_3}^{\ominus} = \frac{c(OH^-) \cdot c(H_3PO_4)}{c(H_2PO_4^-)} = 1.3 \times 10^{-12}$$

由以上关系是可以看出

$$K_{a_1}^{\ominus} \times K_{b_3}^{\ominus} = K_{a_2}^{\ominus} \times K_{b_2}^{\ominus} = K_{a_3}^{\ominus} \times K_{b_1}^{\ominus} = K_w^{\ominus} = 1.0 \times 10^{-14} \tag{6-7}$$

6.2.4　酸碱平衡中有关浓度的计算

1. 强酸、强碱

强酸、强碱在水中几乎全部解离，在一般情况下，酸度的计算比较简单。例如，0.10mol · L^{-1} HCl 溶液，其酸度（H^+浓度）是 0.10mol · L^{-1}，pH=1.00。但如果强酸或强碱溶液浓度小于 10^{-6}mol · L^{-1}，计算溶液的酸度还必须考虑水的质子传递作用所提供的 H^+或 OH^-。

2. 一元弱酸、弱碱溶液

令弱酸 HA 的初始浓度为 c，此时不仅要考虑 HA 解离平衡，还要考虑 H_2O 对 H^+的贡献

$$HA \rightleftharpoons H^+ + A^-$$
$$H_2O \rightleftharpoons H^+ + OH^-$$

根据电荷守恒，有

$$c(H^+) = c(OH^-) + c(A^-)$$

根据平衡原理有

$$c(OH^-) = \frac{K_w^{\ominus}}{c(H^+)} \qquad c(A^-) = \frac{K_a^{\ominus} \cdot c(HA)}{c(H^+)}$$

因此

$$c(H^+) = \frac{K_w^{\ominus}}{c(H^+)} + \frac{K_a^{\ominus} \cdot c(HA)}{c(H^+)}$$

即

$$c(H^+) = \sqrt{K_a^{\ominus} \cdot c(HA) + K_w^{\ominus}} \tag{6-8}$$

当 $K_a^{\ominus} \cdot c(HA) \geqslant 20K_w^{\ominus}$，$K_w^{\ominus}$ 可以忽略不计，则式(6-8)可简化为

$$c(H^+) = \sqrt{K_a^{\ominus} \cdot c(HA)} \tag{6-9}$$

若此时该一元弱酸初始浓度 c 又满足 $c/K_a^{\ominus} \geqslant 500$，则 $c(HA) \approx c$，由式(6-9)得一元弱酸水溶液酸度的最简计算式

$$c(H^+) = \sqrt{K_a^{\ominus} \cdot c} \tag{6-10}$$

该一元弱酸达平衡时，$c(\mathrm{HA})=c-c(\mathrm{H^+})$，代入式(6-9)，得

$$c(\mathrm{H^+}) = \sqrt{K_\mathrm{a}^\ominus \cdot [c - c(\mathrm{H^+})]}$$

经整理可得一元弱酸水溶液酸度的近似计算式

$$c(\mathrm{H^+}) = \frac{-K_\mathrm{a}^\ominus + \sqrt{K_\mathrm{a}^{\ominus 2} + 4K_\mathrm{a}^\ominus \cdot c}}{2} \tag{6-11}$$

当 $K_\mathrm{a}^\ominus \cdot c \leqslant 20K_\mathrm{w}^\ominus$ 且 $c/K_\mathrm{a}^\ominus \geqslant 500$ 时，水的解离不可忽略，即 $K_\mathrm{w}^\ominus$ 不可以忽略，此时，由式(6-8)可得

$$c(\mathrm{H^+}) = \sqrt{K_\mathrm{a}^\ominus \cdot c + K_\mathrm{w}^\ominus} \tag{6-12}$$

式(6-9)～式(6-12)中将 $K_\mathrm{a}^\ominus$ 换成 $K_\mathrm{b}^\ominus$，就是一元弱碱的计算式。

【例 6-1】 试计算 $0.1\mathrm{mol \cdot L^{-1}}$ HAc 溶液的 pH(已知 $K_\mathrm{a}^\ominus=1.74\times10^{-5}$)。

解 因为

$$K_\mathrm{a}^\ominus \cdot c = 1.74\times10^{-5}\times0.1 = 1.74\times10^{-6} > 20K_\mathrm{w}^\ominus$$
$$c/K_\mathrm{a}^\ominus = 0.1/(1.74\times10^{-5}) = 5747 > 500$$

所以可采用最简式(6-10)

$$c(\mathrm{H^+}) = \sqrt{K_\mathrm{a}^\ominus \cdot c} = \sqrt{1.74\times10^{-5}\times0.1} = 1.34\times10^{-3}(\mathrm{mol \cdot L^{-1}})$$

故
$$\mathrm{pH} = -\lg c(\mathrm{H^+}) = -\lg 1.34\times10^{-3} = 2.87$$

【例 6-2】 试计算 $0.01\mathrm{mol \cdot L^{-1}}$ HCOOH 溶液的 pH(已知 $K_\mathrm{a}^\ominus=1.8\times10^{-4}$)。

解 因为

$$K_\mathrm{a}^\ominus \cdot c = 1.8\times10^{-4}\times0.01 = 1.8\times10^{-6} > 20K_\mathrm{w}^\ominus$$
$$c/K_\mathrm{a}^\ominus = 0.01/(1.8\times10^{-4}) = 56 < 500$$

所以可采用近似式(6-11)

$$\begin{aligned} c(\mathrm{H^+}) &= \frac{-K_\mathrm{a}^\ominus + \sqrt{K_\mathrm{a}^{\ominus 2} + 4K_\mathrm{a}^\ominus \cdot c}}{2} \\ &= \frac{-1.8\times10^{-4} + \sqrt{(1.8\times10^{-4})^2 + 4\times1.8\times10^{-4}\times0.01}}{2} \\ &= 1.3\times10^{-3}(\mathrm{mol \cdot L^{-1}}) \end{aligned}$$

故
$$\mathrm{pH} = -\lg c(\mathrm{H^+}) = -\lg 1.3\times10^{-3} = 2.89$$

3. *多元弱酸、弱碱溶液*

多元弱酸(碱)是分步解离的。一般来说，多元弱酸各级解离常数有 $K_{\mathrm{a}_1}^\ominus > K_{\mathrm{a}_2}^\ominus > \cdots > K_{\mathrm{a}_n}^\ominus$，如果 $K_{\mathrm{a}_1}^\ominus / K_{\mathrm{a}_2}^\ominus \geqslant 10^{1.6}$，可以认为溶液中的 $\mathrm{H_3O^+}$ 主要由第一级解离生成，忽略其他各级解离，因此可按一元弱酸处理。多元弱碱也可以同样处理。

【例 6-3】 试计算 $0.1\mathrm{mol \cdot L^{-1}}$ $\mathrm{H_2C_2O_4}$ 溶液的 pH(已知 $K_{\mathrm{a}_1}^\ominus=5.9\times10^{-2}$，$K_{\mathrm{a}_2}^\ominus=6.4\times10^{-5}$)。

解 由于 $K_{\mathrm{a}_1}^\ominus / K_{\mathrm{a}_2}^\ominus = 5.9\times10^{-2}/6.4\times10^{-5} = 9.22\times10^2 \geqslant 10^{1.6}$，所以可按一元弱酸处理。

因为

$$K_{a_1}^{\ominus} \cdot c = 5.9 \times 10^{-2} \times 0.1 = 5.9 \times 10^{-3} > 20K_w^{\ominus}$$

$$c/K_{a_1}^{\ominus} = 0.1/(5.9 \times 10^{-2}) = 1.69 < 500$$

所以可采用近似式(6-11)

$$c(H^+) = \frac{-K_{a_1}^{\ominus} + \sqrt{(K_{a_1}^{\ominus})^2 + 4K_{a_1}^{\ominus} \cdot c}}{2}$$

$$= \frac{-5.9 \times 10^{-2} + \sqrt{(5.9 \times 10^{-2})^2 + 4 \times 5.9 \times 10^{-2} \times 0.1}}{2}$$

$$= 5.3 \times 10^{-2} (mol \cdot L^{-1})$$

故　$$pH = -\lg c(H^+) = -\lg 5.3 \times 10^{-2} = 1.30$$

【例 6-4】 试计算 0.1mol · L^{-1} Na_2CO_3 溶液的 pH(已知 $K_{b_1}^{\ominus}=1.8\times10^{-4}$,$K_{b_2}^{\ominus}=2.3\times10^{-8}$)。

解　由于 $K_{b_1}^{\ominus}/K_{b_2}^{\ominus}=1.8\times10^{-4}/2.3\times10^{-8}=7.83\times10^3\geqslant10^{1.6}$,所以可按一元弱碱处理。

因为

$$K_{b_1}^{\ominus} \cdot c = 1.8 \times 10^{-4} \times 0.1 = 1.8 \times 10^{-53} > 20K_w^{\ominus}$$

$$c/K_{b_1}^{\ominus} = 0.1/(1.8 \times 10^{-4}) = 5555 > 500$$

所以可采用最简式(6-10)

$$c(OH^-) = \sqrt{K_{b_1}^{\ominus} \cdot c} = \sqrt{1.8 \times 10^{-4} \times 0.1} = 4.2 \times 10^{-3} (mol \cdot L^{-1})$$

故　$$pOH = -\lg c(OH^-) = -\lg 4.2 \times 10^{-3} = 2.38$$

即　$$pH = 14 - pOH = 11.62$$

6.3　缓冲溶液

6.3.1　缓冲溶液组成与缓冲作用原理

做如下实验,在 50mL H_2O 和 50mL 含有 0.1mol · L^{-1} HAc 和 0.1mol · L^{-1} NaAc 的混合溶液中分别滴加 0.05mL 1mol · L^{-1} HCl 和 0.05mL 1mol · L^{-1} NaOH,测定操作前后的 pH,见表 6-2。

从表 6-2 可以看出,水中滴加 HCl、NaOH 前后 pH 变化很大,不具有保持 pH 相对稳定的性能。而 HAc 和 NaAc 的混合液中滴加 HCl、NaOH 前后 pH 仅变化 0.01 个单位,基本保持不变。这种能够保持 pH 相对稳定的混合溶液称为缓冲溶液,它能抵抗外加少量酸,也能抵抗外加少量碱,还能抵抗适当稀释。

表 6-2　缓冲溶液实验的 pH

实验试剂	实验前	滴加 0.05mL 1mol · L^{-1} HCl	滴加 0.05mL 1mol · L^{-1} NaOH
50mL H_2O	7.00	3.00	11.00
50mL 混合液	4.76	4.75	4.77

弱酸及其共轭碱可组成缓冲溶液。常见的缓冲体系有 $HAc-Ac^-$,$H_2PO_4^--HPO_4^{2-}$,

NH_4^+-NH_3 和 HCO_3^--CO_3^{2-}。

以 HAc-NaAc 缓冲溶液为例，体系中存在下列平衡

$$HAc \rightleftharpoons H^+ + Ac^-$$
$$NaAc = Na^+ + Ac^-$$

NaAc 完全解离，生成的 Ac^- 由于同离子效应抑制 HAc 的解离，因此溶液中 HAc 浓度增大，而 H^+ 浓度相对较低。

当向体系中加少量强酸(如 HCl)时，H^+ 和溶液中 Ac^- 结合成 HAc 分子，使上述质子转移平衡向左移动，溶液中 H^+ 浓度几乎没有升高，即溶液的 pH 几乎保持不变。

当加入少量强碱(如 NaOH)时，OH^- 和溶液中的 H^+ 结合成水，使上述平衡向右移动，以补充 H^+ 的消耗，结果溶液中 H^+ 浓度几乎没有降低，即溶液的 pH 几乎不变。

加少量水稀释时，溶液中 H^+ 浓度和其他离子浓度相应地降低，促使 HAc 的解离平衡向右移动，解离出 H^+ 来补充，达到新的平衡时，H^+ 浓度几乎保持不变。

6.3.2 缓冲溶液 pH 的计算

以弱酸 HB 及其共轭碱 NaB 组成的缓冲溶液为例，在水溶液中的质子转移平衡为

$$HB + H_2O \rightleftharpoons H_3O^+ + B^-$$
$$c(H^+) = \frac{K_a^\ominus \cdot c(HB)}{c(B^-)}$$

由于同离子效应，弱酸 HB 的解离度很小。因此，达到平衡时，体系中 HB 可以近似看作未发生解离，其浓度约等于初始浓度，用 c(酸)表示，体系中 B^- 由 NaB 完全解离所得，其浓度约等于 NaB 的初始浓度，以 c(碱)表示，代入则有

$$c(H^+) = \frac{K_a^\ominus \cdot c(\text{酸})}{c(\text{碱})}$$

即

$$pH = pK_a^\ominus - \lg \frac{c(\text{酸})}{c(\text{碱})} \tag{6-13}$$

式(6-13)就是酸性缓冲溶液 pH 计算的一般公式。若为碱性缓冲溶液，其 pH 计算的一般公式为

$$pOH = pK_b^\ominus - \lg \frac{c(\text{碱})}{c(\text{酸})} \tag{6-14}$$

【例 6-5】 有 50.0mL 0.10mol · L^{-1} HAc-NaAc 缓冲溶液中，试求：(1)溶液的 pH；(2)加入 0.1mL 1.0 mol · L^{-1} NaOH 后溶液的 pH。

解 (1) 由式(6-13)有

$$pH = pK_a^\ominus - \lg \frac{c(\text{酸})}{c(\text{碱})} = 4.76 - \lg \frac{0.1}{0.1} = 4.76$$

(2) 加入 0.10mL 1.0mol · L^{-1}的 NaOH 后，所解离出的 OH^- 与 H^+ 结合生成 H_2O 分子，溶液中的

Ac^- 浓度升高，HAc 浓度降低，此时体系中

$$c(\text{酸}) = 0.1 - \frac{0.1 \times 1.0}{50.0 + 0.1} = 0.098(\text{mol} \cdot \text{L}^{-1})$$

$$c(\text{碱}) = 0.1 + \frac{0.1 \times 1.0}{50.0 + 0.1} = 0.102(\text{mol} \cdot \text{L}^{-1})$$

$$\text{pH} = \text{p}K_a^\ominus - \lg \frac{c(\text{酸})}{c(\text{碱})} = 4.76 - \lg \frac{0.098}{0.102} = 4.78$$

从计算结果可知，加入少量 NaOH 后，溶液的 pH 基本不变。此外，该缓冲溶液中若加入 0.10mL 1.0mol · L^{-1}的 HCl 后，pH 可变为 4.74。

在缓冲溶液中，加少量的强酸、强碱时，体系的 pH 基本不变。缓冲溶液的 pH 与 $\text{p}K_a^\ominus$ 和 c(酸)/c(碱)的比值有关，当 c(酸)/c(碱)＝1 时，pH＝$\text{p}K_a^\ominus$。缓冲溶液两组分的浓度比通常控制在 0.1～10 较为合适，超出此范围则认为失去缓冲作用。因此，我们将 pH＝$\text{p}K_a^\ominus \pm 1$ 或 pH＝$\text{p}K_b^\ominus \pm 1$ 称为缓冲溶液的有效缓冲范围。不同的是缓冲对组成的缓冲溶液，由于 $\text{p}K_a^\ominus$ 或 $\text{p}K_b^\ominus$ 不同，它们的缓冲范围也不同。在浓度较大的缓冲溶液中，在两组分的浓度比为 1∶1 时，缓冲能力最强。

6.3.3　缓冲溶液的配制及应用

配制缓冲溶液时，首先要考虑所选缓冲对的 $\text{p}K_a^\ominus$ 或 $\text{p}K_b^\ominus$ 应尽量与欲配制的缓冲溶液的 pH 相近。例如，要配制 pH 为 5.0 左右的缓冲溶液，可选用 HAc-Ac^- 缓冲对；要配制 pH 为 7.0 左右的缓冲溶液，可选用 $H_2PO_4^-$-HPO_4^{2-} 缓冲对；要配制 pH 为 9.0 左右的缓冲溶液，可选用 H_3BO_3-NaH_2BO_3 缓冲对等。然后计算出所选用的两组分的量。

【例 6-6】　欲配制的 pH＝5.0 缓冲溶液 1L，应如何配制？

解　由于缓冲溶液的 pH＝5.0，与 HAc 的 $\text{p}K_a^\ominus$(4.76)接近，故可以选用 HAc-Ac^- 来配制。

假设选用 0.10mol · L^{-1} HAc 和 NaAc 溶液来配制，由式(6-13)有

$$\text{pH} = \text{p}K_a^\ominus - \lg \frac{c(\text{酸})}{c(\text{碱})} = \text{p}K_a^\ominus - \lg \frac{c(\text{HAc})}{c(\text{Ac}^-)} = \text{p}K_a^\ominus - \lg \frac{n(\text{HAc})}{n(\text{Ac}^-)}$$

所以

$$5 = 4.76 - \lg \frac{0.1 \times V(\text{HAc})}{0.1 \times V(\text{Ac}^-)}$$

整理得

$$\frac{V(\text{HAc})}{V(\text{Ac}^-)} = 0.575$$

又因为

$$V(\text{HAc}) + V(\text{Ac}^-) = 1\text{L}$$

所以，V(HAc)＝365mL，V(Ac^-)＝635mL。

缓冲体系能维持化学和生物化学系统的 pH 稳定，在工农业、生物学、医学、化学等方面具有重要的意义。例如，人的血浆中 pH 为 7.36～7.44；唾液的 pH 为 6.35～6.85；胆囊胆汁的 pH 为 5.4～6.9。人的血液能维持一定的 pH 范围是由于含有 $H_2PO_4^-$-HPO_4^{2-}、

HCO_3^--CO_3^{2-} 等多种缓冲体系，因此血液的 pH 维持在 7.36～7.44，保证人体正常的生理活动在稳定的酸度下进行。在植物体内，有由有机酸及其共轭碱组成的缓冲体系，保证植物的正常生理功能。此外，缓冲体系还可以作为标准缓冲溶液，用作酸度计的参比液，如 25℃时饱和酒石酸氢钾（0.034mol · L^{-1}）的 pH＝3.56，邻苯二甲酸氢钾（0.05mol · L^{-1}）的 pH＝4.01。

6.4　酸碱指示剂

6.4.1　酸碱指示剂的作用原理

酚酞、石蕊能通过自身颜色的变化来指示溶液的 pH 变化，这样的物质称为酸碱指示剂。在酸碱滴定中，常用酸碱指示剂来指示滴定终点。酸碱指示剂一般是有机弱酸或弱碱，其酸式与共轭碱式具有不同结构，且颜色不同。当溶液 pH 改变，指示剂得到质子由碱式转变为酸式。指示剂结构的改变，引起其颜色发生变化。

酚酞在水溶液中存在以下平衡

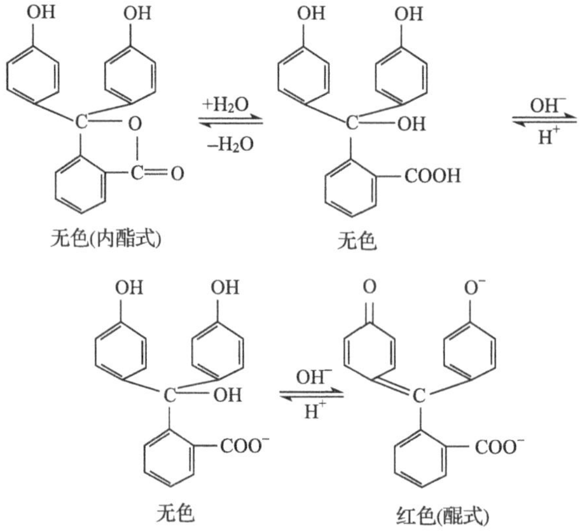

可以看出，在酸性条件下，酚酞以内酯式结构存在，为无色的分子；在碱性条件下，以醌式结构存在，为红色的阴离子。

又如，甲基橙在水溶液中存在以下平衡

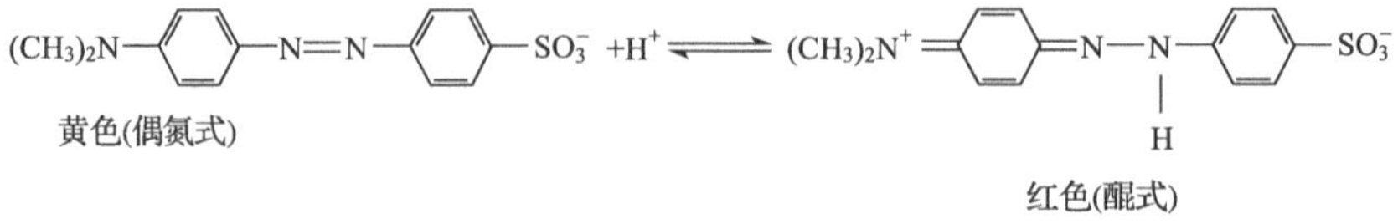

增大溶液的酸度，平衡向右移动，醌式结构的甲基橙含量增多，溶液呈红色；反之，偶氮式结构含量增多，溶液呈黄色。

6.4.2　酸碱指示剂的变色点和变色范围

以 HIn 表示指示剂，其共轭碱可表示为 In^-。在水溶液中存在以下平衡

$$HIn + H_2O \rightleftharpoons H_3O^+ + In^-$$

$$K^{\ominus}_{HIn} = \frac{c(H_3^+O) \cdot c(In^-)}{c(HIn)}$$

当$\frac{c(In^-)}{c(HIn)} \geqslant 10$时，溶液显示碱的颜色，此时 $pH \geqslant pK^{\ominus}_{HIn}+1$；当$\frac{c(In^-)}{c(HIn)} \leqslant 0.1$时，溶液显示酸的颜色，此时 $pH \leqslant pK^{\ominus}_{HIn}-1$；当 $10 > \frac{c(In^-)}{c(HIn)} > 0.1$ 时，溶液显示酸色和碱色的过渡色，即由酸色逐渐变为碱色。所以，通常将 $pH = pK^{\ominus}_{HIn} \pm 1$ 称为酸碱指示剂的变色范围。当 $c(In^-) = c(HIn)$，即 $pH = pK^{\ominus}_{HIn}$时，人们看到的是 $c(In^-) : c(HIn) = 1 : 1$ 时的混合色，此时称为酸碱指示剂的理论变色点。

人眼对不同颜色的敏感程度不同，实际上看到的变色范围与理论变色点不同。常见酸碱指示剂及其变色范围列于表 6-3 中。

表 6-3　常见酸碱指示剂及其变色范围

指示剂	变色范围	颜色			每 10mL 试液用量/滴
		酸色	过渡色	碱色	
百里酚蓝	1.2～2.8	红	橙	黄	1～2
甲基黄	2.9～4.0	红	橙	黄	1
甲基橙	3.1～4.4	红	橙	黄	1
溴甲酚绿	4.0～5.6	黄	绿	蓝	1～3
甲基红	4.4～6.2	红	橙	黄	1
中性红	6.8～8.0	红	橙	黄	1
酚酞	8.0～10.0	无	浅红	红	1～3
百里酚酞	9.4～10.6	无	浅蓝	蓝	1～2

使用指示剂时要注意指示剂的用量以及使用时的温度。

6.4.3　混合指示剂

一般的酸碱指示剂的变色范围有两个 pH 单位，在某些实验中颜色的变化不够敏锐。此时，常采用在一种指示剂中加入一定量的另一种指示剂或惰性染料制成的混合指示剂。常见的混合指示剂及其变色范围列于表 6-4 中。

表 6-4 常见的混合酸碱指示剂及其变色范围

混合指示剂及其组成	变色点	颜色		
		酸色	变色点	碱色
$V_{甲基黄乙醇溶液(0.1\%)}:V_{次甲基蓝乙醇溶液(0.1\%)}=1:1$	3.28	蓝	蓝紫	绿
$V_{甲基橙水溶液(0.1\%)}:V_{靛蓝二磺酸钠水溶液(0.25\%)}=1:1$	4.1	紫	灰	黄绿
$V_{酚酞乙醇溶液(0.1\%)}:V_{甲基绿乙醇溶液(0.1\%)}=1:2$	8.9	绿	浅蓝	紫
$V_{酚酞乙醇溶液(0.1\%)}:V_{百里酚酞乙醇溶液(0.1\%)}=1:1$	9.9	无	玫瑰色	紫

6.5 酸碱滴定曲线和指示剂的选择

滴定分析是最重要的化学分析方法之一。滴定是将待测液置于锥形瓶中，用已知准确浓度的试液（又称标准溶液或滴定剂）逐滴滴加至恰好反应完全进行测定的操作过程。当标准溶液的用量与待测液的物质的量之比等于化学反应式所示的计量关系时，该反应达到化学计量点，常借助于指示剂的变色判断是否达到化学计量点。

6.5.1 强酸强碱的滴定

强酸强碱的滴定通常采用直接滴定法。以 $0.1000\text{mol}\cdot\text{L}^{-1}$ 的 NaOH 溶液滴定 20mL $0.1000\text{mol}\cdot\text{L}^{-1}$ 的 HCl 溶液为例，讨论滴定过程中 H^+ 浓度的变化与指示剂的选择。

(1) 滴定前：体系中 $c(H^+)=0.1000\text{mol}\cdot\text{L}^{-1}$，pH=1.00。

(2) 滴定至化学计量点前：由于滴入的碱迅速消耗相应的酸，体系中 $c(H^+)$ 由剩余 HCl 决定。假设已经滴入 19.98mL NaOH 溶液，则剩余的 HCl 为 0.02mL，此时

$$c(H^+)=0.1000\times\frac{0.02}{20.00+19.98}=5.0\times10^{-5}(\text{mol}\cdot\text{L}^{-1})$$

$$\text{pH}=4.30$$

(3) 化学计量点：此时 HCl 和 NaOH 恰好完全反应，溶液呈中性，pH=7.00。

(4) 化学计量点后：体系的 pH 由过量 NaOH 溶液决定。假设继续滴加 0.02mL NaOH，此时

$$c(OH^-)=0.1000\times\frac{0.02}{20.00+20.02}=5.0\times10^{-5}(\text{mol}\cdot\text{L}^{-1})$$

即 pOH=4.30，则 pH=9.70。

若借助于酸度计或其他仪器，可得到滴定过程中滴定剂所用体积与体系中 $c(H^+)$ 之间的关系，作出如图 6-1 所示的滴定曲线。

从滴定曲线可以看出，随着 NaOH 的滴入，体系的 pH 之间缓慢增大。当 NaOH 的体积由 19.98mL（少 0.1%）增加到 20.02mL（过量 0.1%）时，pH 由 4.30 急剧增加到 9.70。化学计量点前后±0.1%范围内 pH 的急剧变化称为滴定突跃。

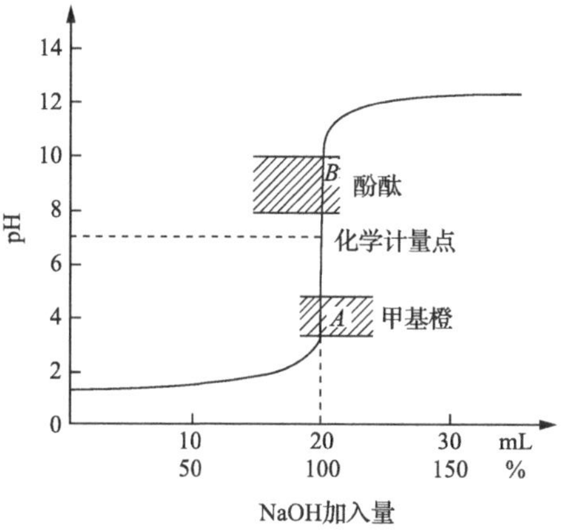

图 6-1　0.1mol · L^{-1} NaOH 滴定 20mL 同浓度 HCl 的滴定曲线

指示剂的选择以滴定突跃为依据，只要指示剂的变色范围全部或部分落在滴定突跃范围内就可以指示滴定终点。例如，上述滴定过程可以用酚酞（变色范围 8.0～10.0）或甲基橙（变色范围 3.1～4.4）作指示剂。

6.5.2　强碱（酸）滴定一元弱酸（碱）

NaOH 与 HAc 的反应也满足直接滴定的要求，以 0.1000mol · L^{-1}的 NaOH 溶液滴定 20mL 0.1000mol · L^{-1}的 HAc 溶液为例，讨论滴定过程中 H^+ 浓度的变化与指示剂的选择。

(1) 滴定前：由式(6-10)计算一元弱酸 HAc 溶液的 pH。

$$c(\mathrm{H}^+) = \sqrt{K_\mathrm{a}^\ominus \cdot c} = \sqrt{1.74 \times 10^{-5} \times 0.1} = 1.34 \times 10^{-3} (\mathrm{mol} \cdot \mathrm{L}^{-1})$$

即 pH=2.28。

(2) 滴定至化学计量点前：由于滴入的 NaOH 与 HAc 反应后形成 $HAc\text{-}Ac^-$ 缓冲体系，故体系中 pH 由式(6-13)计算。假设已经滴入 19.98mL NaOH，此时

$$c(\text{酸}) = c(\mathrm{HAc}) = \frac{0.02 \times 0.1000}{19.98 + 20.00} = 5.0 \times 10^{-5} (\mathrm{mol} \cdot \mathrm{L}^{-1})$$

$$c(\text{碱}) = c(\mathrm{Ac}^-) = \frac{19.98 \times 0.1000}{19.98 + 20.00} = 5.0 \times 10^{-2} (\mathrm{mol} \cdot \mathrm{L}^{-1})$$

故
$$\mathrm{pH} = \mathrm{p}K_\mathrm{a}^\ominus - \lg \frac{c(\text{酸})}{c(\text{碱})} = 4.76 - \lg \frac{5.0 \times 10^{-5}}{5.0 \times 10^{-2}} = 7.76$$

(3) 化学计量点：此时 NaOH 与 HAc 恰好完全反应，体系中只有 NaAc，不再是缓冲体系，而只是弱碱性溶液，其 pH 由 $c(\mathrm{OH}^-) = \sqrt{K_\mathrm{b}^\ominus \cdot c}$进行间接计算

$$c(\mathrm{Ac}^-) = \frac{20.00 \times 0.1000}{20.00 + 20.00} = 5.0 \times 10^{-2} (\mathrm{mol} \cdot \mathrm{L}^{-1})$$

$$\mathrm{p}K_\mathrm{b}^\ominus = 14.00 - \mathrm{p}K_\mathrm{a}^\ominus = 14.00 - 4.76 = 9.24$$

$$c(OH^-) = \sqrt{K_b^\ominus \cdot c} = \sqrt{10^{-9.24} \times 5.0 \times 10^{-2}} = 5.36 \times 10^{-6} \quad (mol \cdot L^{-1})$$

故 pOH=5.27，即 pH=8.73。

(4) 化学计量点后：体系的 pH 由再滴入 NaOH 溶液决定。假设继续滴加 0.02mL NaOH，此时

$$c(OH^-) = 0.1000 \times \frac{0.02}{20.00 + 20.02} = 5.0 \times 10^{-5}(mol \cdot L^{-1})$$

即 pOH=4.30，则 pH=9.70。

作出该滴定过程的滴定曲线，如图 6-2 所示。

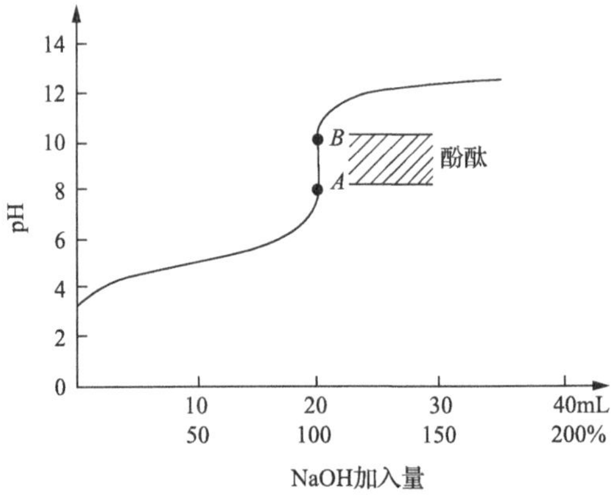

图 6-2　0.1mol · L^{-1} NaOH 滴定 20mL 同浓度 HAc 的滴定曲线

由图 6-2 可以看出，强碱滴定弱酸的滴定突越范围（7.76～9.70）比强碱滴定强酸的滴定突越范围（4.30～9.70）窄很多，并且滴定初始体系的 pH 变化也较小，这是由于生成了缓冲体系。在 7.76～9.70 的滴定突越范围内，可选用酚酞作为指示剂指示反应终点。

肉眼对颜色变化有一定的敏感度。即使指示剂变色点与化学计量点完全一致，在肉眼观察确定终点时一般也有约 0.3 个 pH 单位的不确定性。根据终点误差公式，要使终点误差较小（≤0.2%）能准确滴定，还必须要求 $cK_a^\ominus \geqslant 10^{-8}$。

6.5.3　多元酸(碱)的滴定

多元酸（碱）在水溶液中式分步电离，所以首先应该判断各个 H^+ 是否能够进行滴定，判断依据为是否满足 $cK_a^\ominus \geqslant 10^{-8}$。其次，还要考虑各个 H^+ 是否能被分步滴定，判断依据为是否满足 $K_{a_n}^\ominus / K_{a_{n+1}}^\ominus \geqslant 10^4$。

在此以 0.1000mol · L^{-1} NaOH 溶液滴定 20mL 0.1000mol · L^{-1} 的 H_3PO_4 溶液为例，来讨论滴定过程中 H^+ 浓度的变化与指示剂的选择。

$$H_3PO_4 \rightleftharpoons H^+ + H_2PO_4^- \quad K_{a_1}^\ominus = \frac{c(H^+) \cdot c(H_2PO_4^-)}{c(H_3PO_4)} = 7.6 \times 10^{-3}$$

$$H_2PO_4^- \rightleftharpoons H^+ + HPO_4^{2-} \quad K_{a_2}^\ominus = \frac{c(H^+) \cdot c(HPO_4^{2-})}{c(H_2PO_4^-)} = 6.3 \times 10^{-8}$$

$$HPO_4^{2-} \rightleftharpoons H^+ + PO_4^{3-} \quad K_{a_3}^\ominus = \frac{c(H^+) \cdot c(PO_4^{3-})}{c(HPO_4^{2-})} = 4.4 \times 10^{-13}$$

经计算可知，$cK_{a_1}^\ominus > 10^{-8}$，$cK_{a_2}^\ominus > 10^{-8}$，$cK_{a_3}^\ominus < 10^{-8}$。所以，第 1、2 个 H^+ 基本上可以被准确滴定，而第 3 个 H^+ 则不行。

另外，$K_{a_1}^\ominus / K_{a_2}^\ominus \geqslant 10^4$，$K_{a_2}^\ominus / K_{a_3}^\ominus \geqslant 10^4$。所以第 1、2 个 H^+ 可以被分步滴定。

由于多元酸（碱）在滴定过程中反应的复杂性，不可能要求滴定的准确度较高，化学计量点的 pH 可用最简式进行计算。

第一化学计量点：

$$[H^+]_1 = \sqrt{K_{a_1}^\ominus \cdot K_{a_2}^\ominus} = \sqrt{7.6 \times 10^{-3} \times 6.3 \times 10^{-8}} = 10^{-4.66} (mol \cdot L^{-1})$$

即 pH=4.66，可选用甲基橙作为指示剂。

第二化学计量点：

$$[H^+]_2 = \sqrt{K_{a_2}^\ominus \cdot K_{a_3}^\ominus} = \sqrt{4.4 \times 10^{-13} \times 6.3 \times 10^{-8}} = 10^{-9.78} (mol \cdot L^{-1})$$

即 pH=9.78，可选用酚酞作为指示剂。

该滴定过程中的滴定曲线如图 6-3 所示。

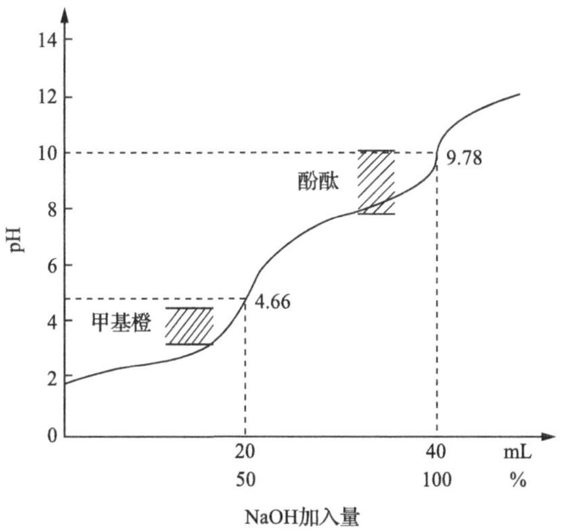

图 6-3　0.1mol · L^{-1} NaOH 滴定 20mL 同浓度 H_3PO_4 的滴定曲线

多元碱的滴定与多元酸的滴定类似，只需将 $K_a^\ominus$ 换成 $K_b^\ominus$ 即可。

6.6 酸碱滴定法的应用

标准溶液是指具有准确浓度的均一稳定的溶液。酸碱滴定法中常用的标准溶液是 HCl 和 NaOH 溶液，有时也用 H_2SO_4 和 KOH。由于 HNO_3 具有氧化性，一般不用作标准溶液。标准溶液的浓度一般配成 $0.1000mol \cdot L^{-1}$，实际工作中应根据需要配制合适浓度的标准溶液。

标准溶液的配制方法有直接配制法和间接配制法(又称标定法)。

酸碱滴定法广泛用于工业、农业、医药、食品等方面。例如，水果、蔬菜、食醋中的总酸度，天然水的总碱度，土壤、肥料中氨、磷含量的测定及混合碱的分析都可以用酸碱滴定法进行测定。

1. 混合碱的分析

工业上将由两种或多种碱性物质组成的混合物称为混合碱。NaOH 在生产和储藏过程中常因吸收空气中的 CO_2 而产生部分 Na_2CO_3 或 $NaHCO_3$。从而形成混合碱(注意 NaOH 和 $NaHCO_3$ 不能共存)。

双指示剂法准确称取质量为 m 的混合碱试样溶于水，先以酚酞为指示剂，用浓度为 c 的 HCl 标准溶液滴到红色刚刚褪去为终点，记下所耗 HCl 溶液体积 V_1。然后加入甲基橙为指示剂，用 HCl 继续滴定到溶液由黄色变为橙色，记下所耗 HCl 体积为 V_2。

所发生的反应方程式如下

$$HCl + NaOH = NaCl + H_2O$$

$$HCl + Na_2CO_3 = NaCl + NaHCO_3$$

$$HCl + NaHCO_3 = NaCl + H_2O + CO_2\uparrow$$

可以 V_1 和 V_2 的大小关系分析出混合碱的成分。

(1) 若 $V_1 > V_2 > 0$，则混合碱中含有 NaOH 和 Na_2CO_3，且 $V_1 - V_2$ 为 NaOH 消耗的 HCl 的体积，V_2 为 Na_2CO_3 消耗的 HCl 的体积。则有

$$w(NaOH) = \frac{c \cdot (V_1 - V_2) \times 10^{-3}}{m}$$

$$w(Na_2CO_3) = \frac{c \cdot V_2 \times 10^{-3}}{m}$$

(2) 若 $V_2 > V_1 > 0$，则混合碱中含有 $NaHCO_3$ 和 Na_2CO_3，且 $V_2 - V_1$ 为 $NaHCO_3$ 消耗的 HCl 的体积，V_1 为 Na_2CO_3 消耗的 HCl 的体积。则有

$$w(NaHCO_3) = \frac{c \cdot (V_2 - V_1) \times 10^{-3}}{m}$$

$$w(Na_2CO_3) = \frac{c \cdot V_1 \times 10^{-3}}{m}$$

$BaCl_2$ 法 例如，含 $NaOH + Na_2CO_3$ 的试样，可以分取两等份试液分别作如下测定：

第一份试液以甲基橙为指示剂，用 HCl 溶液滴定混合碱的总量；第二份试液加入过量 $BaCl_2$ 溶液，使 Na_2CO_3 形成难解离的 $BaCO_3$，然后以酚酞为指示剂，用 HCl 溶液滴定 NaOH，这样就能求得 NaOH 和 Na_2CO_3 的含量。

2. NH_4^+ 的测定

NH_4^+ 的 $K_a^\ominus=5.62\times10^{-10}$ 极小，不能满足直接滴定的要求，所以可以用间接滴定法进行测定。常以来测定 NH_4^+ 的方法有蒸馏法和甲醛法。

蒸馏法　在含有 NH_4^+ 的待测液中加入过量的浓碱溶液，煮沸，将生成的 NH_3 用过量的 HCl 标准溶液(HCl 的量已知)吸收，再用 NaOH 标准溶液滴定剩余的 HCl。反应如下

$$NH_4^+ + OH^- \xlongequal{\triangle} NH_3 + H_2O$$

$$NH_3 + HCl \xlongequal{} NH_4^+ + Cl^-$$

$$HCl_{(剩余)} + NaOH \xlongequal{} NaCl + H_2O$$

在 $CuSO_4$ 催化下，有机物中的氮可被浓硫酸消解而转化成 NH_4^+。用蒸馏法测定该 NH_4^+ 含量的方法称为凯氏定氮法。

甲醛法　在含有 NH_4^+ 的待测液中加入过量的甲醛，发生如下反应

$$4NH_4^+ + 6HCHO \xlongequal{} (CH_2)_6N_4H^+ + 3H^+ + 6H_2O$$

生成的 H^+ 和质子化的六次甲基四胺在酚酞作指示剂时都可以用碱标准溶液准确滴定。

$$w(N)=\frac{c(NaOH)\times V(NaOH)\times10^{-3}}{m}$$

甲醛法测 NH_4^+ 盐中氮含量，操作简单。

阅读材料

诺贝尔与诺贝尔奖

诺贝尔出生于瑞典，他没有接受正规的学校教育，只在学校读过一年书，受过几年家庭教育。诺贝尔童年时，在父亲劳作的工厂里打杂，接触到一点化学知识。从 16 岁起，父亲送他到美国一家工厂当学徒，在那里他艰苦学习了 5 年。

诺贝尔目睹了劳工开山凿矿、修筑公路和铁路，都是用手工进行的，体力劳动强度大，效率低。年轻的诺贝尔想：要是有一种威力很大的东西一下子能劈开山岭，减轻工人繁重的体力劳动那该多好啊！于是他就开始研究炸药。

刚开始时，一切研究都比较顺利，他和父亲、弟弟一起发明了“诺贝尔爆发油”。带着这种样品，打算到欧洲继续研究。可人们都认为“危险”，没有人愿意出资合作。后来，法国皇帝——拿破仑三世路易·波拿巴出资建了一个实验室，他们父子才得到新的实验机会。在一次实验中，不幸的事件发生了，实验室和工厂全部被炸毁，还炸死了 5 个人，诺贝尔的弟弟当场被炸死，父亲炸成重伤，从此半身不遂，再也

不能陪伴诺贝尔进行实验。在沉重的打击下，他并未灰心丧气，决心制服“爆发油”的易爆性，造福人类。为了避免伤害实验周围的人，他把个人的生死置之度外，在朋友的资助下，租了一只大船在梅拉伦湖上，经过4年几百次的艰苦而危险的实验，就在硅藻甘油炸药试爆的最后一次，他亲自点燃导火剂，仔细观察各种变化，当炸药爆炸发出巨响之后，人们惊吼：“诺贝尔完了！”……可他顽强地从弥漫的烟雾中爬起来，满身鲜血淋淋，他忘掉了疼痛，振臂高呼：“我成功了！我成功了！”终于在1876年的秋天，他成功地研制了硅藻甘油炸药。之后，诺贝尔又经过13年的研究，终于在1880年发明了无烟炸药——三硝基甲苯（又称TNT），对工业、交通运输作出了巨大的贡献。

诺贝尔的一生是光荣而伟大的一生，是不知疲倦、勇于奉献、努力学习和忘我工作的一生。他终身未娶，把毕生的精力都献给了科学事业。他不仅在化学方面研究发明了硝酸甘油引爆剂、雷管、硝酸甘油固体炸药和胶水炸药而被世人誉为“炸药大王”，而且他对光学、电学、枪炮学、机械学、生物学和生理学等方面也都很有研究。他一生共获得200多项技术发明专利。他在欧洲、北美洲和南美洲等五大洲的20多个国家建立了100多个公司和工厂，积累了3500万瑞典克朗的资金，是个赫赫有名的大工业家。

诺贝尔研制炸药原本是为和平建设服务，为民造福。可是，反动统治者把它用作屠杀人民的武器，加重了战争的灾难。因此，诺贝尔感到很痛心，在他去世的前一年，即1895年11月27日，他本着科学造福人类的思想立下遗嘱，将他的所有财产存入银行，把每年得来的利息平均分成五份，奖励世界上在物理学、化学、生理学或医学、文学与和平事业“给人类造福最大的个人和机构”，不管这些人属于哪个国家、哪个民族。他还注明，物理学和化学由瑞典皇家学院颁发；文学奖由瑞典文学院颁发；生理学或医学奖由瑞典斯德哥尔摩加罗林医学院颁发；和平奖委托挪威议会选出五人委员会负责颁发。

诺贝尔的基金和评选全部由瑞典皇家科学院诺贝尔基金会负责管理，下设五个诺贝尔委员会，负责五个诺贝尔奖的具体事宜。每年九、十月间，各个诺贝尔委员会开始为筛选下一年度诺贝尔奖获得者做准备工作。此时，他们向世界各地有名望的学者、教授及前诺贝尔奖获得者，发出几千封信函，请他们推荐诺贝尔奖候选人。推荐信不得迟于次年1月31日。如迟于这个日子收到，只能把被推荐者列入再下一年的候选人名单。

接着对候选人进行筛选。获奖者往往连续多年同时受到很多专家的提名，最后被列入候选人名单已经过好几年了。这是因为需要时间来调查和检验候选人的成就。经诺贝尔委员会筛选出的候选人名单再递交给诺贝尔奖评议委员会审定，一般在10月作出最后的决定。诺贝尔奖从提名、筛选到最后评议表决，都是秘密进行的，任何人不得擅自公布和私下向候选人透露消息，获奖者一经决定，就立即宣布，并在当年的12月10日（诺贝尔逝世的日子）举行隆重的颁奖仪式。可以说，在科学领域内，没有一种奖能像诺贝尔奖这样得到世界上的高度重视和广泛的声誉。

本章小结

(1) 酸碱质子理论，凡是能给出质子的物质就是酸，而凡是能接受质子的物质就是碱。

(2) 酸碱反应的实质：质子的转移。

(3) 水的离子积：水的质子自递常数又称水的离子积，以 $K_w^\ominus$ 表示

$$K_w^\ominus = [H^+][OH^-]$$

25℃时，$K_w^\ominus = 1.0 \times 10^{-14}$。

(4) 物质给出质子的能力越强，其酸性也就越强，反之就越弱。同样，物质接受质子的能力越强，其碱性就越强，反之也就越弱。

根据 $K^\ominus$ 值的大小可以比较酸（或碱）的相对强弱。

(5) 解离度

$$解离度=\frac{解离部分的弱电解质浓度}{未解离前弱电解质浓度}$$

(6) 共轭酸碱对 $K_a^\ominus$ 与 $K_b^\ominus$ 的关系

一元弱酸及其共轭碱

$$K_a^\ominus \cdot K_b^\ominus = K_w^\ominus = 1.0\times10^{-14}(25℃)$$

二元酸及其共轭碱的解离常数之间具有以下关系

$$K_{a_1}^\ominus \cdot K_{b_2}^\ominus = K_{a_2}^\ominus \cdot K_{b_1}^\ominus = [H^+][OH^-] = K_w^\ominus$$

(7) 稀释定律

$$\alpha=\sqrt{\frac{K_a^\ominus(HA)}{c}}$$

(8) 一元弱酸(碱)溶液酸度的计算

如果 $cK_a^\ominus \geqslant 10K_w^\ominus$，$\frac{c}{K_a^\ominus}\geqslant 500$，$[H^+]=\sqrt{K_a^\ominus \cdot c}$。

对于一元弱碱，只需把相应公式及判断条件中的 $K_a^\ominus$ 换成 $K_b^\ominus$，将$[H^+]$换成$[OH^-]$即可。

(9) 两性物质溶液酸度的计算

$$[H^+]=\sqrt{K_{a_1}^\ominus \cdot K_{a_2}^\ominus}$$

(10) 酸碱缓冲溶液

缓冲范围

$$pH \approx pK_a^\ominus \pm 1$$

酸碱缓冲溶液的选择：所选弱酸的 $pK_a^\ominus$ 应尽量与所需控制的 pH 一致。

(11) 酸碱指示剂的变色范围

$$pH = pK_a^\ominus(HIn) \pm 1$$

(12) 弱酸(或弱碱)被准确滴定(指示剂目测法)的判据

$$cK_a^\ominus(或\ cK_b^\ominus) \geqslant 10^{-8}$$

习　题

6-1　选择题(下列各题只有一个正确答案)

(1) 下列各组酸碱对中，属于共轭酸碱对的是　(　　)

A. H_2CO_3-CO_3^{2-}　　B. H_3O^+-OH^-

C. HPO_4^{2-}-PO_4^{3-}　　D. $NH_3^+CH_2COOH$-$NH_2CH_2COO^-$

(2) 对于酸碱指示剂，全面而正确的说法是　(　　)

A. 指示剂为有色物质

B. 指示剂为弱酸或弱碱

C. 指示剂为弱酸或弱碱，其酸式或碱式结构具有不同颜色

D. 指示剂在酸碱溶液中呈现不同颜色

(3) 酸碱滴定中选择指示剂的原则是　(　　)

A. $K_a^\ominus = K_{HIn}^\ominus$

B. 指示剂的变色范围与等当点完全符合

C. 指示剂的变色范围全部或部分落入滴定的 pH 突跃范围之内

D. 指示剂的变色范围应完全落在滴定的 pH 突跃范围之内

(4) 欲配制 pH=3.0 的缓冲溶液，有下列三组共轭酸碱对，哪一组较合适 ( )

A. $HCOOH$-$HCOO^-$ B. HAc-Ac^- C. NH_4^+-NH_3

(5) 下列溶液中不能组成缓冲溶液的是 ( )

A. NH_3 和 NH_4Cl B. $H_2PO_4^-$ 和 HPO_4^{2-}

C. HCl 和过量的氨水 D. 氨水和过量的 HCl

6-2 填空题

(1) 下列分子或离子：HS^-、CO_3^{2-}、$H_2PO_4^-$、NH_3、H_2S、NO_2^-、HCl、Ac^-、OH^-、H_2O，根据酸碱质子理论，属于酸的是________，属于碱的是________，既是酸又是碱的有________。

(2) 已知吡啶的 $K_b^\ominus=1.7\times10^{-9}$，其共轭酸的 $K_a^\ominus=$________。磷酸的逐级解离常数分别用 $K_{a_1}^\ominus$、$K_{a_2}^\ominus$ 和 $K_{a_3}^\ominus$ 表示，则 Na_2HPO_4 的水解常数为________，Na_2HPO_4 的共轭酸是________。

(3) 加入少量 $NH_4Cl(s)$ 后，$NH_3\cdot H_2O$ 的解离度将________，溶液的 pH 将________，H^+ 的浓度将________。

6-3 计算题

(1) 计算下列各种溶液的 pH：

① 0.10mol · L^{-1} H_2SO_4 溶液；

② 0.10mol · L^{-1} HAc 溶液；

③ 0.10mol · L^{-1} NaCN 溶液；

④ 0.10mol · L^{-1} Na_2CO_3 溶液。

(2) 欲配制 pH=5，$c_{HAc}=0.2mol\cdot L^{-1}$ 的缓冲溶液 1L，需要 $NaAc\cdot 3H_2O$ 多少克？需 1.0mol · L^{-1} HAc 溶液多少毫升？怎么配制？（已知 HAc：$K_a^\ominus=1.8\times10^{-5}$）

(3) 欲配制 2L pH=9.40 的 NaAc 溶液，需称取 $NaAc\cdot 3H_2O$ 多少克？已知 $M(NaAc\cdot 3H_2O)=136.08g\cdot mol^{-1}$。

(4) 今有 2.00L 0.500 mol · L^{-1} 氨水和 2.00L 0.500mol · L^{-1} HCl 溶液，若配制pH=9.00 的缓冲溶液，不允许再加水，最多能配制多少升缓冲溶液？其中 $c(NH_3)$ 和 $c(NH_4^+)$ 各为多少？

(5) 欲配制 1.00L HAc 浓度为 1.00mol · L^{-1}，pH=4.50 的缓冲溶液，需加入多少克 $NaAc\cdot 3H_2O$ 固体？（$NaAc\cdot 3H_2O$ 的相对分子质量为 136，$pK_a^\ominus=4.75$）

第 7 章　沉淀溶解平衡与沉淀滴定法

在化学平衡中，不仅存在单相平衡，还存在多相体系的平衡，难溶电解质的饱和溶液中存在难溶电解质固体与相应各水合离子间的平衡，这就是多相沉淀平衡体系，也称沉淀溶解平衡。在科研与生产实践中，沉淀溶解与平衡经常用于物质的制备、分离、提纯等，也是定量分析中沉淀滴定法和重量分析法的主要依据。

7.1　沉淀溶解平衡

7.1.1　溶解度

难溶电解质的溶解度一般以 1L 饱和溶液在一定温度条件下所含溶质的物质的量，用符号“s”表示，单位为 mol(溶质)·L(溶液)$^{-1}$，称为“物质的量浓度”，简称“浓度”。

以前习惯把某温度下 100g 水中某物质溶解的最大质量称为溶解度，单位为 g(溶质)·(100g 水)$^{-1}$，在讨论沉淀溶解平衡时，通常采用饱和溶液的浓度(mol·L^{-1})。

7.1.2　溶度积常数

任何难溶电解质在水溶液中总有或多或少的溶解，绝对不溶的物质是不存在的。当电解质在水中溶解的速率和沉淀的速率相等，溶液达到饱和，未溶解的电解质固体与溶解在溶液中的离子建立动态平衡，这种状态称为难溶电解质的沉淀溶解平衡。例如，把难溶物 AgCl 放入水中，固体表面的 Ag^+ 和 Cl^- 在极性水分子作用下，会逐渐减弱其与固体内部离子间的吸引，使 Ag^+ 和 Cl^- 不断地溶解进入溶液中，成为水合离子，溶液中的水合 Ag^+ 和 Cl^+ 不停地无规则运动，会沉积于固体的表面，这就是 AgCl 的沉淀过程。

当溶解与沉淀的速率相等时，体系就达到了动态的平衡，此时 AgCl 饱和溶液浓度恒定，达到多相平衡，可以表示为

$$AgCl(s) \rightleftharpoons Ag^+(aq) + Cl^-(aq)$$

该反应的标准平衡常数为

$$K_{sp}^{\ominus} = [Ag^+] \cdot [Cl^-] \tag{7-1}$$

对于一般的难溶强电解质 A_mB_n 而言，其沉淀溶解平衡可以表示为

$$A_mB_n(s) \rightleftharpoons mA^{n+}(aq) + nB^{m-}(aq)$$

$$K_{平}^{\ominus} = [A^{n+}]^m \cdot [B^{m-}]^n = K_{sp}^{\ominus} \tag{7-2}$$

$K_{sp}^{\ominus}$ 是难溶电解质沉淀溶解平衡常数，反映了物质的溶解能力，称为溶度积常数，简称溶度积。

溶度积可定义为：在一定温度条件下，任意难溶电解质的饱和溶液中，有关离子浓度以其计量系数为指数的幂的乘积为一常数。$K_{sp}^{\ominus}$ 的大小只与电解质的本性和温度有关，与沉淀量的多少和溶液中离子浓度的变化无关。

7.1.3 溶度积和溶解度的关系

溶度积 $K_{sp}^{\ominus}$ 和溶解度 s 都可以表示物质的溶解能力，但它们是两个既有联系又有区别的不同概念。溶度积只用来表示难溶电解质的溶解性能，而溶解度可用来表示一切物质的溶解性；溶度积不受离子浓度的影响，而溶解度则与离子的浓度有关。例如，在 Na_2SO_4 溶液中，$BaSO_4$ 的溶解度就要比纯水中低，但是溶度积却不变。根据溶度积的表达式，难溶电解质的溶度积 $K_{sp}^{\ominus}$ 和溶解度 s 可以互相换算。

【例 7-1】 已知 298.15K 时，AgCl 的溶解度为 1.90×10^{-3} g · L^{-1}，求该温度下 AgCl 的溶度积。

解 已知 $M_{AgCl}=143.4$ g · mol^{-1}，则

$$s_{AgCl}=\frac{1.90\times10^{-3}}{143.4}=1.32\times10^{-5}(\text{mol}\cdot\text{L}^{-1})$$

$$AgCl(s) \rightleftharpoons Ag^{+}(aq)+Cl^{-}(aq)$$

平衡浓度/(mol · L^{-1})　　s　　s

故

$$K_{sp}^{\ominus}=[Ag^{+}]\cdot[Cl^{-}]=s^2=1.75\times10^{-10}$$

【例 7-2】 已知 298.15K 时，AgCl 的 $K_{sp}^{\ominus}$ 为 1.8×10^{-10}，$Ag_2C_2O_4$ 的 $K_{sp}^{\ominus}$ 为 3.4×10^{-11}，试比较这两种物质在水中的溶解度大小。

解 设 AgCl 在水中的溶解度为 x mol · L^{-1}，则

$$AgCl(s) \rightleftharpoons Ag^{+}(aq)+Cl^{-}(aq)$$

平衡浓度/(mol · L^{-1})　　x　　x

$$K_{sp}^{\ominus}(AgCl)=[Ag^{+}]\cdot[Cl^{-}]=x^2=1.8\times10^{-10}$$

解得

$$x=1.34\times10^{-5}(\text{mol}\cdot\text{L}^{-1})$$

设 $Ag_2C_2O_4$ 在水中的溶解度为 y mol · L^{-1}，则

$$Ag_2C_2O_4(s) \rightleftharpoons 2Ag^{+}(aq)+C_2O_4^{2-}(aq)$$

平衡浓度/(mol · L^{-1})　　$2y$　　y

$$K_{sp}^{\ominus}(Ag_2C_2O_4)=[Ag^{+}]^2\cdot[C_2O_4^{2-}]=(2y)^2\cdot y=4y^3=3.4\times10^{-11}$$

解得

$$y=2.0\times10^{-4}\ \text{mol}\cdot\text{L}^{-1}$$

从例 7-2 可知，虽然 AgCl 的溶度积比 $Ag_2C_2O_4$ 大，但 AgCl 的溶解度反而比 $Ag_2C_2O_4$ 小，这与电解质的类型有关。同种类型可直接用 $K_{sp}^{\ominus}$ 的数值大小来比较它们的溶解度大小，不同类型的电解质不能直接由 $K_{sp}^{\ominus}$ 的大小来比较它们的溶解度，必须经过计算才能进行比较。

7.1.4　影响难溶电解质溶解度的因素

1. 同离子效应——减小溶解度

在难溶电解质溶液中，加入其含有相同离子的易溶强电解质，从而使难溶电解质的溶解度降低，这种现象称为同离子效应。例如，AgCl 难溶电解质的饱和溶液的沉淀溶解平衡为

$$AgCl(s) \rightleftharpoons Ag^+(aq) + Cl^-(aq)$$

当向 AgCl 饱和溶液中加入 NaCl，由于溶液中 Cl^- 浓度的增加，平衡向左移动，使得其溶解度减小。

【例 7-3】 计算在 298.15K 时，AgCl 在纯水和 0.10mol · L^{-1} NaCl 溶液中的溶解度。($K_{sp}^{\ominus} = 1.8 \times 10^{-10}$)

解　由例 7-2 可知，AgCl 在纯水中溶解度为 1.34×10^{-5} mol · L^{-1}。

设 AgCl 在 0.10mol · L^{-1} NaCl 溶液中的溶解度为 $s$mol · L^{-1}，则

$$AgCl(s) \rightleftharpoons Ag^+(aq) + Cl^-(aq)$$

平衡浓度/(mol · L^{-1})　　s　　$0.10 + s \approx 0.10$

$$K_{sp}^{\ominus}(AgCl) = [Ag^+] \cdot [Cl^-] \approx s \times 0.10 = 1.8 \times 10^{-10}$$

解得

$$s \approx 1.8 \times 10^{-9}\ mol \cdot L^{-1}$$

这说明在平衡体系中增大 Cl^- 浓度后，AgCl 的溶解度减小。

利用该原理，在分析化学中加入过量的沉淀剂分离溶液中的某种离子，并用含相同离子的强电解质溶液洗涤所得的沉淀，以减少因溶解而引起的损失。但若沉淀剂用量过多，往往会发生盐效应等其他副反应，反而会使沉淀的溶解度增大，沉淀损失增大。沉淀剂一般以过量理论值 20%～50%为宜。

2. 盐效应——增大溶解度

如前所述，在难溶电解质溶液中，加入与难溶电解质具有相同或不相同离子的易溶强电解质时，会使难溶电解质溶液的溶解度增大，这一现象称为盐效应。

除了上述的同离子效应和盐效应影响难溶电解质的溶解度，还有许多其他因素对溶解度产生影响，如难溶电解质的本性、酸效应、络合效应、温度及溶剂等。

7.2　沉淀溶解平衡的移动

7.2.1　溶度积规则

沉淀溶解平衡与其他的平衡一样，是一个动态的平衡，当外界条件发生改变时，平衡会发生移动。究竟是生成沉淀还是沉淀发生溶解，可以根据溶度积与离子积之间的关系来判断。

在某难溶电解质的溶液中，有关离子浓度幂次方的乘积称为离子积，用符号 Q 表示，即

$$A_mB_n(s) \rightleftharpoons mA^{n+}(aq) + nB^{m-}(aq)$$

$$Q = [A^{n+}]^m \cdot [B^{m-}]^n \tag{7-3}$$

离子积 Q 与溶度积 $K_{sp}^{\ominus}$ 的表达式完全一样，但两者概念是有区别的。$K_{sp}^{\ominus}$ 表示沉淀溶解达到平衡时有关离子浓度方次的乘积，对于某一难溶电解质，在一定的温度下，$K_{sp}^{\ominus}$ 为一常数；而离子积 Q 表示在某种情况下有关离子浓度方次的乘积，其数值是不定的，$K_{sp}^{\ominus}$ 仅是 Q 的一个特例。

在任何给定的难溶电解质的溶液中：

(1) $Q < K_{sp}^{\ominus}$ 为不饱和溶液，无沉淀析出；若体系中原有沉淀存在，沉淀将会溶解，直至溶液呈饱和。所以，$Q < K_{sp}^{\ominus}$ 是沉淀溶解的条件。

(2) $Q > K_{sp}^{\ominus}$ 为过饱和溶液，有沉淀生成，直至饱和。所以 $Q > K_{sp}^{\ominus}$ 是沉淀生成的条件。

(3) $Q = K_{sp}^{\ominus}$ 为饱和溶液，处于沉淀溶解平衡状态。

以上是难溶电解质多相离子平衡移动的规律，称为溶度积规则。控制离子的浓度，可使沉淀平衡发生移动，从而使平衡向需要的方向进行。

7.2.2 沉淀的生成与溶解

1. 沉淀的生成

1) 判断沉淀的生成

根据溶度积规则，在难溶电解质溶液中，离子积 Q 大于该难溶电解质的溶度积常数 $K_{sp}^{\ominus}$，是生成沉淀的必要条件。

【例 7-4】 将 0.020mol · L^{-1} 的 $BaCl_2$ 溶液和 0.020mol · L^{-1} 的 Na_2SO_4 等体积混合，是否有 $BaSO_4$ 沉淀生成？

解 查表知 $K_{sp}^{\ominus}(BaSO_4) = 1.1 \times 10^{-8}$，等体积混合以后，浓度为原来的一半，则

$$[Ba^{2+}] = [SO_4^{2-}] = 0.010 \text{mol} \cdot L^{-1}$$

$BaSO_4$ 的沉淀溶解平衡反应为

$$BaSO_4 \rightleftharpoons Ba^{2+} + SO_4^{2-}$$

$$Q = [Ba^{2+}] \times [SO_4^{2-}] = 0.010 \times 0.010 = 1.0 \times 10^{-4} > K_{sp}^{\ominus}(BaSO_4)$$

所以有沉淀 $BaSO_4$ 生成。

2) 判断沉淀的完全程度

在实际的工作中，由于难溶电解质溶液中始终存在着沉淀溶解平衡，被沉淀离子的浓度不可能完全等于零。所谓“沉淀完全”，是指其含量少于某一标准而言的，通常要求残留离子浓度小于 1.0×10^{-5}mol · L^{-1}，在计算时，经常取 1.0×10^{-5}mol · L^{-1} 作为离子沉淀完全时的浓度。

【例 7-5】 以 K_2CO_3 为沉淀剂，沉淀溶液中的 Ca^{2+}，若将 0.020mol · L^{-1} 的 $CaCl_2$ 与 0.040mol · L^{-1} 的 K_2CO_3 溶液等体积混合，试问 Ca^{2+} 能否沉淀完全。

解　查表知：$K_{sp}^{\ominus}(CaCO_3)=2.8\times10^{-9}$。

由题意可知，K_2CO_3 是过量的，假设等体积混合两溶液以后，Ca^{2+} 完全被沉淀，则剩余 CO_3^{2-} 的浓度为

$$[CO_3^{2-}]=\frac{0.040-0.020}{2}=0.010\text{mol}\cdot\text{L}^{-1}$$

$$CaCO_3 \rightleftharpoons Ca^{2+} + CO_3^{2-}$$

平衡浓度/(mol · L^{-1})　　　s　　$s+0.010$

由于平衡时 s 值很小，相对于 0.010mol · L^{-1} 来说，可以忽略不计，故 $s+0.010\approx0.010$，将其代入 $K_{sp}^{\ominus}$ 关系式中，则

$$K_{sp}^{\ominus}(CaCO_3)=[Ca^{2+}]\cdot[CO_3^{2-}]$$

$$[Ca^{2+}]=\frac{K_{sp}^{\ominus}(CaCO_3)}{[CO_3^{2-}]}=\frac{2.8\times10^{-9}}{0.010}=2.8\times10^{-7}\text{mol}\cdot\text{L}^{-1}$$

由计算可知，$2.8\times10^{-7}<1.0\times10^{-5}$，故可认为此时 Ca^{2+} 已沉淀完全。

2. 沉淀的溶解

根据溶度积规则，只要采取一定的措施使溶液中有关离子浓度降低，达到 $Q<K_{sp}^{\ominus}$，沉淀就会发生溶解。使沉淀溶解的方法有以下几种。

1) 生成弱电解质

在难溶电解质的饱和溶液中加入酸或碱，反应后生成弱酸或弱碱，降低溶液中阴阳离子的浓度，使 $Q<K_{sp}^{\ominus}$，达到沉淀溶解的目的。

例如，ZnS、$CaCO_3$、FeS 等都可以溶于稀盐酸等强酸中，这是由于难溶盐的阴离子能与 H^+ 作用生成难解离的弱酸，从而降低体系中阴离子的浓度。$Mg(OH)_2$ 沉淀可以溶于稀盐酸等强酸中，这是由于 HCl 中解离出来的 H^+ 与 $Mg(OH)_2$ 中解离出来的 OH^- 反应生成了弱电解质 H_2O。同样 $Mg(OH)_2$、$Mn(OH)_2$ 难溶于水却易溶于足量的铵盐中，这是由于其阴离子 OH^- 与 NH_4^+ 结合生成了弱碱氨水。

2) 发生氧化还原反应

加入氧化剂或还原剂，使某一离子发生氧化还原反应而降低其浓度，从而达到沉淀溶解的目的。例如，CuS、Ag_2S 在盐酸中不能溶解，但可以溶于硝酸中；而 HgS 不溶于硝酸却能溶于王水中。

$$3CuS(s)+8HNO_3 = 3Cu(NO_3)_2+3S(s)+2NO(g)+4H_2O$$

$$3HgS(s)+2HNO_3+12HCl = 3H_2(HgCl_4)+3S(s)+2NO(g)+4H_2O$$

3) 生成配位化合物

通过加入配位体形成配位化合物，降低阳离子的浓度，从而达到沉淀溶解的目的。例如，AgCl、$Cu(OH)_2$ 可以溶于氨水中。

$$AgCl(s)+2NH_3 = [Ag(NH_3)_2]^{+}+Cl^{-}$$

$$Cu(OH)_2+4NH_3 = [Cu(NH_3)_4]^{2+}+2OH^{-}$$

7.2.3　分步沉淀和沉淀转化

1. 分步沉淀

在实际的工作中，溶液中往往不只存在一种离子，当加入某种沉淀剂时，可能分别与溶液中的多种离子发生反应而沉淀，这时沉淀将根据溶解度的大小按一定的先后次序进行，这种现象称为分步沉淀。

【例 7-6】 在浓度均为 0.010mol·L^{-1}的 NaCl 和 NaI 溶液中，若逐滴加入 $AgNO_3$ 试剂，假设加入前后总体积不变，首先生成哪一种沉淀？能否采用分步沉淀的方法将 Cl^- 和 I^- 分离？

解　两者沉淀的溶解平衡反应为

$$AgCl(s) \rightleftharpoons Ag^+ + Cl^-$$
$$AgI(s) \rightleftharpoons Ag^+ + I^-$$

在上述溶液中，开始生成 AgI 和 AgCl 沉淀时所需的 Ag^+ 的最低浓度分别为

AgI　$$[Ag^+] > \frac{K_{sp}^{\ominus}(AgI)}{[I^-]} = \frac{8.3\times10^{-17}}{0.010} = 8.3\times10^{-15}(mol\cdot L^{-1})$$

AgCl　$$[Ag^+] > \frac{K_{sp}^{\ominus}(AgCl)}{[Cl^-]} = \frac{1.8\times10^{-10}}{0.010} = 1.8\times10^{-8}(mol\cdot L^{-1})$$

计算结果表明，沉淀 I^- 所需的 Ag^+ 浓度比沉淀 Cl^- 所需 Ag^+ 浓度小得多，所以 AgI 先被沉淀。

随着不断滴加 $AgNO_3$ 溶液，当 Ag^+ 浓度刚超过 1.8×10^{-8}mol·L^{-1}时，AgCl 就开始沉淀，此时溶液中存在的 I^- 浓度为

$$[I^-] = \frac{K_{sp}^{\ominus}(AgI)}{[Ag^+]} = \frac{8.3\times10^{-17}}{1.8\times10^{-8}} = 4.6\times10^{-9}(mol\cdot L^{-1})$$

即当 AgCl 开始沉淀时，溶液中$[I^-] < 1.0\times10^{-5}$mol·L^{-1}，说明 I^- 已经沉淀完全。因此，适当控制反应条件，可以使 Cl^- 和 I^- 分离。

2. 沉淀的转化

由一种沉淀转化为另一种沉淀的过程称为沉淀的转化。例如，锅炉中的水垢含有 $CaSO_4$，该沉淀既不溶于水，也不溶于酸，不易除去，但可以用饱和 Na_2CO_3 溶液加以处理，使之逐渐转化为易溶于酸、便于除去的 $CaCO_3$ 沉淀，上述转化过程的反应方程式为

$$CaSO_4 + CO_3^{2-}(aq) \rightleftharpoons CaCO_3(s) + SO_4^{2-}(aq)$$

该反应的平衡常数为

$$K^{\ominus} = \frac{[SO_4^{2-}]}{[CO_3^{2-}]} = \frac{[Ca^{2+}]\cdot[SO_4^{2-}]}{[Ca^{2+}]\cdot[CO_3^{2-}]} = \frac{K_{sp}^{\ominus}(CaSO_4)}{K_{sp}^{\ominus}(CaCO_3)} = \frac{9.1\times10^{-6}}{2.8\times10^{-9}} = 3.3\times10^{3}$$

此转化反应的平衡常数较大，说明 $CaSO_4$ 转变为 $CaCO_3$ 的反应易于实现。沉淀转化一般是由溶解度较大的难溶电解质转化为溶解度较小的难溶电解质。溶解度相差越大，越容易转化。沉淀转化原理在化工生产中获得了广泛的应用。例如，生产锶盐时，考虑到原料天青石(含 65%～85% $SrSO_4$)既不溶于水，也不被一般的酸所溶解，就是先采用 Na_2CO_3 溶液将捣碎的 $SrSO_4$ 逐步转化为可溶于酸的 $SrCO_3$。

7.3　沉淀滴定法

沉淀滴定法是以沉淀反应为基础的滴定分析方法，产生沉淀的反应虽然很多，但是能够用于滴定的反应却很少，这是因为沉淀滴定法的反应必须符合下列几点要求：①生成的沉淀必须溶解度小且组成恒定；②沉淀反应必须定量、迅速进行；③有适当的方法确定滴定终点。这些条件将大多数沉淀反应排除在外，目前应用较为广泛的沉淀滴定法是生成难溶银盐的反应。例如

$$Ag^{+} + X^{-} \longrightarrow AgX\downarrow \text{（X 代表 } Cl^{-}、Br^{-}、I^{-}、CN^{-}、SCN^{-} \text{ 等）}$$

这种利用生成难溶性银盐反应的测定方法称为银量法。银量法可以测定 Cl^-、Br^-、I^-、CN^-、SCN^-、Ag^+ 等，还可以测量那些经过处理能定量产生这些离子的有机卤化物。

7.3.1　莫尔法

莫尔(Mothr)法是以 K_2CrO_4 为指示剂，在中性或弱碱条件下，以 $AgNO_3$ 为标准溶液直接测定 Cl^-、Br^- 的分析方法。以 $AgNO_3$ 标准溶液测定 Cl^- 为例

滴定反应　$Ag^{+} + Cl^{-} \longrightarrow AgCl\downarrow$（白色）　$K_{sp}^{\ominus} = 1.8 \times 10^{-10}$

指示反应　$2Ag^{+} + CrO_4^{2-} \longrightarrow Ag_2CrO_4\downarrow$（砖红色）　$K_{sp}^{\ominus} = 1.1 \times 10^{-12}$

由于 AgCl 的溶解度小于 Ag_2CrO_4 的溶解度，根据分步沉淀的原理，所以在滴定的过程中 AgCl 首先沉淀出来，随着 $AgNO_3$ 的不断加入，溶液中 Cl^- 的浓度越来越小，Ag^+ 的浓度则相应地不断增大，直至 Ag^+ 与 CrO_4^{2-} 的离子积超过 Ag_2CrO_4 的溶度积时，出现砖红色的 Ag_2CrO_4 沉淀，指示滴定终点的到达。

1. 滴定条件

1）指示剂的用量

莫尔法是以 Ag_2CrO_4 砖红色沉淀的出现来判断滴定终点的，若 K_2CrO_4 的用量过多，则砖红色沉淀过早生成，即终点提前；若用量过少，则终点推迟，均影响滴定的准确度。

以 $AgNO_3$ 标准溶液测定 Cl^- 为例，根据溶度积原理，在化学计量点时

$$c_{Ag^+} = c_{Cl^-} = \sqrt{K_{sp}^{\ominus}(AgCl)}$$

此时要求刚好析出 Ag_2CrO_4 沉淀以指示终点，则理论上需要 CrO_4^{2-} 浓度为

$$c_{CrO_4^{2-}} = \frac{K_{sp}^{\ominus}(Ag_2CrO_4)}{c_{Ag^+}^2} = \frac{K_{sp}^{\ominus}(Ag_2CrO_4)}{K_{sp}^{\ominus}(AgCl)} = \frac{1.1 \times 10^{-12}}{1.8 \times 10^{-10}} = 6.1 \times 10^{-3}(mol \cdot L^{-1})$$

若按照此用量，则溶液黄色较深，妨碍终点的观察，实验证明，K_2CrO_4 溶液的浓度约为 $0.005 mol \cdot L^{-1}$ 较为适宜。

2）溶液的酸度

莫尔法只适用于在中性或弱碱性(pH＝6.5～10.5)条件下进行。若溶液为酸性时，则 Ag_2CrO_4 会溶解。

$$2Ag_2CrO_4 + 2H^+ \rightleftharpoons 4Ag^+ + 2HCrO_4^- \rightleftharpoons 4Ag^+ + Cr_2O_7^{2-} + H_2O$$

若溶液碱性太强，则析出 Ag_2O 沉淀。

$$Ag^+ + OH^- = AgOH\downarrow$$

$$2AgOH = Ag_2O\downarrow + H_2O$$

析出的 Ag_2O 沉淀影响滴定反应的进行。因此，莫尔法只能在中性或弱碱性条件下进行。

3）干扰因素

(1) 如果溶液中有铵盐存在，应该控制溶液的 pH 在 6.5～7.2 为宜，否则易生成$[Ag(NH_3)_2]^+$，而使 AgCl 和 Ag_2CrO_4 溶解，引起误差。

(2) 莫尔法测定 Cl^- 时，AgCl 沉淀易吸附溶液中的 Cl^-，从而使其浓度降低，与之平衡的 Ag^+ 浓度升高，以致 Ag_2CrO_4 沉淀过早出现，终点提前，故滴定时须剧烈摇动溶液，使被 AgCl 吸附的 Cl^- 尽量释放出来。如果滴定 Br^- 时，AgBr 沉淀吸附溶液中的 Br^- 更严重，所以滴定时更要剧烈摇动，否则就会引入较大的误差。

(3) 莫尔法选择性较差，凡能与 Ag^+ 或 CrO_4^{2-} 反应生成沉淀的阴阳离子均能干扰测定，如 PO_4^{3-}、AsO_4^{3-}、S^{2-}、$C_2O_4^{2-}$ 等阴离子及 Ba^{2+}、Pb^{2+}、Hg^{2+} 等阳离子均能干扰测定。

2. 应用

莫尔法选择性差，只适用以 $AgNO_3$ 标准溶液直接滴定法测定 Cl^-、Br^-，测定时溶液中不能有 Pb^{2+}、Ba^{2+}、Hg^{2+} 等与 CrO_4^{2-} 生成沉淀的阳离子，以及 PO_4^{3-}、AsO_4^{3-}、S^{2-} 等与 Ag^+ 生成沉淀的阴离子，否则干扰测定。由于 AgCl 和 AgBr 分别对 Cl^- 和 Br^- 有显著的吸收作用，因此，在滴定的过程中要充分地振摇溶液。莫尔法不适用于测定 I^- 和 SCN^-，因为 AgI 和 AgSCN 沉淀对 I^- 和 SCN^- 吸附作用更强，导致终点提前。如要测定 Ag^+，可采用返滴定法，即先加入一定量过量的 NaCl 标准溶液，待沉淀完全以后，再用 $AgNO_3$ 标准溶液返滴定。

7.3.2 福尔哈德法

福尔哈德(Volhard)法是以铁铵钒 $(NH_3)Fe(SO_4)_2$ 为指示剂，在酸性溶液中，用 NH_4SCN(或 KSCN)标准溶液滴定含 Ag^+ 的溶液。包括直接滴定法和返滴定法。

1. 测定原理

1）直接滴定法(测 Ag^+)

在 HNO_3 介质中，以铁铵钒为指示剂，用 NH_4SCN(或 KSCN)标准溶液测定 Ag^+，其反应式如下：

$$Ag^{+} + SCN^{-} \longrightarrow AgSCN\downarrow（白色）$$

当滴定达到计量点时，Ag^{+} 浓度迅速减小，而 SCN^{-} 浓度迅速增大，于是稍过量的 SCN^{-} 与 Fe^{3+} 生成红色的$[Fe(SCN)]^{2+}$，从而指示到达终点。

$$Fe^{3+} + SCN^{-} \longrightarrow [Fe(SCN)]^{2+}（红色）$$

2）返滴定法（测定 Cl^{-}、Br^{-}、I^{-}、SCN^{-}）

首先向待测试样中加入一定量过量的 $AgNO_3$ 标准溶液，使待测组分卤素离子或 SCN^{-} 生成银盐沉淀，再以铁铵钒为指示剂，用 NH_4SCN 标准溶液测定过量的 $AgNO_3$。滴定终点时，稍过量的 SCN^{-} 与 Fe^{3+} 作用生成红色配合物，指示到达终点。以测定卤素离子为例，所发生的反应为

滴定前　$Ag^{+}（过量）+ X^{-} \longrightarrow AgX\downarrow$

终点前　$SCN^{-} + Ag^{+}（剩余）\longrightarrow AgSCN\downarrow（白色）$

终点时　$Fe^{3+} + SCN^{-} \longrightarrow [Fe(SCN)]^{2+}（红色）$

但用此法测定 Cl^{-} 时，由于 AgCl 的溶解度大于 AgSCN 的溶解度，计量点后，稍过量的 NH_4SCN 与 AgCl 易引起沉淀的转化反应。

$$AgCl + SCN^{-} \longrightarrow AgSCN\downarrow + Cl^{-}$$

会使测定的结果偏低。

为了避免该误差，可以在加入过量的 $AgNO_3$ 后，将溶液加热，使 AgCl 沉淀凝聚，以减少对 Cl^{-} 的吸附，并将沉淀滤去，或者在滴加 NH_4SCN 标准溶液之前加入硝基苯，用力振荡，AgCl 沉淀则被硝基苯包裹，从而可以减慢或阻止上述转化作用。若用此法测量 Br^{-} 和 I^{-}，则不存在上述沉淀转化的问题。

2. 滴定条件

（1）指示剂的用量。实验证明，要能观察到红色，$[Fe(SCN)]^{2+}$ 的最低浓度为 $6.0\times10^{-6}mol\cdot L^{-1}$，依据溶度积公式计算，指示剂 Fe^{3+} 的浓度约为 $0.03mol\cdot L^{-1}$，但因 Fe^{3+} 本身有颜色，浓度太大会影响终点的观察，故实际使用 Fe^{3+} 浓度一般为 $0.015mol\cdot L^{-1}$。

（2）溶液的酸度。溶液要求酸性，H^{+} 浓度应控制在 $0.1\sim1mol\cdot L^{-1}$；否则 Fe^{3+} 易发生水解，影响测定。

（3）振摇问题。用直接法测定 Ag^{+} 时，AgSCN 沉淀对 Ag^{+} 有强烈的吸附作用。使终点提前，结果偏低，故在临近终点时必须剧烈摇动锥形瓶。用返滴定法测定 Cl^{-} 时，为了避免 AgCl 沉淀发生转化，应轻轻摇动。

3. 应用

与莫尔法相比较，福尔哈德法的最大优点就是能在酸性溶液中进行，许多酸根离子不干扰测定，所以该方法的选择性好，适用范围较为广泛，不仅可以用来测定 Ag^{+}、Cl^{-}、Br^{-}、I^{-}、SCN^{-}；还可以用来测定 PO_4^{3-} 和 AsO_4^{3-}，在农业上也常用此法测定有机氯化物农药如六六六和滴滴涕等，也可以采用该法测定银合金中银的含量。

阅读材料

生物体内的沉淀生成与溶解

1. 结石的形成与预防

结石病是人体异常矿化所致的一种以钙盐或脂类积聚成形而引起的一种疾病，如因各种原因导致尿酸沉积所引起的钙盐沉淀(如肾石、胆石、牙石等)，以及与感染、异物沉积等多种因素有关的各类结石(如胃结石、肝胆系结石和泌尿系结石等)。结石病的预防要远比治疗重要得多，在生物体内，临床医学常见的病理结石症多与沉淀生成和溶解有关。

结石多发生在中壮年，男性多于女性。大多数结石可混合两种或两种以上的成分，具体表现为：草酸钙结石(最为常见，占结石的80%以上)、磷酸钙结石(占结石的6%～9%)、尿酸结石(占结石的6%)、磷酸镁胺结石(占结石的10%)、胱氨酸结石(占结石的1%～2%)。结石形成主要原因就是饮食，它是由饮食中可形成结石的有关成分摄入过多引起的，如草酸积存过多、嘌呤代谢失常、脂肪摄取过多、糖分增加、蛋白质过量。预防结石的方法除了多喝水，还可以通过饮食预防和多喝柠檬汁来预防。

2. 骨骼的形成与龋齿的产生

在生物体内，组成骨骼的重要成分是羟磷灰石，又称生物磷灰石，其含量占了骨骼的55%～75%。骨骼的形成与沉淀溶解平衡密切相关，在人体体温37℃，pH 7.4的生理条件下，体内的 Ca^{2+} 与 PO_4^{3-} 混合首先析出无定形磷酸钙，然后转化为磷酸八钙，最后变成最稳定的羟磷灰石[$Ca_{10}(OH)_2(PO_4)_6$]。

龋齿是人类最常见的口腔疾病，其发生发展也与沉淀溶解平衡相联系。羟磷灰石是牙釉质的重要组成成分，尽管牙釉质非常坚硬，然而当人们用餐后，食物如果长期滞留在牙缝处，因食物的腐烂滋生出细菌，再由细菌代谢产生的酸性物质长期作用于牙釉质，使羟磷灰石发生如下溶解

$$Ca_{10}(OH)_2(PO_4)_6(s) + 8H^+(aq) \rightleftharpoons 10Ca^{2+}(aq) + 6HPO_4^{2-}(aq) + 2H_2O(l)$$

长期这样则会产生龋齿。

因此，为了防止龋齿的产生，人们一定要注意口腔卫生，同时还可以适当地使用含氟牙膏，由于含氟牙膏中的 F^- 与羟磷灰石中的 OH^- 可发生交换反应，生成具有一定抗酸能力的氟磷灰石，沉淀交换反应为

$$Ca_{10}(OH)_2(PO_4)_6(s) + 2F^-(aq) \rightleftharpoons Ca_{10}F_2(PO_4)_6(s) + 2OH^-(aq)$$

由于形成的氟磷灰石提高了牙釉质的抗酸能力，故可防止龋齿的产生。含氟牙膏可以降低龋齿的发病率约1/4，最适于牙齿尚在生长期的儿童和青少年使用。

本章小结

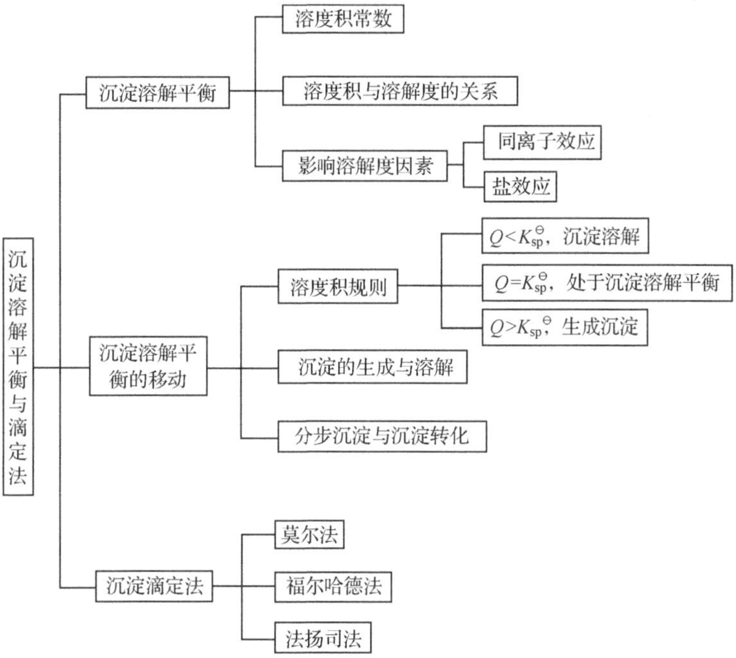

习　　题

7-1　简答题

写出下列难溶电解质的溶度积常数表达式。

(1) AgI　(2) Ag_2S　(3) $Fe(OH)_3$　(4) $Ca_3(PO_4)_2$

7-2　判断题

(1) 莫尔法可用于测定 Cl^-、Br^-、I^- 和 SCN^-。　(　　)

(2) 溶解度大的，溶度积一定大。　(　　)

(3) 所谓的沉淀完全，就是指溶液中这种离子的浓度为零。　(　　)

(4) $BaSO_4$ 沉淀在 NaCl 中的溶解度比在纯水中的溶解度大。　(　　)

(5) 根据同离子效应，沉淀剂加入得越多，其离子沉淀越完全。　(　　)

7-3　选择题

(1) 下列可以减小沉淀溶解度的是　(　　)

A. 酸效应　　B. 盐效应　　C. 同离子效应　　D. 络合效应

(2) 某难溶电解质溶解度 s 和溶度积 $K_{sp}^{\ominus}$ 的关系是 $K_{sp}^{\ominus}=4s^3$，它的分子式可能是　(　　)

A. AB　　B. A_2B_3　　C. A_3B_2　　D. A_2B

(3) 向含有同浓度的 Mn^{2+}、Hg^{2+}、Zn^{2+} 和 Cu^{2+} 混合溶液中通入 H_2S 气体，则产生沉淀的先后次序是　(　　)

已知：$K_{sp}^{\ominus}(MnS)=2.1\times10^{-13}$，$K_{sp}^{\ominus}(HgS)=2.7\times10^{-53}$，$K_{sp}^{\ominus}(ZnS)=2.0\times10^{-22}$，$K_{sp}^{\ominus}(CuS)=6.1\times10^{-36}$。

A. CuS，HgS，ZnS，MnS　　B. MnS，ZnS，CuS，HgS

C. HgS,CuS,ZnS,MnS　　　　D. HgS,ZnS,CuS,MnS

(4) 向含有 AgCl(s)的饱和 AgCl 溶液中加水,下列叙述正确的是　　(　　)

A. AgCl 的溶解度增大　　　　B. AgCl 的溶解度、$K_{sp}^{\ominus}$ 均不变

C. $K_{sp}^{\ominus}$ 增大　　　　D. AgCl 的溶解度、$K_{sp}^{\ominus}$ 均增大

7-4　计算题

(1) 已知 AgI 的 $K_{sp}^{\ominus}=8.30\times10^{-17}$,$M=238g\cdot mol^{-1}$,求其在纯水中的溶解度。

(2) 将 $0.20mol\cdot L^{-1}$ $MgCl_2$ 溶液和 $0.002mol\cdot L^{-1}$ NaOH 等体积混合,是否有沉淀生成? 已知:$K_{sp}^{\ominus}[Mg(OH)_2]=5.61\times10^{-12}$。

第 8 章　配位平衡与配位滴定法

配位化合物简称配合物，是一类具有特征化学结构的化合物。自然界中大多数化合物是以配合物的形式存在。植物进行光合作用的叶绿素，人体中输送氧气的血红素等都是配合物，有关配合物的研究是化学科学的一个重要分支——配位化学。配位化学涉及的范围和应用非常广泛，已深入工业、农业、生命科学、自然科学等诸多领域，对经济发展、人类生活有重要影响。

8.1　配合物的基本概念

8.1.1　配合物的定义和组成

配合物的价键理论认为，配合物是由中心原子或离子和围绕它的配位体（简称配体），通过配位键结合而成。配体给出孤对电子，中心原子接受孤对电子，如 $K_2[PtCl_6]$、$K_4[Fe(CN)_6]$、$K_3[Fe(CN)_6]$、$[Cu(NH_3)_4]SO_4$、$[Pt(NH_3)_2Cl_2]$和$[Ni(CO)_4]$都是配合物。通常配合物包括配离子，如$[Cu(NH_3)_4]^{2+}$、$[Fe(CN)_6]^{4-}$、$[Fe(CN)_6]^{3-}$等。其中带正电荷的配离子称为配阳离子，带负电荷的称为配阴离子。配体和中心原子列入方括弧中，构成配合物的内界。方括弧外的离子构成配合物的外界。例如，配合物$[Cu(NH_3)_4]SO_4$ 中，$[Cu(NH_3)_4]^{2+}$是内界，SO_4^{2-} 是外界。配合物可以无外界，但不能没有内界。

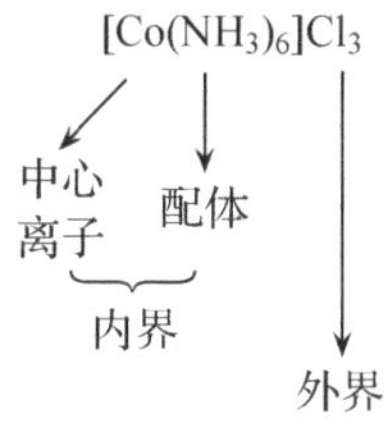

1. 中心离子（原子）

中心离子或中心原子，又称配合物的形成体，位于配合物的中心，提供空轨道，接受孤对电子，形成配位键。几乎周期表中所有金属均可作为中心原子，其中过渡金属比较容易形成配合物，如 Fe^{2+}、Cu^{2+}、Pt^{2+}和 Ni 等。一些高氧化数的非金属也可作为中心原子，如 B、Si、P 等。

2. 配位体

在内界中，与中心离子相结合的阴离子或分子称为配位体，简称配体，如 CN^-、Cl^-、CO、NH_3 等。其中直接与中心离子结合的原子称为配位原子，配位原子必须提供孤对电子，如 OH^-、NH_3 配体中的 O、N 等原子。

配体分为单齿配体和多齿配体两种。单齿配体只有一个配位原子，如 CN^-、CO、NH_3 和 Cl^- 均是单齿配体，配位原子分别是 C、N 和 Cl，它们直接与中心原子键合。多齿有两个或两个以上配位原子，如乙二胺（$H_2NCH_2CH_2NH_2$）是双齿配体，配位原子是两个 N 原子。乙二胺四乙酸根[简称 $EDTA^{4-}$，$(^-OOCCH_2)_2N—CH_2—CH_2—N(CH_2COO^-)_2$]是六齿配体，配位原子是两个 N 和四个羧基上的 O。

3. 配位数

配位数是中心离子的重要特征，是指直接同中心离子（或原子）配位的原子数目。中心离子（或原子）同单基配体结合，配体的数目就是配位数。例如，$[Cu(NH_3)_4]SO_4$ 中 Cu^{2+} 的配位数为 4，$[Co(NH_3)_5H_2O]Cl_3$ 中 Co^{3+} 的配位数为 6。中心离子同多基配体配合时，配位数等同于配位原子数目，如 $[Cu(en)_2]^{2+}$ 中的乙二胺（en）是双基配体，因此 Cu^{2+} 的配位数为 4。中心离子的配位数一般是 2、4、6，最常见的是 4 和 6，配位数的多少取决于中心离子和配体的性质——电荷、体积、电子层结构以及配合物形成时的条件，特别是浓度和温度。

(1) 中心离子的电荷越高越有利于形成配位数较高的配合物。例如，Ag^+ 的配位数为 2，如 $[Ag(NH_3)_2]^+$；Cu^{2+} 的配位数为 4，如 $[Cu(NH_3)_4]^{2+}$；Co^{3+} 的配位数为 6，如 $[Co(NH_3)_5H_2O]^{3+}$。

(2) 中心离子的半径越大，配位数越大。例如，Al^{3+} 与 F^- 可形成配离子 $[AlF_6]^{3-}$，体积较小的 B(Ⅲ)原子就只能生成配离子 $[BF_4]^-$。

(3) 温度越高，配位数越小。因为热振动加剧时，中心离子与配体间的配位键减弱。

4. 配离子的电荷数

配离子的电荷数等于中心离子和配位体电荷数的代数和。例如，$[CuCl_4]^{2-}$ 的电荷数 $=(+2)+(-1)\times4=-2$；$[Fe(CN)_6]^{4-}$ 的电荷数 $=(+2)+(-1)\times6=-4$。

8.1.2 配合物的命名

配合物的命名方法基本遵循一般无机物的命名原则。先命名阴离子后命名阳离子，若外界是简单阴离子，如 Cl^-、OH^-，称为“某化某”；若外界是复杂酸根阴离子，如 SO_4^{2-}、NO_3^-，称为“某酸某”；若外界为氢离子，则在配阴离子之后加“酸”字；若外界是正离子，配离子是负离子，则将配阴离子看成杂酸根，称为“某酸某”。

1. 配合物内界的命名

配合物内界的命名顺序为：配位数（汉字）—配体名称[不同配体名称之间以圆点（·）分开]—“合”—中心原子（离子）名称—中心离子氧化数（加括号，用罗马数字表明）。氧化值为 0 时省略。配合物内界含多种配位体时按以下方法命名：

(1) 先离子后分子。例如，$K[PtCl_3NH_3]$ 命名为三氯·一氨合铂(Ⅱ)酸钾。

(2) 先无机配体后有机配体。例如，$K[PtCl_3(C_2H_4)]$ 命名为三氯·乙烯合铂(Ⅱ)酸钾。

(3) 配体同是离子或分子时，按配位原子符号的英文字母顺序排列。例如，$[Co(NH_3)_5H_2O]Cl_3$ 命名为氯化五氨·一水合钴(Ⅲ)。

(4) 配位原子相同，配体原子少的在先；配位原子相同，且配体中含原子数目又相同，按非配位原子的元素符号英文字母顺序排列。例如，$[PtNH_2NO_2(NH_3)_2]$命名为氨基·硝基·二氨合铂(Ⅱ)。

2. 配合物命名

按照上述方法，可对一般配合物进行命名。

$K_2[PtCl_6]$	六氯合铂(Ⅳ)酸钾
$K_4[Fe(CN)_6]$	六氰合铁(Ⅱ)酸钾
$[Co(NH_3)_6]Cl_3$	三氯化六氨合钴(Ⅲ)
$[CrCl_2(H_2O)_4]Cl$	氯化二氯·四水合铬(Ⅲ)
$[Co(NO_3)_3(NH_3)_3]$	三硝酸根·三氨合钴(Ⅲ)
$[CoBr_2Cl(NH_3)_2(H_2O)]$	二溴·一氯·二氨·一水合钴(Ⅲ)
$[Fe(CO)_5]$	五羰基合铁
$[Cu(en)_2]_2^+$	二(乙二氨)合铜(Ⅱ)

8.1.3　螯合物

含两个以上配位原子的配体与中心原子形成的具有环状结构的化合物称为螯合物。螯合物比一般配合物稳定性高，其分子结构中含有五或六元环结构更提高了稳定性。可形成螯合物的配体称为螯合剂。

生成螯合物的反应称为螯合反应，某些螯合反应是定量进行的，可以用于滴定分析。

一般的螯合剂多是有机配位剂，常见的螯合剂有：乙二胺(en)，1，10-二氮菲(phen)，草酸根(ox)，乙二胺四乙酸(EDTA)及其二钠盐等。其中 EDTA 能提供 2 个氮原子和 4 个羧基氧原子，6 个配位原子在空间与同一离子形成极稳定的环状化合物，即螯合物。图 8-1 所示的是 EDTA 与 Ca^{2+} 形成的螯合物。

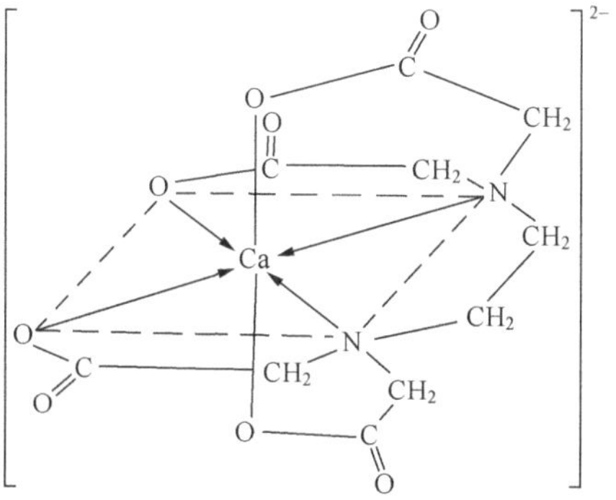

图 8-1　EDTA 与 Ca^{2+} 形成的螯合物

螯合物在工业中用来除去金属杂质，如水的软化、去除有毒的重金属离子等。一些生命必需的物质是螯合物，如血红蛋白和叶绿素中卟啉环上的 4 个氮原子把金属原子(血红蛋白含 Fe^{3+}，叶绿素含 Mg^{2+})固定在环中心。

8.2 配位平衡

8.2.1 配合物的解离平衡及平衡常数

1. 配合物的不稳定常数

配离子或配合物分子在水溶液中存在配合物的解离反应和生成反应之间的平衡，称为配位平衡(coordination equilibrium)。配盐溶于水完全解离，解离出的配离子在水溶液中的解离如同弱电解质，部分地分步解离出其组成部分。例如

$$[Ag(NH_3)_2]^+(aq) \rightleftharpoons [Ag(NH_3)]^+(aq) + NH_3(aq) \quad K^\ominus_{d_1}$$

$$[Ag(NH_3)]^+(aq) \rightleftharpoons Ag^+(aq) + NH_3(aq) \quad K^\ominus_{d_2}$$

总解离反应

$$[Ag(NH_3)_2]^+(aq) \rightleftharpoons Ag^+(aq) + 2NH_3(aq) \quad K^\ominus_d$$

$K^\ominus_{d_1}$，$K^\ominus_{d_2}$为$[Ag(NH_3)_2]^+$的分步解离常数，$K^\ominus_d$为$[Ag(NH_3)_2]^+$的总解离常数，又称配合物的不稳定常数(unstability constant)，表明配离子在水溶液中的解离性。

$$K^\ominus_d = K^\ominus_{d_1}K^\ominus_{d_2} = \frac{c(Ag^+)[c(NH_3)]^2}{c([Ag(NH_3)_2]^+)}$$

$K^\ominus_d$ 越大，配合物越易解离，越不稳定。

配合物的生成反应是配合物解离反应的逆反应。

$$Ag^+(aq) + NH_3(aq) \rightleftharpoons [Ag(NH_3)]^+(aq) \quad K^\ominus_{f_1}$$

$$[Ag(NH_3)]^+(aq) + NH_3(aq) \rightleftharpoons [Ag(NH_3)_2]^+(aq) \quad K^\ominus_{f_2}$$

$$Ag^+(aq) + 2NH_3(aq) \rightleftharpoons [Ag(NH_3)_2]^+(aq) \quad K^\ominus_f$$

$K^\ominus_f$ 是 $[Ag(NH_3)_2]^+$的总生成常数，又称配合物的稳定常数(stability constant)或累积稳定常数，$K^\ominus_f = \frac{1}{K^\ominus_d}$。

【例 8-1】 室温下，将 0.010mol 的 $AgNO_3$ 固体溶于 1.0L 0.030mol·L^{-1}的氨水中(设体积仍为 1.0L)，计算该溶液中游离的 Ag^+、NH_3 和配离子$[Ag(NH_3)_2]^+$的浓度。

解　$K^\ominus_f([Ag(NH_3)_2]^+)$很大，且 $c(NH_3)$大。预计生成$[Ag(NH_3)_2]^+$的反应完全，生成了 0.010mol·L^{-1}$[Ag(NH_3)_2]^+$，$c([Ag(NH_3)]^+)$很小，可忽略不计。

	$Ag^+(aq)$ +	$2NH_3(aq)$ ⇌	$[Ag(NH_3)_2]^+(aq)$
初始浓度/(mol·L^{-1})	0	0.030−0.010×2 =0.010	0.010
变化浓度/(mol·L^{-1})	x	$2x$	$-x$
平衡浓度/(mol·L^{-1})	x	$0.010+2x$	$0.010-x$

$$K^\ominus_f = \frac{c([Ag(NH_3)_2]^+)}{c(Ag^+)[c(NH_3)]^2} = \frac{0.010-x}{x(0.010+2x)^2} = 1.67\times10^7$$

因为 $K_f^\ominus$ 很大，$0.010-x\approx0.010$，$0.010+2x\approx0.010$，代入上式，求得 $x=6.2\times10^{-6}$，即 $c(Ag^+)=6.2\times10^{-6}mol\cdot L^{-1}$，$c(NH_3)=c([Ag(NH_3)_2]^+)=0.010mol\cdot L^{-1}$。

8.2.2　配位平衡的移动

外界条件发生变化时，配位平衡发生移动，在新的条件下建立新的平衡。当系统发生酸碱反应、沉淀反应或氧化还原反应，配位平衡都会发生移动。体系是涉及配位平衡和其他平衡的多重平衡。例如，在含 Fe^{3+} 的水溶液中，加入 KSCN 溶液呈红色，实际上发生的是 SCN^- 取代 H_2O 的反应

$$[Fe(H_2O)_6]^{3+}+6SCN^-(aq)\Longrightarrow[Fe(SCN)_6]^{3-}(aq)+6H_2O$$

在血红色的 $[Fe(NCS)]^{2+}$ 中加入 NaF 溶液则变为无色，取代反应为

$$[Fe(NCS)]^{2+}(aq)+F^-(aq)\Longrightarrow[FeF]^{2+}(aq)+NCS^-(aq)$$

$$K^\ominus=\frac{K_f^\ominus([FeF]^{2+})}{K_f^\ominus([Fe(NCS)]^{2+})}=\frac{7.1\times10^6}{9.1\times10^2}=7.8\times10^3$$

生成的配合物的平衡常数越大，取代所用的配合剂的浓度越大，取代反应越完全。有时，配体取代反应发生时，伴随着溶液的 pH 的改变。

【例 8-2】 将 $0.020mol\cdot L^{-1}$ $ScCl_3$ 溶液与等体积的 $0.020mol\cdot L^{-1}$ EDTA（Na_2H_2Y）混合，反应生成 $[ScY]^-$。计算混合液的 pH。

解 已知 $K_{a_3}^\ominus(H_4Y)=K_a^\ominus(H_2Y^{2-})=10^{-6.16}$，$K_{a_4}^\ominus(H_4Y)=K_a^\ominus(HY^{3-})=10^{-10.23}$，$K_f^\ominus([ScY])=10^{23.10}$。

等体积混合后，物质浓度减半。

$$[Sc(H_2O)_6]^{3+}(aq)+H_2Y^{2-}(aq)\Longrightarrow[ScY]^-(aq)+2H_3O^+(aq)+4H_2O(l)$$

初始浓度/(mol·L⁻¹)　　0.010　　　　　0.010　　　　　0　　　　　　0

平衡浓度/(mol·L⁻¹)　　x　　　　　　x　　　　　　$0.010-x$　　　$2(0.010-x)$

$$K^\ominus=\frac{c([ScY]^-)c(H_3O^+)^2}{c([Sc(H_2O)_6]^{3+})c(H_2Y^{2-})}$$

$$=K_f^\ominus([ScY])\cdot K_a^\ominus(H_2Y^{2-})\cdot K_a^\ominus(HY^{3-})=10^{23.10}\times10^{-6.16}\times10^{-10.23}=5.1\times10^6$$

所以 $\dfrac{4(0.010-x)^3}{x^2}=5.1\times10^6$，$K^\ominus$ 很大，估计 $0.010-x\approx0.010$，解得 $x=8.9\times10^{-7}$，$c(H_3O^+)=0.020mol\cdot L^{-1}$，则 pH=1.70。

8.2.3　EDTA 及其分析特性

乙二胺四乙酸简称 EDTA，用 H_4Y 表示，如果溶液酸度较高，H_4Y 溶于水，可接受 2 个 H^+，形成 H_6Y^{2+}，因此 EDTA 实际上相当于六元酸，有六级解离平衡。

$$\begin{array}{c}HOOC-CH_2\\[-2pt]\\-OOC-CH_2\end{array}\!\!\Big\rangle\overset{+}{HN}-CH_2-CH_2-\overset{+}{NH}\Big\langle\!\!\begin{array}{c}CH_2-COO^-\\[-2pt]\\CH_2-COOH\end{array}$$

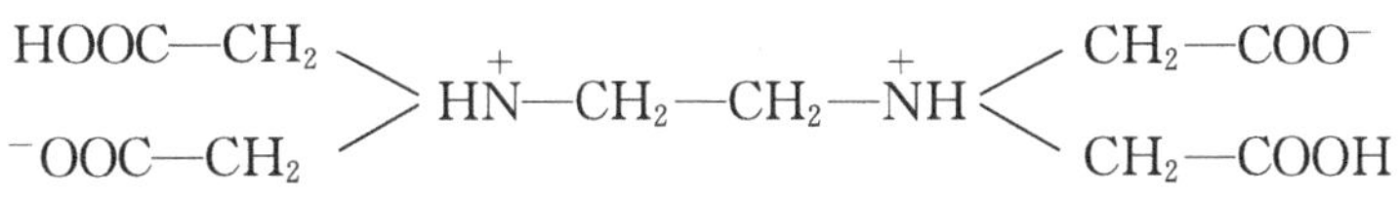

1. EDTA 的性质

1）具有双偶极离子结构

在溶液中 EDTA 具有双偶极离子结构。其中两个可解离的氢是强酸性的，另外两个氢在氮原子上，释出较困难。

2）溶解度较小

EDTA 的水溶性较差，常将其制成二钠盐，以 $Na_2H_2Y \cdot 2H_2O$ 表示。

3）相当于质子化的六元酸

当 H_4Y 溶解于酸性很强的溶液时，它的两个羧基可再接受 H^+ 而形成 H_6Y^{2+}，这样质子化的 EDTA 就相当于六元酸，有六级解离平衡。在 EDTA 与金属离子形成的配合物中，以 Y^{4-} 与金属离子形成的配合物最为稳定。因此，溶液的酸度便成为影响“金属-EDTA”配合物稳定性的一个重要因素。

2. EDTA 的螯合物

EDTA 与金属离子形成的配合物具有如下特点：

(1) 普遍性。因为 EDTA 分子中含有六个配位原子，几乎能与所有的金属离子形成螯合物。

(2) 组成恒定。绝大部分金属离子与 EDTA 以 1∶1(除少数高价金属外)配位。

(3) 配合物易溶于水。EDTA 与金属离子形成的配合物大多带电荷，因此能够溶于水。

(4) 配合物的颜色。EDTA 与无色金属离子配位时，则形成无色的螯合物，与有色金属离子配位时，一般则形成颜色更深的螯合物。例如

N∶Y^{2-}	CuY^{2-}	CoY^{2-}	MnY^{2-}	CrY^-	FeY^-
蓝色	深蓝	紫红	紫红	深紫	黄

在滴定这些金属离子时，若其浓度过大，则螯合物的颜色很深，这对使用指示剂确定终点将带来一定的困难。

8.2.4 配位反应的副反应系数和条件稳定常数

在滴定过程中，一般将 EDTA(Y)与被测金属离子 M 的反应称为主反应，而溶液中存在的其他反应都称为副反应(side reaction)。例如

主反应

副反应

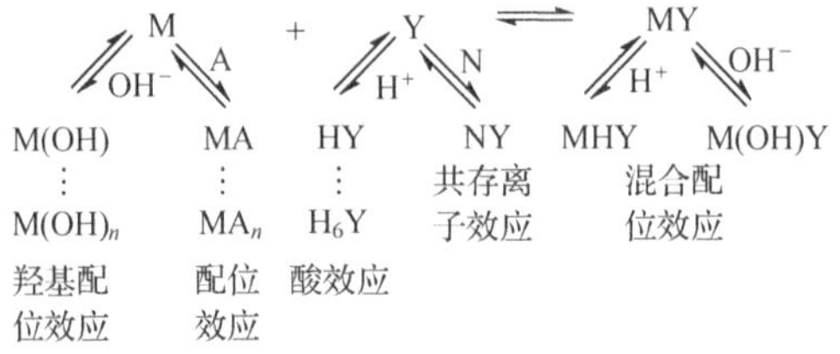

式中，A 为辅助配位剂；N 为共存离子。

8.3 金属指示剂

配位滴定确定终点的方法有电位法、光度法和指示剂法，指示剂法是常用的方法。

8.3.1 金属指示剂的作用原理

金属指示剂是一种有机染料，也是一种配位剂，能与某些金属离子反应，生成与其本身颜色显著不同的配合物以指示终点。

滴定前加入金属指示剂(用 In 表示金属指示剂的配位基团)，则 In 与待测金属离子 M 的反应式表示为(省略电荷)

$$\underset{\text{金属离子}}{M} + \underset{\text{甲色}}{In} \rightleftharpoons \underset{\text{乙色}}{MIn}$$

这时溶液呈 MIn(乙色)的颜色。当滴入 EDTA 溶液后，Y 先与游离的 M 结合。至化学计量点附近，Y 夺取 MIn 中的 M。

$$MIn + Y \rightleftharpoons MY + In$$

使指示剂 In 游离出来，溶液由乙色变为甲色，指示滴定终点到达。

例如，铬黑 T 在 pH=10 的水溶液中呈蓝色，与 Mg^{2+} 的配合物的颜色为酒红色。若在 pH=10 时用 EDTA 滴定 Mg^{2+}，滴定开始前加入指示剂铬黑 T，则铬黑 T 与溶液中部分的 Mg^{2+} 反应，此时溶液呈 Mg^{2+}-铬黑 T 的红色。随着 EDTA 的加入，EDTA 逐渐与 Mg^{2+} 反应。在化学计量点附近，Mg^{2+} 的浓度降至很低，加入的 EDTA 进而夺取了 Mg^{2+}-铬黑 T 中的 Mg^{2+}，使铬黑 T 游离出来，此时溶液呈现出蓝色，指示滴定终点到达。

8.3.2 常用金属指示剂及选择

配位滴定中使用的金属指示剂种类很多，表 8-1 列举了常用的金属指示剂。

表 8-1　常用的金属指示剂

指示剂	解离常数	滴定元素	颜色变化	配制方法	对指示剂封闭离子
酸性铬蓝 K	$pK_{a_1}^{\ominus}=6.7$ $pK_{a_2}^{\ominus}=10.2$ $pK_{a_3}^{\ominus}=14.6$	Mg(pH 10) Ca(pH 12)	红～蓝	0.1%乙醇溶液	
钙指示剂	$pK_{a_2}^{\ominus}=3.8$ $pK_{a_3}^{\ominus}=9.4$ $pK_{a_4}^{\ominus}=13\sim14$	Ca(pH 12～13)	酒红～蓝	与 NaCl 按 1∶100 的质量比混合	Co^{2+}、Ni^{2+}、Cu^{2+}、Fe^{3+}、Al^{3+}、Ti^{4+}
铬黑 T	$pK_{a_1}^{\ominus}=3.9$ $pK_{a_2}^{\ominus}=6.4$ $pK_{a_3}^{\ominus}=11.5$	Ca(pH 10，加入 EDTA-Mg) Mg(pH 10) Pb(pH 10，加入酒石酸钾) Zn(pH 6.8～10)	红～蓝 红～蓝 红～蓝 红～蓝	与 NaCl 按 1∶100 的质量比混合	Co^{2+}、Ni^{2+}、Cu^{2+}、Fe^{3+}、Al^{3+}、Ti^{4+}

续表

指示剂	解离常数	滴定元素	颜色变化	配制方法	对指示剂封闭离子
紫脲酸胺	$pK^{\ominus}_{a_1}=1.6$ $pK^{\ominus}_{a_2}=8.7$ $pK^{\ominus}_{a_3}=10.3$ $pK^{\ominus}_{a_4}=13.5$ $pK^{\ominus}_{a_5}=14$	Ca(pH>10,φ=25%乙醇) Cu(pH 7～8) Ni(pH 8.5～11.5)	红～紫 黄～紫 黄～紫红	与 NaCl 按 1：100 的质量比混合	
o-PAN	$pK^{\ominus}_{a_1}=2.9$ $pK^{\ominus}_{a_2}=11.2$	Cu(pH 6) Zn(pH 5～7)	红～黄 粉红～黄	1g · L^{-1} 乙醇溶液	
磺基水杨酸	$pK^{\ominus}_{a_1}=2.6$ $pK^{\ominus}_{a_2}=11.7$	Fe(Ⅲ) (pH 1.5～3)	红紫～黄	10～20g · L^{-1} 水溶液	

铬黑 T(EBT)是在弱碱性溶液中滴定 Mg^{2+}、Zn^{2+}、Pb^{2+} 等离子的常用指示剂。但是铬黑 T 水溶液由于聚合反应的缘故仅能保存几天，所以常加入三乙醇胺防止聚合。二甲酚橙 (XO) 为多元酸，是酸性溶液中许多离子配位滴定所使用的极好指示剂。常用于锆、铪、钍、钪、铟、钇、铋、铅、锌、镉、汞的直接滴定法中，但是铝、镍、钴、铜、镓等离子会封闭二甲酚橙，可采用返滴定法。

金属指示剂必须具备以下条件：

(1) 金属指示剂与金属离子形成的配合物的颜色，应与金属指示剂本身的颜色有明显的不同，使终点变色明显。

(2) 金属指示剂与金属离子形成的配合物 MIn 要有适当的稳定性。如果 MIn 稳定性过高($K^{\ominus}_{MIn}$太大)，则在化学计量点附近，Y 不易与 MIn 中的 M 结合，终点推迟，甚至不变色，得不到终点。如果稳定性过低，则未到达化学计量点时 MIn 就会分解，变色不敏锐，影响滴定的准确度。

(3) 金属指示剂与金属离子显色反应的可逆性好，这样才便于滴定。

(4) 金属指示剂应易溶于水，性质稳定，便于使用和保存。

使用金属指示剂应注意以下几个问题：

(1)指示剂的封闭和僵化现象。有的指示剂与某些金属离子生成很稳定的配合物(MIn)，其稳定性超过了相应的金属离子与 EDTA 的配合物(MY)，即 $\lg K^{\ominus}_{MIn}>\lg K^{\ominus}_{MY}$。例如，EBT 与 Al^{3+}、Fe^{3+}、Cu^{2+}、Ni^{2+}、Co^{2+} 等生成的配合物非常稳定，若用 EDTA 滴定这些离子，过量较多的 EDTA 也无法将 EBT 从 MIn 中置换出来。因此滴定这些离子不用 EBT 作指示剂。有些指示剂或金属指示剂配合物在水中的溶解度太小，使得滴定剂与金属-指示剂配合物(MIn)交换缓慢，终点拖长，这种现象称为指示剂僵化。发生这种现象可采用加入有机溶剂或加热来增大其溶解度。

(2) 注意指示剂是否稳定。有些指示剂很不稳定，易被日光、氧化剂、空气所分解，在水溶液中多不稳定，日久会变质。若配成固体混合物则较稳定，保存时间较长。例如，铬黑 T 和钙指示剂，常用固体 NaCl 或 KCl 作稀释剂来配制。

8.4　配位滴定方式及应用

在配位滴定中采用不同的滴定方法，可以扩大配位滴定的应用范围。配位滴定法中常用的滴定方法有以下四种。

1. 直接滴定法及应用

金属离子与 EDTA 的配位反应能满足直接滴定的要求，可以用 EDTA 标准溶液直接滴定待测金属离子。将试样处理成溶液后，调节至所需的酸度，再用 EDTA 直接滴定被测离子。在多数情况下，直接法误差较小，操作简便、快速。在可能的情况下应尽可能采用直接滴定法。表 8-2 列出了部分金属离子常用的 EDTA 直接滴定法示例。

表 8-2　直接滴定法示例

金属离子	pH	指示剂	其他主要滴定条件	终点颜色变化
Ca^{2+}	12～13	钙指示剂		酒红→蓝
Cd^{2+}、Mg^{2+}、Zn^{2+}	9～10	铬黑 T	氨性缓冲液	红→蓝
Cu^{2+}	2.5～10	PAN	加热或加乙醇	红→黄绿
Fe^{3+}	1.5～2.5	磺基水杨酸	加热	红紫→黄
Ni^{2+}	9～10	紫脲酸胺	加热至 50～60℃	黄绿→紫红
Pb^{2+}	9～10	铬黑 T	氨性缓冲溶液，加酒石酸，并加热至 40～70℃	红→蓝

2. 返滴定法及应用

返滴定法是在适当的酸度下，在试液中定量加入过量的 EDTA 标准溶液，加热(或不加热)使待测离子与 EDTA 配位完全，然后调节溶液的 pH，加入指示剂，以适当的金属离子标准溶液作为返滴定剂，滴定过量的 EDTA。该方法适用于被测离子与 EDTA 反应缓慢，或被测离子在滴定的 pH 下会发生水解，没有合适的辅助配位剂，或被测离子对指示剂有封闭作用，没有合适的指示剂。

例如，Al^{3+} 与 EDTA 配位反应速率缓慢，而且对二甲酚橙指示剂有封闭作用；酸度不高时，Al^{3+} 还易发生一系列水解反应，形成多种多核羟基配合物。因此 Al^{3+} 不能直接滴定。

用返滴定法测定 Al^{3+} 时，先在加入一定量过量的 EDTA 标准溶液，调节 pH=3.5，煮沸以加速 Al^{3+} 与 EDTA 的反应(此时溶液的酸度较高，又有过量 EDTA 存在，Al^{3+} 不会形成羟基配合物)。冷却后，调节 pH 至 5～6，以保证 Al^{3+} 与 EDTA 定量配位，然后以二甲酚橙为指示剂(此时 Al^{3+} 已形成 AlY，不再封闭指示剂)，用 Zn^{2+} 标准溶液滴定过量的 EDTA。

返滴定法中用作返滴定剂的金属离子 N 与 EDTA 的配合物 NY 应有足够的稳定性，以保证测定的准确度，但 NY 又不能比待测离子 M 与 EDTA 的配合物 MY 更稳定，否则将发生 $N+MY \rightleftharpoons NY+M$ 反应，使测定结果偏低。

3. 置换滴定法及应用

若 Ag^+ 与 EDTA 配合物不够稳定（$\lg K_{AgY}=7.3$），不能用 EDTA 直接滴定。若在 Ag^+ 试液中加入过量的 $Ni(CN)_4^{2-}$，则会发生如下置换反应

$$2Ag^+ + Ni(CN)_4^{2-} \longrightarrow 2Ag(CN)_2^- + Ni^{2+}$$

此反应的平衡常数 $\lg K_{AgY}=10.9$，反应进行得较完全。在 pH=10 的氨性溶液中，以紫脲酸铵为指示剂，用 EDTA 滴定置换出 Ni^{2+}，即可求得 Ag^+ 含量。

用返滴定法测定可能含有 Cu、Pb、Zn 、Fe 等杂质离子的某复杂试样中的 Al^{3+} 时，实际测得的是这些离子的含量。为了得到准确的 Al^{3+} 量，在返滴定至终点后，加入 NH_4F，F^- 与溶液中的 AlY^- 反应，生成更为稳定的 AlF_6^{3-}，置换出与 Al^{3+} 相当量的 EDTA。

$$AlY^- + 6F^- + 2H^+ = AlF_6^{3-} + H_2Y^{2-}$$

置换出的 EDTA，再用 Zn^{2+} 标准溶液滴定，由此可得 Al^{3+} 的准确含量。

置换滴定法不仅能扩大配位滴定法的应用范围，还可以提高配位滴定法的选择性。

4. 间接滴定法及应用

有些离子和 EDTA 生成的配合物不稳定，如 Na^+ 、K^+ 等，有些离子与 EDTA 不配位，如 SO_4^{2-} 、PO_4^{3-} 、CN^- 、Cl^- 等阴离子。这些离子可采用间接滴定法测定。如测定 CN^- 时，先加过量的 Ni^{2+}，使其形成 $Ni(CN)_4^{2-}$，再用 EDTA 测量过量的 Ni^{2+} 。

阅读材料

配合物在生活中的应用

配合物在生活中应用十分广泛，与无机化学、分析化学、有机化学以及物理化学关系密切，与生物化学、药物化学、环境化学、农业等方面也有十分紧密的联系。

(1) 金属的提取和分离方面的应用。一些重要的湿法冶金过程要利用金属配合物的形成，如镍、铜和钴可用氨水溶液萃取。在核反应中产生的钚，可用噻吩甲酰三氟丙酮的苯溶液萃取。氰化钠的水溶液通常用于从矿石中分离金。一氧化碳可用于镍的纯化。

(2) 配位催化作用。过渡金属化合物能与烯烃、炔烃和一氧化碳等各种不饱和分子配位形成配合物，使这些分子活化，生成新的化合物。例如，烯烃的氢甲醛化反应中，烯烃与氢和一氧化碳按照与钴催化剂形成配合物的机理，最终生成醛，有些金属催化剂可把烯烃转变为多聚体。又如，将氯化钛(Ⅲ)和烷基铝配位后，作为催化剂，可使烯烃定向聚合成高分子化合物。

(3) 化学分析中的应用。配位反应在重量分析、容量分析、分光光度分析中都有广泛应用，主要用作显色剂、指示剂、沉淀剂、滴定剂、萃取剂、掩蔽剂，可以增加分析的灵敏度和减少分离步骤。例如，以氟离子作为掩蔽剂，可与铁(Ⅲ)生成无色而稳定的[FeF_6]，在用碘量法测铜时避免了铁(Ⅲ)离子的干扰；以二乙酰二肟作为沉淀剂，可使镍和钯同时生成螯合物沉淀，镍的沉淀溶于酸，钯的沉淀不溶，即可分离、鉴定镍和钯；以硫氰酸盐作为显色剂，可与铁离子形成血红色的配合物，即可鉴别铁的存在。EDTA(乙二胺四乙酸)能与大多数的金属离子生成稳定性不一的配合物，是滴定分析中一种优良的滴定剂，通过控制溶液的 pH 和加入掩蔽剂、解蔽剂，用 EDTA 可从各种金属离子的混合溶液中分别定量地滴定出它们的含量，省去分离干扰元素的步骤。

(4) 生物化学中的应用。生物体中许多金属元素都以配合物的形式存在。例如,血红素是铁的配合物;叶绿素是镁的配合物;维生素 B_{12}是钴的配合物。

(5) 医学方面的应用。病毒是病原微生物中最小的一种,其核心是核酸,外壳是蛋白质。病毒不能独立自营生活,必须依靠宿主的酶系统才能使其本身繁殖,某些金属配合物具有抗病毒的活性。病毒的核酸和蛋白质均为配体,能与金属配合物相互作用,或占据细胞表面防止病毒吸附,或防止病毒在细胞内再生,从而阻止病毒的繁殖。乙二胺四乙酸二钠盐与汞形成配合物,将人体中有害元素排出体外。顺式二氯·二氨合铂(Ⅱ)已被证明为抗癌药物。

本章小结

了解配合物的组成、结构、命名,掌握配位平衡的移动、配位滴定法;知道常用的配位剂 EDTA、金属指示剂、影响配位滴定的因素,了解配位滴定的方法以及在现实生活中的应用。

习 题

8-1 选择题

(1) 配位数是 ( )

A. 中心离子(或原子)接受配位体的数目

B. 中心离子(或原子)与配位离子所带电荷的代数和

C. 中心离子(或原子)接受配位原子的数目

D. 中心离子(或原子)与配位体所形成的配位键数目

(2) 在配位分子 $CrCl_3 \cdot 4H_2O$ 中,配位数为 ( )

A. 3　B. 4　C. 5　D. 6

(3) 乙二胺四乙酸根$(—OOCCH_2)_2NCH_2CH_2N(CH_2COO—)_2$ 可提供的配位原子数为 ( )

A. 2　B. 4　C. 6　D. 8

(4) 在配位滴定中,金属离子与 EDTA 形成配合物越稳定,在滴定时允许的 pH ( )

A. 越高　B. 越低　C. 中性　D. 不要求

8-2 填空题

配位化合物$[Co(NH_3)_4(H_2O)_2]_2(SO_4)_3$ 的内界是________,配位体是________,________原子是配位原子,配位数为________,配离子的电荷是________,该配位化合物的名称是________。

8-3 简答题

(1) 命名下述配合物,并指出配离子的电荷数和中心离子的氧化数。

$[Co(NH_3)_6]Cl_3$; $K_2[Co(NCS)_4]$; $Na_2[SiF_6]$; $[Co(NH_3)_5Cl]Cl_2$; $K_2[Zn(OH)_4]$; $[Co(N_3)(NH_3)_5]SO_4$; $[Co(ONO)(NH_3)_3(H_2O)_2]Cl_2$

(2) 写出下列配合物的化学式。

①硫酸四氨合铜(Ⅱ);②氯化二氯一水三氨合钴(Ⅲ);③六氯合铂(Ⅳ)酸钾;④二氯·四硫氰合铬(Ⅱ)酸铵

8-4 计算题

用 $0.01060mol \cdot L^{-1}$ EDTA 标准溶液滴定水中钙和镁的含量,取 100.0mL 水样,以铬黑 T 为指示剂,在 pH=10 时滴定,消耗 EDTA 31.30mL。另取一份 100.0mL 水样,加 NaOH 使其呈强碱性,使 Mg^{2+} 成 $Mg(OH)_2$ 沉淀,用钙指示剂指示终点,继续用 EDTA 滴定,消耗 19.20mL。计算:

① 水的总硬度。(以 $CaCO_3$ $mg \cdot L^{-1}$表示)

② 水中钙和镁的含量。(以 $CaCO_3$ $mg \cdot L^{-1}$和 $MgCO_3$ $mg \cdot L^{-1}$表示)

*第9章 氧化还原平衡与氧化还原滴定法

有电子转移的化学反应称为氧化还原反应。氧化还原反应是一类应用广泛又很重要的化学反应，如物质的燃烧、金属的冶炼、电解和电镀等。氧化还原反应对生物体也具有重要的意义，在生命活动过程中，是氧化营养物质而获得能量的。掌握氧化还原反应的规律，不仅对认识物质的性质有指导作用，而且有很大的实用价值。

9.1 氧化还原反应

9.1.1 氧化数

为了描述某一指定元素的原子在化学反应中得失电子的状态或电子偏移的状态，提出了元素氧化数的概念。

1970年，国际纯粹与应用化学联合会（IUPAC）规定：氧化数是指某一元素的一个原子荷电数，这种荷电数由假设把每个化学键中的电子指定给电负性更大的原子而求得。由此可见，氧化数是表征元素原子在化合态时的形式电荷数（或表观电荷数），氧化数又称氧化值。

【例9-1】 求 $S_2O_3^{2-}$ 和 $S_4O_6^{2-}$ 中S的氧化数。

解 对于 $S_2O_3^{2-}$，设S的氧化数为 x，由于氧的氧化数为 -2，根据氧化数的规则得

$$2x+3\times(-2)=-2$$
$$x=+2$$

即 $S_2O_3^{2-}$ 中S原子的氧化数为 $+2$。

对于 $S_4O_6^{2-}$，设S的氧化数为 x，由于氧的氧化数为 -2，根据氧化数的规则得

$$4x+6\times(-2)=-2$$
$$x=+2.5$$

即 $S_4O_6^{2-}$ 中S原子的氧化数为 $+2.5$。

氧化数和化合价都有正负之分，但是化合价只能是整数，而氧化数可以是整数也可以是分数。

9.1.2 氧化还原反应的基本概念

元素氧化数增加的过程即失去电子的过程称为氧化反应，氧化数降低的过程即得到电子的过程称为还原反应。在氧化还原反应中，氧化和还原反应是同时发生的。

1. 氧化剂和还原剂

氧化数降低的物质（分子、原子或离子）称为氧化剂（oxidizing agent）；氧化数升高的

物质(分子、原子或离子)称为还原剂(reducing agent)。例如

$$2KMnO_4 + 5H_2O_2 + 3H_2SO_4 = 2MnSO_4 + K_2SO_4 + 5O_2\uparrow + 8H_2O$$

其中 $KMnO_4$ 是氧化剂,Mn 的氧化数从+7 降到+2,它本身被还原,使得 H_2O_2 被氧化;H_2O_2 是还原剂,O 的氧化数从−1 升高到 0,它本身被氧化,使得 $KMnO_4$ 被还原;像 H_2SO_4 这种虽然也参与了反应,但是氧化数没有变化的物质称为介质。

有些反应中某一个物质既是氧化剂又是还原剂,这类反应称为自身氧化还原反应,又称歧化反应(disproportionating reaction)。例如

$$2KClO_3 = 2KCl + 3O_2\uparrow$$

歧化反应的逆反应称为反歧化反应,是同一元素不同氧化数的两种物质反应生成具有中间氧化数的产物。例如

$$Fe + 2Fe^{3+} = 3Fe^{2+}$$

2. 氧化还原电对及半反应

一个氧化剂与它相对应的还原产物组成氧化还原电对。每个氧化还原反应是由两个或两个以上不同的氧化还原电对共同作用完成的。例如

$$Zn + Cu^{2+} = Zn^{2+} + Cu$$

在该氧化还原反应中, Zn^{2+}/Zn 和 Cu^{2+}/Cu 分别组成氧化还原电对。氧化还原电对中氧化数高的物质称为氧化态,如 Zn^{2+}、Cu^{2+};将氧化还原反应中氧化数低的物质称为还原态,如 Zn、Cu。书写电对时,氧化态在左侧,还原态在右侧,中间用“/”隔开。每个电对中,氧化态(O)与还原态(R)之间存在共轭关系

$$O + ne^- \rightleftharpoons R$$

例如

$$Cu^{2+} + 2e^- \rightleftharpoons Cu$$
$$Zn^{2+} + 2e^- \rightleftharpoons Zn$$

电对物质的共轭关系式称为氧化还原半反应。每一个电对都对应一个氧化还原半反应,如电对 $Cr_2O_7^{2-}/Cr^{3+}$

$$Cr_2O_7^{2-} + 14H^+ + 6e^- = 2Cr^{3+} + 7H_2O$$

氧化态的氧化能力越强,对应还原态的还原能力越弱;氧化态的氧化能力越弱,对应的还原态的还原能力越强。例如,Sn^{4+}/Sn^{2+} 电对中,Sn^{2+} 是强还原剂,Sn^{4+} 则是弱氧化剂。

氧化还原反应中,氧化剂和还原剂是互相矛盾的双方。通过反应,氧化剂和还原剂朝着与其相反的方向转化。例如

$$Sn^{2+}(\text{还原态}) + 2Fe^{3+}(\text{氧化态}) \rightleftharpoons Sn^{4+}(\text{氧化态}) + 2Fe^{2+}(\text{还原态})$$

氧化还原反应可以看作由一个表示氧化的半反应和一个表示还原的半反应组成。例如，把锌投入稀 H_2SO_4 溶液中，发生反应

$$Zn + 2H^+ = Zn^{2+} + H_2 \uparrow$$

该反应的两个半反应分别为

$$Zn = Zn^{2+} + 2e^-$$

$$2H^+ + 2e^- = H_2 \uparrow$$

这样的半反应方程式也称离子-电子方程式。离子-电子方程式也必须和其他化学反应方程式一样反映实际的化学变化过程，要遵循质量守恒和电荷守恒。任何半反应不能单独存在，氧化还原反应发生时，氧化半反应和还原半反应同时进行。

从氧化还原反应的两个半反应可以看出，每一个半反应都是由同种元素不同氧化数的两种形态组成。半反应的通式可表示为

$$\text{氧化态} + ne^- = \text{还原态}$$

式中，n 表示半反应中电子转移的个数。

9.1.3 氧化还原反应方程式的配平

配平氧化还原反应方程式的方法主要有两种：氧化数法和离子-电子法。应用时都必须遵循下列配平原则：

(1) 确定反应前后氧化剂与还原剂及其存在形式。

(2) 根据质量守恒定律，反应前后各元素的原子数必须相等。

(3) 氧化剂得到的电子总数必须等于还原剂失去的电子总数。

(4) 确定反应进行的条件，如溶液的酸碱性、温度和浓度等条件。

1. 氧化数法

氧化数法是根据氧化还原反应中氧化剂氧化数降低总数，和还原剂氧化数升高总数相等的原则，配平反应方程式。一般步骤如下：

(1) 找出方程式中氧化数有变化的元素，根据氧化数的改变，确定氧化剂和还原剂，并指出氧化剂和还原剂氧化数的变化值。

$$KMnO_4 + H_2S + H_2SO_4 \longrightarrow MnSO_4 + S + K_2SO_4 + H_2O$$

(2) 按照最小公倍数的原则对各氧化数的变化值乘以相应的系数，使氧化数降低值和升高值相等。$KMnO_4$ 和 $MnSO_4$ 的系数为 2，H_2S 和 S 的系数为 5。

$$KMnO_4 + 5H_2S + H_2SO_4 \longrightarrow 2MnSO_4 + 5S + K_2SO_4 + H_2O$$

(3) 平衡方程式两边氧化数没有变化的除氧、氢之外的其他元素的原子数目。如方程式中的 SO_4^{2-}，产物中有 3 个 SO_4^{2-}，则反应物中必须有 3 个 H_2SO_4。

(4) 检查方程式两边的氢(氧)原子数目，平衡氢(或氧)。并将方程式中的"$\longrightarrow$"变为"$=$"。

$$2KMnO_4 + 5H_2S + 3H_2SO_4 \xlongequal{} 2MnSO_4 + 5S + K_2SO_4 + 8H_2O$$

2. 离子-电子法

任何一个氧化还原反应至少由两个半反应组成，先将两个半反应分别配平，再合并为总反应，这种方法称为离子-电子配平法。电对的半反应式可根据实际反应写出或从标准电极电位表中查出，再按照氧化剂得到的电子总数和还原剂失去的电子总数必须相等的原则及质量守恒定律，使反应式两边各物质的电荷数及原子总数平衡。

【例 9-2】 配平下列离子反应方程式：

$$Fe^{2+} + Cl_2 \longrightarrow Fe^{3+} + Cl^-$$

解　第一步　$Fe^{2+} \longrightarrow Fe^{3+}$　　$Cl_2 \longrightarrow 2Cl^-$

第二步　$Fe^{2+} \xlongequal{} Fe^{3+} + e^-$（氧化半反应）　$Cl_2 + 2e^- \xlongequal{} 2Cl^-$（还原半反应）

第三步　$2\times(Fe^{2+} \xlongequal{} Fe^{3+} + e^-)$

$+\ 1\times(Cl_2 + 2e^- \xlongequal{} 2Cl^-)$

整理得　$2Fe^{2+} + Cl_2 \xlongequal{} 2Fe^{3+} + 2Cl^-$

配平半反应式时，如果氧化剂或还原剂与其产物内所含的 O 原子数目不同，则根据介质的酸碱性，分别在半反应式中加 H^+、OH^- 和 H_2O，并利用水的解离平衡使两边的 H、O 原子数相等。

用离子-电子法配平时不需要元素的氧化数，可直接写出离子反应方程式，能清楚地反映出溶液中氧化还原反应的实质。

9.2　原电池和电极电位

氧化剂的氧化能力和还原剂的还原能力的大小，可用电极电位来衡量。

9.2.1　原电池

1. 原电池的组成

原电池是利用自发氧化还原反应产生电流的装置，使化学能转化为电能。

氧化还原反应由氧化和还原两个半反应组成，将两个半反应分开，用导线将其连接在一起，则还原剂发生氧化反应后产生的电子通过导线传递到氧化剂，由此产生电流，将化学能转化成电能。

例如，铜锌置换反应如果按图 9-1 装置，左边盛 $ZnSO_4$ 溶液的烧杯中插入锌片，右边盛 $CuSO_4$ 溶液的烧杯中插入铜片，两溶液用盐桥连接（用饱和 KCl 和琼脂的 U 形管）。当用导线把铜电极和锌电极连接起来时，检流计指针就会发生偏转，说明导线中有电流通过。在铜片上有金属铜沉积，锌片被溶解。这种借助氧化还原反应产生电流的装置称为原电池。

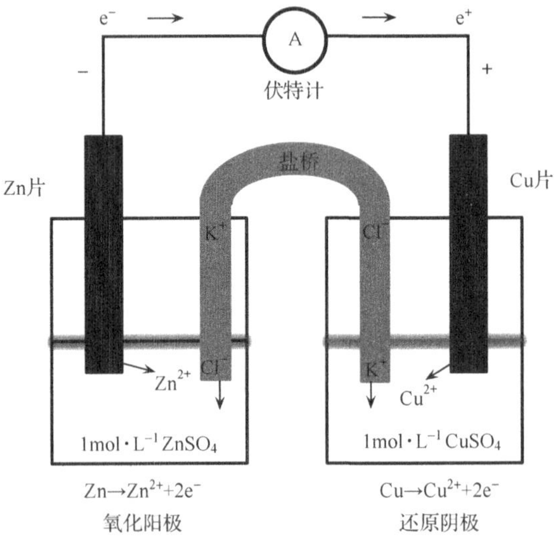

图 9-1 铜锌原电池示意图

原电池中，氧化还原反应产生的化学能转化为电能，该反应称为电池反应。相应的半反应称为半电池反应，实现每个半电池反应的装置称为半电池，也称电极。氧化还原反应中的半反应就是电池反应中的电极反应。

失去电子的电极称为负极，得到电子的电极称为正极。在原电池中，负极发生氧化反应；正极发生还原反应。电流的方向从正极流向负极，电子的流动方向从负极到正极。上述铜锌原电池由锌半电池和铜半电池构成，在两电极上发生的反应分别为

负极(锌电极) $Zn = Zn^{2+} + 2e^-$(氧化反应)

正极(铜电极) $Cu^{2+} + 2e^- = Cu$(还原反应)

总反应 $Zn + Cu^{2+} = Zn^{2+} + Cu$

总反应也称电池反应，正极和负极反应称为电极反应或者半电池反应。

2. 原电池的表示方法

为表示一个原电池，对原电池和各部分采用特定的符号表示。

(1) 将原电池的负极写在左边，正极写在右边，并分别以符号(−)和(+)表示。

(2) 原电池中相邻的不同相之间用"|"隔开，表示其相界面；不同的相界面用"，"表示；连接两个电极的盐桥用符号"‖"表示。

(3) 用化学式表示电池物质的组成，并要注明物质的状态，而气体要注明其分压，溶液要注明其浓度。如不注明，一般指 100kPa 或 $1mol \cdot L^{-1}$。

(4) 对于某些电极的电对自身不是金属导电体时，则需外加一个能导电而又不参与电极反应的惰性电极，通常用铂和石墨作惰性电极，如 $Pt|Sn^{4+}(c_1), Sn^{2+}(c_2)$。

【例 9-3】 写出下列电池的电池符号。

(1) $Fe + 2H^+(1.0mol \cdot L^{-1}) = Fe^{2+}(0.1mol \cdot L^{-1}) + H_2(100kPa)$

(2) MnO_4^- (0.1mol · L^{-1}) + $5Fe^{2+}$ (0.1mol · L^{-1}) + $8H^+$ (1.0mol · L^{-1}) ══ Mn^{2+} (0.1mol · L^{-1}) + $5Fe^{3+}$ (0.1mol · L^{-1}) + $4H_2O$

解 (1) 氧化反应(负极) $Fe \longrightarrow Fe^{2+} + 2e^-$

还原反应(正极) $2H^+ + 2e^- \longrightarrow H_2$

电池符号

(−)Fe(s) | Fe^{2+}(0.1mol · L^{-1}) ‖ H^+(1.0mol · L^{-1}) | H_2(100kPa),Pt(+)

(2) 氧化反应(负极) $5Fe^{2+} \longrightarrow 5Fe^{3+} + 5e^-$

还原反应(正极) $MnO_4^- + 5e^- + 8H^+ \longrightarrow Mn^{2+} + 4H_2O$

电池符号

(−)Pt|Fe^{2+}(0.1mol · L^{-1}),Fe^{3+}(0.1mol · L^{-1}) ‖ MnO_4^-(0.1mol · L^{-1}),Mn^{2+}(0.1mol · L^{-1}),H^+(1.0mol · L^{-1}) | Pt(+)

3. 电极的类型

电极是电池的基本组成部分,众多的氧化还原反应对应各种电极,根据电极的组成不同,常见的电极大致可以分为以下几类。

1) 金属-金属离子电极

金属-金属离子电极由金属及该金属离子的溶液组成的电极,如 Zn^{2+}/Zn 电对和 Cu^{2+}/Cu 电对组成的电极,分别由金属锌与 Zn^{2+} 溶液和金属铜与 Cu^{2+} 溶液组成。

2) 气体-离子电极

气体-离子电极是指将指定气体通入含有相关离子的溶液中构成的电极,如氢电极。这一类电极需要外加惰性的导电材料,一般采用的是金属铂。例如,氢电极

电极反应为

$$2H^+ + 2e^- \rightleftharpoons H_2$$

电池符号为

$$Pt \mid H_2(p) \mid H^+(c)$$

3) 金属-金属难溶盐-难溶盐阴离子电极

这类电极是将金属表面涂上该金属的难溶盐或者氧化物,然后浸入与难溶盐有相同阴离子的溶液中构成,如甘汞电极、氯化银电极。

电极反应为

$$Hg_2Cl_2 + 2e^- \rightleftharpoons 2Hg + 2Cl^-$$

电池符号为

$$Hg(l) \mid Hg_2Cl_2(s) \mid Cl^-(c)$$

电极反应为

$$AgCl + e^- \rightleftharpoons Ag + Cl^-$$

电池符号为

$$Ag(s) \mid AgCl(s) \mid Cl^-(c)$$

4）氧化还原电极

氧化还原电极是将惰性电极材料插入含有同一元素的两个不同氧化态离子的溶液中构成的电极，如 Fe^{3+}/Fe^{2+} 电对

电极反应为

$$Fe^{3+} + e^{-} \xlongequal{} Fe^{2+}$$

电池符号为

$$Pt \mid Fe^{3+}(c_1), Fe^{2+}(c_2)$$

9.2.2 电极电位、标准电极电位

在 Cu-Zn 原电池中，每个电极都有一定的电极电位，两极之间存在电位差，即构成原电池的两个电极的电位是不相等的。

1. 电极电位的产生

1889 年，德国化学家能斯特（Nernst）提出了双电层理论，说明金属和其盐溶液之间的电位差，以及原电池产生电流的机理。能斯特认为，金属晶体是由金属原子、金属离子和自由电子组成，当金属浸入其盐溶液中时，出现两种倾向：一种是金属表面原子因热运动和受极性水分子的作用以离子的形式进入溶液，即金属的溶解倾向；另一种是溶液中的金属离子因受金属表面电子的吸引沉积在金属表面，即金属的沉积倾向。当金属在溶液中沉积和溶剂的速率相等时，达到溶解和沉积的动态平衡

$$Mn(s) \rightleftharpoons Mn^{+}(aq) + ne^{-}$$

金属越活泼，溶液中金属离子的浓度越小，金属的溶解趋势大于其离子的沉积趋势，达到溶解和沉积平衡时金属表面带负电荷，靠近其附近的溶液带正电荷，正负电荷相互吸引，在金属与其盐溶液的界面建立带负电荷的电子和带正电荷的金属离子构成的双电层，如图 9-2(a)所示；相反，金属越不活泼，溶液中离子的浓度越大，金属的溶解趋势小于其离子的沉积趋势，达到溶解和沉积平衡时金属表面带正电荷，靠近其附近溶液带负电荷，也构成双电层，如图 9-2(b)所示。由于双电层的形成，金属与其盐溶液之间就产生了电位差，这种电位差称为该电极的电极电位，用符号 $\varphi(M^{n+}/M)$表示，单位为 V。

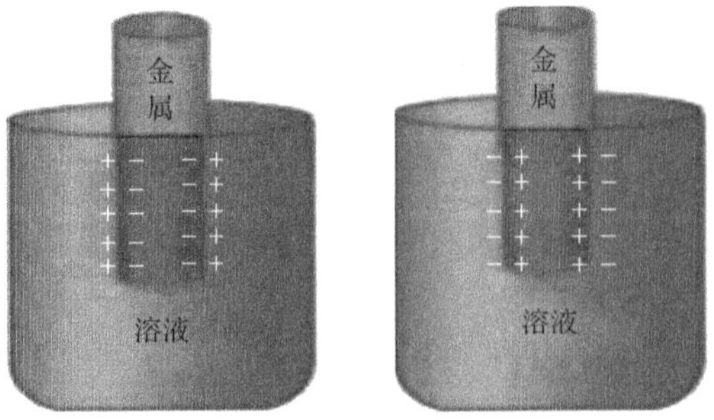

(a) (b)

图 9-2 金属电极的电极电位

电极电位是描述电极特征的物理量，它的大小与金属的性质、溶液的浓度和温度等因素有关。电极电位的高低，代表物质在水溶液中得失电子的能力。电极电位越高，电对中氧化型物质越易得电子，即氧化能力越强；电极电位越低，电对中还原型物质越易失去电子，即还原能力越强。可以利用电极电位的高低来判断物质在水溶液中的氧化还原能力。

2. 标准电极电位

单个电极的电极电位的绝对值无法直接测定。处理方法是选用标准电极作为标准，并规定其电极电位为零。将标准电极与其他电极组成原电池，准确测定电动势，就可求得其他电极的相对电极电位。

1) 标准氢电极

标准氢电极的组成和结构如图 9-3 所示。将镀有铂黑的铂片置于 H^+ 浓度为 $1mol \cdot L^{-1}$ 的硫酸溶液中，在一定温度下不断通入压力为 100kPa 的纯氢气，使铂黑吸附氢气达到饱和，形成氢电极。铂片在标准氢电极中作为电子的导体和氢气的载体，并未参加反应。在电极周围发生反应

$$H_2 \rightleftharpoons 2H^+ + 2e^-$$

电极可表示为 $Pt | H_2(100kPa) | H^+(1mol \cdot L^{-1})$，这时产生在标准氢电极与硫酸溶液之间的电位，称为标准氢电极的电极电位。规定该电位为零，任何温度下标准氢电极的电极电位都为零。

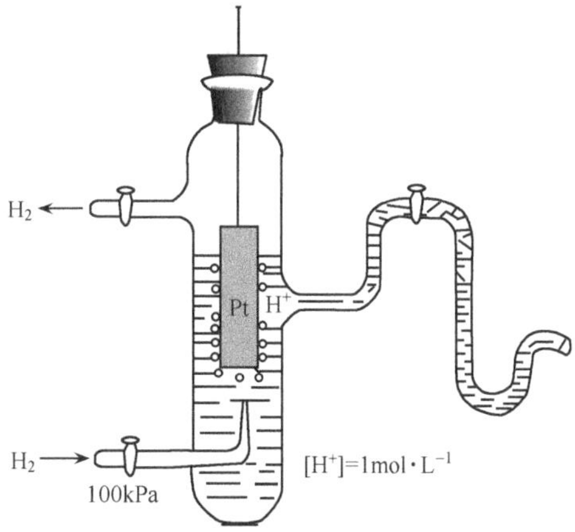

图 9-3　标准氢电极

虽然标准氢电极用于测定其他电极的电极电位值相对比较标准，但是标准氢电极要求氢气的纯度很高，压力稳定，另外铂容易吸附其他组分而中毒，失去活性。实验室中常用易于制备、使用方便而且电极电位稳定的甘汞电极作为电极电位的对比参考，称为参比电极。

2) 甘汞电极

甘汞电极是金属汞和甘汞(Hg_2Cl_2)及 KCl 溶液组成的电极，其构造如图 9-4 所示。内玻璃管中封接一根铂丝，铂丝插入纯汞中(厚度为 0.5～1cm)，下置一层甘汞和汞的糊状物，外玻璃管中装入 KCl 溶液，即构成了甘汞电极。电极下端与待测溶液接触部分是熔结陶瓷芯或玻璃砂芯等多孔物质或者是毛细管通道。甘汞电极可以表示为

$$Hg(l) | Hg_2Cl_2(s) | KCl(aq)$$

电极反应为

$$Hg_2Cl_2(s) + 2e^- \rightleftharpoons 2Hg(l) + 2Cl^-(aq)$$

一定温度下，不同浓度 KCl 溶液的甘汞电极具有不同的电极电位值，见表 9-1。

表 9-1　甘汞电极的电极电位(25℃)

KCl 浓度	饱和	$1mol \cdot L^{-1}$	$0.1mol \cdot L^{-1}$
电极电位 $E^\ominus$/V	0.2412	0.2801	0.3337

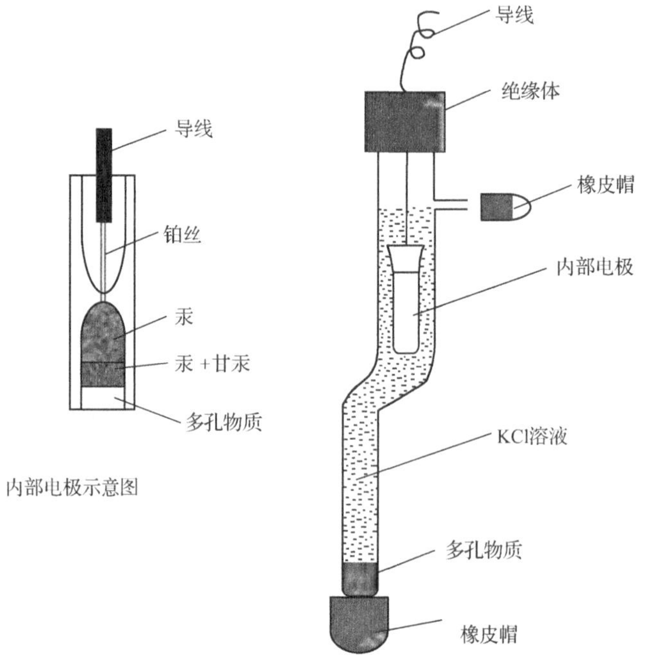

图 9-4　甘汞电极的结构示意图

3) 标准电极电位的测定

如果参加电极反应的物质均处在标准态，即组成电极的固体或液体物质均为 100kPa 条件下最稳定或最常见的纯净物，溶液中所有物质的活度均为 1，所有气体的分压均为 100kPa，此时电极称为标准电极，对应的电极电位称为标准电极电位，用 $\varphi^{\ominus}$（氧化型/还原型）表示，单位为 V。如果原电池两个电极均为标准电极，该电池称为标准电池，对应的电极电位称为标准电池电动势，用 $E^{\ominus}$ 表示：$E^{\ominus}=\varphi_{+}^{\ominus}-\varphi_{-}^{\ominus}$。

9.2.3　能斯特方程

标准电极电位是在标准状态下测定的，通常参考温度为 298.15K。如果条件（如温度、浓度及压力等）改变，则电对的电极电位也将随之发生改变。

德国化学家能斯特将影响电极电位大小的因素，如电极物质的本性、溶液中物质的浓度、分压、介质和温度等，概括为一个公式，称为能斯特方程。对于任意给定的电极，电极反应通式为

$$a\,\text{氧化型}+ne^{-}\rightleftharpoons b\,\text{还原型}$$

能斯特方程为

$$E(\mathrm{Ox/Red})=E^{\ominus}(\mathrm{Ox/Red})+\frac{RT}{nF}\ln\frac{[\text{氧化型}]^{a}}{[\text{还原型}]^{b}}$$

式中，E 为电极在任意状态时的电极电位；$E^{\ominus}$ 为电极的标准电极电位；R 为摩尔气体常量；n 为电极反应中转移电子的物质的量；F 为法拉第常量；T 为热力学温度；[氧化型]和

[还原型]分别表示电极反应中，在氧化型一侧（反应式左边）各物质相对浓度的乘积，和在还原型一侧（反应式右边）各物质相对浓度的乘积，各物质相对浓度的指数应等于电极反应式中相应各物质的化学计量数。

当电极电位的单位为 V，浓度的单位为 $mol \cdot L^{-1}$，压力单位为 Pa 时，则 $R=8.314$ $J \cdot mol^{-1} \cdot K^{-1}$。在 298.15K 时，将上式中的自然对数用常用对数表示，得

$$E(Ox/Red) = E^{\ominus}(Ox/Red) + \frac{0.059}{n}\lg\frac{[氧化型]^a}{[还原型]^b} \tag{9-1}$$

当[氧化态]=[还原态]时

$$\lg\frac{[氧化型]}{[还原型]} = 0 \qquad E(Ox/Red) = E^{\ominus}(Ox/Red)$$

标准电极电位就是氧化态和还原态的浓度相等时相对于标准氢电极的电位。

应用能斯特方程时必须注意以下几点：

(1) 如果电对中某一物质是纯固体、纯液体或稀溶液中的 H_2O，其相对浓度为常数，可以视为 1，不写入能斯特方程中。例如

$$Cu^{2+} + 2e^- \longrightarrow Cu$$

$$E(Cu^{2+}/Cu) = E^{\ominus}(Cu^{2+}/Cu) + \frac{0.059}{2}\lg[Cu^{2+}]$$

(2) 如果电对中某一物质是气体，其浓度用相对分压来代替。例如

$$2H^+ + 2e^- \longrightarrow H_2(g)$$

$$E(H^+/H_2) = E^{\ominus}(H^+/H_2) + \frac{0.059}{2}\lg\frac{[H^+]^2}{p_{H_2}/p^{\ominus}}$$

(3) 如果在电极反应中，除氧化态、还原态物之外，还有 H^+ 或 OH^- 参加电极反应，则这些物质的浓度及其在反应式中的化学计量数也应根据电极反应式写在能斯特方程中。例如

$$MnO_4^- + 8H^+ + 5e^- \longrightarrow Mn^{2+} + 4H_2O$$

$$E(MnO_4^-/Mn^{2+}) = E^{\ominus}(MnO_4^-/Mn^{2+}) + \frac{0.059}{5}\lg\frac{[MnO_4^-][H^+]^8}{[Mn^{2+}]}$$

(4) 在电对中，[氧化态]或[还原态]的方次应等于该物质在电极反应式中的化学计量数。例如

$$Br_2(l) + 2e^- \longrightarrow 2Br^-$$

$$E(Br_2/Br^-) = E^{\ominus}(Br_2/Br^-) + \frac{0.059}{2}\lg\frac{1}{[Br^-]^2}$$

【例 9-4】 计算 298.15K、$c(Cu^{2+})=0.001mol \cdot L^{-1}$时的 $E(Cu^{2+}/Cu)$值。

解 从附录中查得 $E^{\ominus}(Cu^{2+}/Cu)=0.34V$。

电极反应为

$$Cu^{2+}(aq) + 2e^- \rightleftharpoons Cu(s)$$

$$E(Cu^{2+}/Cu)=E^{\ominus}(Cu^{2+}/Cu)+\frac{0.059}{2}\lg[c(Cu^{2+})]$$

$$=0.34+\frac{0.059}{2}\lg 0.001=0.251(V)$$

当 $c(Cu^{2+})$ 为标准浓度的千分之一时，$E(Cu^{2+}/Cu)$ 比 $E^{\ominus}(Cu^{2+}/Cu)$ 的值小不到 0.1V，说明电极反应中组分离子浓度的变化对电极电位影响不大。

根据标准电极电位的定义，$c(OH^-)=1.0mol \cdot L^{-1}$ 时，$E(Fe^{3+}/Fe^{2+})$ 就是电极反应 $Fe(OH)_3+e^- \rightleftharpoons Fe(OH)_2+OH^-$ 的标准电极电位 $E^{\ominus}[Fe(OH)_3/Fe(OH)_2]$。

$$E^{\ominus}[Fe(OH)_3/Fe(OH)_2]=E^{\ominus}(Fe^{3+}/Fe^{2+})+0.059\lg\frac{K_{sp}^{\ominus}[Fe(OH)_3]}{K_{sp}^{\ominus}[Fe(OH)_2]}$$

氧化型和还原型物质浓度的改变对电极电位有影响。如果电对的氧化型生成沉淀，则电极电位变小；如果还原型生成沉淀，则电极电位变大。若二者同时生成沉淀，$K_{sp}^{\ominus}$（氧化型）$<K_{sp}^{\ominus}$（还原型）时，则电极电位变小；反之，则变大。介质的酸碱性对含氧酸盐的影响也较大。

9.3 电极电位的应用

氧化剂和还原剂的强弱可用有关电对的电极电位来衡量。电对的电位越高，其氧化态的氧化能力越强；反之还原态的还原能力越强。在氧化还原反应中，较强的氧化剂和较强的还原剂作用，生成较弱的氧化剂和较弱的还原剂，即根据有关电对的标准电极电位可以判断反应进行的方向。

9.3.1 判断氧化还原反应的方向

对于任意一个化学反应，其自发进行的条件为 $\Delta_r G_m<0$。将一个氧化还原反应设计为原电池时，该反应的 $\Delta_r G_m$ 与原电池电动势 $E_{池}$ 之间的关系为

$$\Delta_r G_m=-nFE_{池} \tag{9-2}$$

当 $E_{池}>0$ 时，则 $\Delta_r G_m<0$，该反应能自发进行。可见，原电池电动势 $E_{池}$ 值可作为氧化还原反应自发进行的判据。又由于 $E_{池}=E_{(+)}-E_{(-)}$，因此可得

当 $E_{(+)}>E_{(-)}$，即 $E>0$ 时，则 $\Delta_r G_m<0$，反应正向自发进行；

当 $E_{(+)}=E_{(-)}$，即 $E=0$ 时，则 $\Delta_r G_m=0$，反应处于平衡状态；

当 $E_{(+)}<E_{(-)}$，即 $E<0$ 时，则 $\Delta_r G_m>0$，反应逆向自发进行。

9.3.2 元素电位图

当一个元素具有多种氧化态时，其任意两个氧化态可以组成一个电对，构成一个电极。在一定条件下，将元素的多个氧化态由高到低排布，各不同氧化数物质之间用直线连接起来，在直线上标出两种不同氧化数物质所组成电对的标准电极电位。这种表明元素各种氧化数物质之间标准电极电位关系的图解称为元素的标准电极电位图，简称元素电位图，这是拉特默(Latimer)于 1952 年提出的，又称拉特默图。

例如，酸性条件下碘的元素电位图为

$$H_5IO_6 \xrightarrow{1.60V} IO_3^- \xrightarrow{1.13V} HIO \xrightarrow{1.45V} I_2 \xrightarrow{0.53V} I^-$$

（IO_3^- 至 I_2：1.20V；HIO 至 I^-：0.99V）

碱性条件下碘的元素电位图为

$$H_3IO_6^{2-} \xrightarrow{0.70V} IO_3^- \xrightarrow{0.56V} IO^- \xrightarrow{0.44V} I_2 \xrightarrow{0.53V} I^-$$

（IO_3^- 至 I_2：1.20V；IO^- 至 I^-：0.49V）

从元素电位图不仅可以全面地看出一种元素各氧化数之间的电极电位高低和相互关系，而且利用元素电位图，可以考查元素各氧化数在水溶液中的化学行为，计算未知电对的电极电位，判断哪些氧化数在酸性或碱性溶液中能稳定存在。

1. 计算任意电对的电极电位

利用元素电位图，根据相邻电对的已知标准电极电位，可以求算任一未知电对的标准电极电位。如果有以下元素电位图模型

$$A \xrightarrow[n_1]{E_1^\ominus} B \xrightarrow[n_2]{E_2^\ominus} C$$

（A 至 C：$E_3^\ominus$）

将这三个电对分别与氢电极组成原电池，电池反应的标准摩尔吉布斯函变分别为

$$A + 1/2H_2 = B + n_1H^+ \qquad \Delta_rG_m^\ominus(1) = -n_1FE_1^\ominus$$

$$B + 1/2H_2 = C + n_2H^+ \qquad \Delta_rG_m^\ominus(2) = -n_2FE_2^\ominus$$

$$A + (n_1 + n_2)/2H_2 = C + (n_1 + n_2)H^+ \qquad \Delta_rG_m^\ominus(3) = -(n_1 + n_2)FE_3^\ominus$$

由于

$$\Delta_rG_m^\ominus(3) = \Delta_rG_m^\ominus(1) + \Delta_rG_m^\ominus(2)$$

所以

$$-(n_1 + n_2)FE_3^\ominus = -n_1FE_1^\ominus - n_2FE_2^\ominus$$

即

$$E_3^\ominus = (n_1E_1^\ominus + n_2E_2^\ominus)/(n_1 + n_2)$$

如果有 s 个相邻电对，则

$$E^\ominus = (n_1E_1^\ominus + n_2E_2^\ominus + \cdots + n_sE_s)/(n_1 + n_2 + \cdots + n_s)$$

式中，$E^\ominus$ 代表不相邻电对的标准电极电位；$E_1^\ominus$、$E_2^\ominus$、$E_3^\ominus$、…分别代表依次相邻电对的标准电极电位；n_1、n_2、n_3、…分别代表依次相邻电对中转移电子的物质的量；$n_1 + n_2 + n_3 + \cdots$ 代表不相邻电对中转移电子的物质的量。

【例 9-5】 根据下面列出酸性溶液中锰元素的电位图

$$E_A^\ominus/V \quad MnO_4^- \xrightarrow{0.5545} MnO_4^{2-} \text{——} MnO_2 \text{——} Mn^{3+} \xrightarrow{1.510} Mn^{2+}$$

求 $E^\ominus(MnO_4^{2-}/MnO_2)$和 $E^\ominus(MnO_2/Mn^{3+})$。

解 由上面的公式可知

$$E^\ominus(MnO_4^{2-}/MnO_2) = 1/2[3E^\ominus(MnO_4^{-}/MnO_2) - E^\ominus(MnO_4^-/MnO_4^{2-})]$$
$$= 1/2[3\times 1.700V - 0.5545V] = 2.27V$$
$$E^\ominus(MnO_2/Mn^{3+}) = 2E^\ominus(MnO_2/Mn^{2+}) - E^\ominus(Mn^{3+}/Mn^{2+})$$
$$= 2\times 1.229V - 1.510V = 0.948V$$

2. 判断元素某氧化数的稳定性及两种氧化数是否能够共存

【例 9-6】 已知酸性条件下铜的元素电位图为 $Cu^{2+} \xrightarrow{0.159V} Cu^+ \xrightarrow{0.52V} Cu$，试说明为什么酸性溶液中不存在 Cu^+。

解 从电位图可以看出，在酸性条件下，Cu^+ 作为氧化剂时的电位为 0.52V，而作为还原剂时其电位为 0.159V，因此可以发生自身氧化还原反应

$$2Cu^+ = Cu + Cu^{2+}$$

同一价态的元素在发生氧化还原反应过程中发生了“氧化数变化上的分歧”，有些升高，有些降低。歧化反应是自身氧化还原反应的一种特殊类型。在元素电位图中，如果一个氧化态右边的电位比左边的大，则该氧化态在给定的条件下能够发生歧化反应。例如，碘在酸性条件下的电位中次碘酸是不稳定的，可以发生歧化，因此在酸性条件下不存在次碘酸。

一般地，同一元素不同氧化数的三种物质可组成两个电对，按氧化数由高到低排列：

$$A \xrightarrow{E^\ominus(左)} B \xrightarrow{E^\ominus(右)} C$$

若 $E^\ominus(右) > E^\ominus(左)$，则 B 可发生歧化反应生成 A 和 C；

若 $E^\ominus(右) < E^\ominus(左)$，则 B 不能发生歧化反应，但 A 和 C 可以反应生成 B。

9.4 常用的氧化还原滴定法

氧化还原滴定法是一种应用范围很广的分析方法。氧化还原滴定法根据待测物的性质选择合适的滴定剂，并根据滴定剂分为高锰酸钾法、重铬酸钾法、碘量法、溴酸钾法等。

9.4.1 高锰酸钾法

1. 高锰酸钾法简介

高锰酸钾是强氧化剂，应用范围很广。根据溶液酸度不同，其氧化能力和还原产物也不同：

(1) 在强酸性溶液中，$KMnO_4$ 与还原剂作用被还原为 Mn^{2+}。

$$MnO_4^- + 8H^+ + 5e^- \rightleftharpoons Mn^{2+} + 4H_2O \qquad E^\ominus = 1.51V$$

在强酸性溶液中 $KMnO_4$ 有强氧化性，高锰酸钾滴定法一般多在 0.5～1mol · L^{-1} H_2SO_4 强酸性介质下使用，而不使用盐酸介质，这是由于盐酸具有还原性，能诱发一些副反应干扰滴定。硝酸由于含有氮氧化物容易产生副反应也很少采用。

(2) 在弱酸性、中性或碱性溶液中，$KMnO_4$ 被还原为 MnO_2。

$$MnO_4^- + 2H_2O + 3e^- \rightleftharpoons MnO_2 \downarrow + 4OH^- \qquad E^\ominus = 0.593V$$

由于反应产物为棕色的 MnO_2 沉淀，妨碍终点观察，很少使用。

(3) 在 pH>12 的强碱性溶液中用 $KMnO_4$ 氧化有机物时，在强碱性(大于 2mol · L^{-1} NaOH)条件下的反应速率比在酸性条件下更快，利用 $KMnO_4$ 在强碱性溶液中与有机物的反应来测定甲酸、甲醇、甘油、葡萄糖、酒石酸等有机物。

$$MnO_4^- + e^- \rightleftharpoons MnO_4^{2-} \qquad E^\ominus = 0.564V$$

高锰酸钾法的优点是：$KMnO_4$ 氧化能力强，应用范围广。用 $KMnO_4$ 作氧化剂，可直接滴定许多还原性物质，如 Fe^{2+}、As^{3+}、Sb^{3+}、W^{5+}、U^{4+}、H_2O_2、$C_2O_4^{2-}$、NO_2^- 等；返滴定时可测 MnO_2、PbO_2 等物质；也可以通过 MnO_4^- 与 $C_2O_4^{2-}$ 反应间接测定一些非氧化还原物质，如 Ca^{2+}、Th^{4+} 等。$KMnO_4$ 溶液呈紫红色，当试液为无色或颜色很浅时，滴定不需要外加指示剂。但高锰酸钾法也有缺点。反应过程中高锰酸钾可以与很多还原性物质发生作用，干扰严重，易发生副反应。滴定时要严格控制滴定条件。$KMnO_4$ 试剂中常含有少量杂质，其标准溶液不够稳定，因此标定后的 $KMnO_4$ 溶液不宜放置后再次使用，须重新标定。

2. 应用举例

1) Fe 的测定

试样用盐酸溶解后，溶液中的 Fe^{3+} 应先用还原剂还原为 Fe^{2+}，然后用 $KMnO_4$ 标准溶液进行滴定。在滴定前还应加入硫酸锰、硫酸与磷酸的混合液，其目的是为了减小滴定误差，具体作用为：避免 Cl^- 存在下发生的诱导作用；使 Fe^{3+} 生成无色的 $Fe(PO_4)_2^{3-}$，易于终点的观察。

2) 直接滴定法测定 H_2O_2

在酸性溶液中 H_2O_2 能被 MnO_4^- 定量氧化，故商品双氧水的 H_2O_2 可用 $KMnO_4$ 标准溶液直接滴定，其反应式为

$$2MnO_4^- + 5H_2O_2 + 6H^+ \longrightarrow 2Mn^{2+} + 5O_2 + 8H_2O$$

此反应在室温下即可顺利进行。滴定开始时反应较慢，随着 Mn^{2+} 生成而加速，也可先加入少量 Mn^{2+} 为催化剂。

若 H_2O_2 中含有机物质，后者会消耗 $KMnO_4$，使测定结果偏高。这时，应改用碘量法或铈量法测定 H_2O_2。

9.4.2 重铬酸钾法

1. 重铬酸钾法简介

$K_2Cr_2O_7$ 是一种常用的氧化剂，它具有较强的氧化性，在酸性介质中 $Cr_2O_7^{2-}$ 被还原为 Cr^{3+}，其电极反应如下：

$$Cr_2O_7^{2-} + 14H^+ + 6e^- \longrightarrow 2Cr^{3+} + 7H_2O \quad E^\ominus(Cr_2O_7^{2-}/Cr^{3+}) = 1.33V$$

$K_2Cr_2O_7$ 的基本单元为 $1/6K_2Cr_2O_7$。

$K_2Cr_2O_7$ 的氧化能力不如 $KMnO_4$ 强，但它仍是一个较强的氧化剂，能氧化许多有机物和无机物，与高锰酸钾法相比，其优点是：$K_2Cr_2O_7$ 容易提纯，可以制成基准物质，在140～150℃干燥2h后，可直接称量，配制标准溶液；$K_2Cr_2O_7$ 标准溶液相当稳定，保存在密闭容器中，浓度长期保持不变；室温下，HCl溶液浓度低于 $3mol \cdot L^{-1}$ 时，$Cr_2O_7^{2-}$ 不会诱导氧化 Cl^-，重铬酸钾法可在盐酸介质中进行滴定；滴定反应速率快，通常在室温下即可进行滴定。

在重铬酸钾法中，虽然 $Cr_2O_7^{2-}$ 还原后能转化为绿色的 Cr^{3+}，但 $K_2Cr_2O_7$ 的颜色不是很深，所以不能根据它本身的颜色变化来确定滴定终点，要用氧化还原指示剂指示终点。常用的指示剂是二苯胺磺酸钠和邻苯氨基苯甲酸。

2. 重铬酸钾法的应用实例

1）测定污水的化学耗氧量（COD_{Cr}）

高锰酸钾法测定的化学耗氧量（COD_{Mn}）只适用于较为清洁水样测定。若需要测定污染严重的生活污水和工业废水则需要用重铬酸钾法。用重铬酸钾法测定的化学耗氧量用 COD_{Cr}（O，mg/L）表示。COD_{Cr} 是衡量污水被污染程度的重要指标。

水样中加入一定量的 $K_2Cr_2O_7$ 标准溶液，在强酸性（H_2SO_4）条件下，以 Ag_2SO_4 为催化剂，加热回流2h，使 $K_2Cr_2O_7$ 与有机物和还原性物质充分作用。过量的 $K_2Cr_2O_7$ 以试亚铁灵为指示剂，用 $(NH_4)_2Fe(SO_4)_2$ 标准滴定溶液返滴定，其滴定反应为

$$Cr_2O_7^{2-} + 6Fe^{2+} + 14H^+ \rightleftharpoons 2Cr^{3+} + 6Fe^{3+} + 7H_2O$$

由所消耗的 $(NH_4)_2Fe(SO_4)_2$ 标准滴定溶液的量及加入水样中的 $K_2Cr_2O_7$ 标准溶液的量，便可以按下式计算出水样中还原性物质消耗氧的量。

$$COD_{Cr} = \frac{(V_0 - V_1) \cdot c(Fe^{2+}) \times 8.000 \times 1000}{V}$$

式中，V_0 和 V_1 分别为滴定空白时和滴定水样时消耗 $(NH_4)_2Fe(SO_4)_2$ 标准溶液体积（mL）；V 为水样体积（mL）；$c(Fe^{2+})$ 为 $(NH_4)_2Fe(SO_4)_2$ 标准溶液浓度（$mol \cdot L^{-1}$）；8.000为氧（1/2O）的摩尔质量（$g \cdot mol^{-1}$）。

2）测定非氧化、还原性物质

Ba^{2+} 和 Pb^{2+} 与 $Cr_2O_7^{2-}$ 反应，能定量地沉淀为 $BaCrO_4$ 和 $PbCrO_4$。沉淀经过洗涤、过

滤、酸溶解后，用标准 Fe^{2+} 溶液滴定试液中的 $Cr_2O_7^{2-}$，由滴定所消耗的 Fe^{2+} 的量可以计算 Ba^{2+} 和 Pb^{2+} 的量。

【例 9-7】 今取废水样 100mL，用 H_2SO_4 酸化后，加 25.00mL 的 $K_2Cr_2O_7$ 标准溶液（0.01667 $mol\cdot L^{-1}$），以 Ag_2SO_4 为催化剂煮沸，待水样中还原性物质完全被氧化后，以邻二氮菲亚铁为指示剂，用 $c(FeSO_4)=0.1000mol\cdot L^{-1}$ $FeSO_4$ 标准溶液滴定剩余的 $Cr_2O_7^{2-}$，用去 15.00mL。计算水样中化学耗氧量。以（$\rho g\cdot L^{-1}$）表示。

解　按题意

$$6Fe^{2+}+Cr_2O_7^{2-}+14H^+ \longrightarrow 6Fe^{3+}+2Cr^{3+}+7H_2O$$

$$6FeSO_4 \cong K_2Cr_2O_7$$

$K_2Cr_2O_7$ 基本单元为 $1/6K_2Cr_2O_7$；$FeSO_4$ 基本单元为 $FeSO_4$。

由于 $K_2Cr_2O_7$ 与 O_2 的对应关系为 $1/6K_2Cr_2O_7 \cong 1/4O_2$，所以 O_2 的基本单元为 $1/4O_2$。

根据题意得

$$n(1/4O_2)=n(1/6K_2Cr_2O_7)-n(FeSO_4)$$

所以

$$\rho(O_2)=\frac{m(O_2)}{V(\text{水样})}=\left[c\left(\frac{1}{6}K_2Cr_2O_7\right)V(K_2Cr_2O_7)-c(FeSO_4)V(FeSO_4)\right]\times\frac{M(1/4O_2)}{V(\text{水样})}$$

$$\rho(O_2)=(6\times0.01667\times25.00-0.1000\times15.00)\times8.000/100g\cdot L^{-1}=0.0800g\cdot L^{-1}$$

所以水样中的化学耗氧量为 $0.0800g\cdot L^{-1}$。

阅读材料

石墨电极的优点

1. 速度快

石墨放电比铜快 2～3 倍，材料不易变形，在薄筋电极的加工上优势明显，铜的软化点在 1000℃左右，容易因受热而产生变形，石墨的升华温度为 3650℃左右，相比而言，石墨材料热膨胀系数只有铜材的 1/30。

2. 质量轻

石墨的密度只有铜的 1/5，大型电极进行放电加工时，能有效降低机床（EDM）的负担，更适用于大型模具的应用。

3. 损耗小

由于火花油中含有 C 原子，在放电加工时，高温导致火花油中的 C 原子被分解出来，而在石墨电极的表面形成保护膜，补偿了石墨电极的损耗。

4. 无毛刺

铜电极在加工结束后，还需手工去除毛刺，而石墨加工后没有毛刺，这不但节约了大量的成本和人力，同时更容易实现自动化生产。

5. 易抛光

由于石墨的切削阻力只有铜材的 1/5,操作上更容易进行手工研磨和抛光。

6. 成本低

由于近几年铜材价格不断上涨,如今,各方面同性石墨的价格比铜的更低;相同体积下东洋碳素的普遍性,石墨产品的价格比铜低 30%～60%,价格比较稳定,短期价格波动相对来讲比较小。

本章小结

掌握氧化还原反应的基本概念并能配平氧化还原反应方程式;理解电极电位的概念及其影响因素,并能用能斯特方程进行有关计算;掌握电极电位在有关方面的应用;掌握元素电位图及其应用;掌握氧化还原滴定法的基本原理、相关计算及其实际应用。

习　题

9-1　配平下列反应方程式。

$$KMnO_4 + HCl \longrightarrow KCl + MnCl_2 + H_2O + Cl_2$$
$$KClO_3 + H_2C_2O_4 + H_2SO_4 \longrightarrow K_2SO_4 + MnSO_4 + H_2O + O_2$$
$$Na_2S + Na_2CO_3 + SO_2 \longrightarrow Na_2S_2O_3 + CO_2$$
$$Mn^{2+} + H_5IO_6 \longrightarrow MnO_4^- + IO_3^- + H^+ + H_2O$$
$$Cu^{2+} + Cl^- + SO_2 + H_2O \longrightarrow CuCl + SO_4^{2-} + H^+$$

9-2　试根据电极电位,通过计算说明:

(1) MnO_2 为什么不能和 $1mol \cdot L^{-1}$的盐酸反应。

(2) 是否能用已知浓度的乙二酸来标定 $KMnO_4$ 溶液的浓度。

9-3　半电池 A 是由镍片浸在 $1mol \cdot L^{-1}$ Ni^{2+}溶液中组成;半电池 B 是由锌片浸在$1mol \cdot L^{-1}$ Zn^{2+}溶液中组成。当将半电池 A、B 分别与标准氢电极连接组成原电池,测得各电极的电极电位为

$$(A)\ Ni^{2+}(aq) + 2e^- = Ni(s) \qquad |E^{\ominus}| = 0.25V$$
$$(B)\ Zn^{2+}(aq) + 2e^- = Zn(s) \qquad |E^{\ominus}| = 0.76V$$

回答下列问题:

(1) 当半电池 A、B 分别与标准氢电极连接组成原电池时,发现金属电极溶解,试确定各半电池的电极电位符号是正还是负。

(2) Ni^{2+}、Ni、Zn^{2+}、Zn 中,哪一个是最强的氧化剂?

9-4　过量液态汞加入 $1\times10^{-3}mol \cdot L^{-1}$酸化了的 Fe^{3+}溶液中,假定只有下列反应发生:

$$2Hg + 2Fe^{3+} = Hg_2^{2+} + 2Fe^{2+}$$

在 298.15K 下达到平衡时,只留下 4.6%的 Fe^{3+},试计算 $E^{\ominus}(Hg_2^{2+}/Hg)$。[已知$E^{\ominus}(Fe^{3+}/Fe^{2+})$=0.77V]

9-5　试以中和反应 $H^+ + OH^- = H_2O(l)$为电池反应,设计成一种原电池(用电池符号表示)。分别写出电极半反应,计算它在 298.15K 时的标准电动势。

9-6　已知 $E^{\ominus}(Fe^{3+}/Fe^{2+})=0.77V$,$E^{\ominus}(Fe^{3+}/Fe)=-0.036V$,计算 $E^{\ominus}(Fe^{2+}/Fe)$和反应$Fe+2Fe^{3+} = 3Fe^{2+}$的平衡常数。

9-7　根据下列电对的 $E^{\ominus}$值,比较$[Co(CN)_6]^{3-}$和 $[Co(CN)_6]^{4-}$稳定常数的大小:

$$Co^{3+}(aq) + e^- \longrightarrow Co^{2+}(aq)\ (E^\ominus = 1.84V)$$
$$[Co(CN)_6]^{3-} + e^- \longrightarrow [Co(CN)_6]^{4-}\ (E^\ominus = -0.84V)$$

9-8　已知电池 Pt, $H_2(p^\ominus)$ | HAc($1mol \cdot L^{-1}$), NaAc($1mol \cdot L^{-1}$) ‖ KCl(饱和) | Hg_2Cl_2 | Hg, $E^\ominus(Hg_2Cl_2/Hg)=0.24V$,测得此电池的电动势为 0.52V,计算 HAc 的电离常数 $K_a^\ominus$。

9-9　已知 $Cu^+ + e^- \longrightarrow Cu$ ($E^\ominus=0.52V$);$CuCl + e^- \longrightarrow Cu + Cl^-$ ($E^\ominus=0.14V$),请写出这两个半反应的能斯特方程,并计算 CuCl 的 $K_{sp}^\ominus$。

9-10　由下列热力学数据,计算 298.15K 时 Mg^{2+}/Mg 电对的标准电极电位:

(1) $Mg(s) + 1/2O_2(g) \longrightarrow MgO(s)$　　$\Delta_r G_m^\ominus = -573kJ \cdot mol^{-1}$

(2) $MgO(s) + H_2O(l) \longrightarrow Mg(OH)_2(s)$　　$\Delta_r G_m^\ominus = -31kJ \cdot mol^{-1}$

(3) $H_2(g) + 1/2O_2(g) \longrightarrow H_2O(l)$　　$\Delta_r G_m^\ominus = -241kJ \cdot mol^{-1}$

(4) $H_2O(l) \longrightarrow H^+ + OH^-$　　$\Delta_r G_m^\ominus = 80kJ \cdot mol^{-1}$

已知 $Mg(OH)_2$ 的 $K_{sp}^\ominus = 5.5 \times 10^{-12}$。

9-11　反应 $Zn(s) + Hg_2Cl_2(s) \longrightarrow 2Hg(l) + 2Zn^{2+}(aq) + 2Cl^-(aq)$,298.15K 时,当各离子浓度均为 $1mol \cdot L^{-1}$时,测得电动势为 1.03V;当$[Cl^-]=0.1mol \cdot L^{-1}$时,电池电动势为 1.21V,求此时的锌离子浓度。

9-12　已知铅的元素电位图如下,试计算硫酸铅的溶度积 $K_{sp}^\ominus$和 $E_3^\ominus$ 的值。

$$PbO_2 \xrightarrow{E_3^\ominus} PbSO_4;\quad PbO_2 \xrightarrow{1.455V} Pb^{2+} \xrightarrow{-0.126V} Pb;\quad PbSO_4 \xrightarrow{-0.3588V} Pb$$

9-13　已知铟的元素电位图(酸性溶液),请回答下列问题并分别写出有关的反应方程式。

$$In^{3+} \xrightarrow{-0.425V} In^+ \xrightarrow{-0.417V} In;\quad In^{3+} \xrightarrow{-0.338V} In$$

(1) In^+ 能否发生歧化反应?

(2) 当金属 In 与氢离子发生反应时得到哪种离子?

9-14　根据下列电位图(在酸性介质中):

$$BrO_4^- \xrightarrow{-1.76V} BrO_4^- \xrightarrow{-1.49V} HBrO \xrightarrow{1.59V} Br_2 \xrightarrow{1.07V} Br^-$$

(1) 写出能发生歧化反应的反应方程式。

(2) 计算该反应的 $\Delta_r G_m^\ominus$。

9-15　用反应式表明 Fe^{3+} 能够催化过氧化氢的分解。已知:

$$O_2 \xrightarrow{0.682V} H_2O_2 \xrightarrow{1.77V} H_2O;\quad Fe^{3+} \xrightarrow{0.771V} Fe^{2+} \xrightarrow{-0.44V} Fe$$

*第 10 章　重要元素及化合物

化学元素是指具有相同核电荷数(即质子数)的同一类原子的总称,简称元素。元素化学是各门化学学科的基础。元素化学涉及内容极其繁杂,但元素及化合物的性质研究对工农业生产及人类生活具有巨大的影响,因此学习元素化学具有重要的意义。

10.1　卤素元素

10.1.1　卤素的通性

卤素原子的价电子构型为 ns^2np^5,与稀有气体的 8 电子稳定结构只相差一个电子,有得到 1 个电子而形成卤素阴离子(X^-)的强烈倾向。因此,卤素单质的非金属性很强,表现出明显的氧化性。卤素最常见的氧化数是－1,除 F 以外,其他元素(如 Cl、Br、I)由于最外价电子层还有空的 d 轨道可以利用,在遇到电负性更大的元素(如 F 和 O)时,可将电子激发到最外层的 d 轨道上,形成＋1、＋3、＋5、＋7 的氧化数。

卤素原子半径按 F、Cl、Br、I 顺序递增,得电子能力依次递减,氧化性依次减弱。F、Cl 是强氧化剂,而 I 是弱氧化剂。

10.1.2　卤素的单质

1. 物理性质

卤族元素的单质都是非极性的双原子分子,在水中的溶解度较小,易溶于非极性或极性较小的有机溶剂。随着相对分子质量的增大,卤素分子间的色散力逐渐增强,颜色变深,它们的熔点、沸点、密度、原子体积也依次递增。

1) 单质 F_2

单质 F_2 是目前已知最强的氧化剂,常温下是气态。自然界中没有游离的 F 存在,只有 F 的化合物。单质 F_2 是通过电解得到的。

2) 单质 Cl_2

Cl_2 常温下是黄绿色的气体,易液化,具有强烈的窒息性气味,有毒,吸入少时会刺激眼睛、鼻腔等黏膜,引起胸部疼痛、咳嗽或失明,吸入大量就会死亡。在工业上,以电解 NaCl 水溶液或其熔融盐制备 Cl_2。

3) 单质 Br_2

Br_2 是常温下唯一的液态非金属单质,为易挥发的红棕色液体。Br_2 蒸气毒性很大,能刺激眼睛和黏膜,使人不断流眼泪和咳嗽。在军事上常用作催泪剂。保存 Br_2 时,通常在盛有 Br_2 的容器中加入一些硫酸,防止 Br_2 挥发。

4）单质 I_2

I_2 为具有紫黑色的片状晶体，具有较高的蒸气压，加热即可升华。I_2 在有机溶剂(如乙醚、CCl_4)中的溶解度较大，溶液呈紫色；在乙醇和乙醚中生成的溶液呈棕色；在水中的溶解度较小，但是在 KI 或其他碘化物溶液中，可生成 I_3^- 而使溶解度明显增大。

$$I_2 + KI \rightleftharpoons KI_3$$

2. 化学性质

卤素单质的氧化能力为：$F_2 > Cl_2 > Br_2 > I_2$。

卤素离子的还原能力为：$F^- < Cl^- < Br^- < I^-$。

卤素单质从 F_2 到 I_2 氧化性逐渐减弱，前面的卤素单质可以从卤化物中将后面的卤素单质置换出来。例如

$$Cl_2 + 2KBr = 2KCl + Br_2$$

$$Cl_2 + 2KI = 2KCl + I_2$$

这就是用晒盐后的苦卤生产溴或由海藻灰提取碘的反应。

10.1.3　卤素化合物

1. 卤化氢和与氢卤酸

卤化氢 HX 均为无色、有毒的气体，有强烈的刺激性气味，在空气中发烟，形成酸雾。卤化氢易于液化，液态的卤化氢并不导电。在固态时为分子晶体，熔点、沸点都很低，但是随着分子半径的增大，熔点、沸点按 HCl、HBr、HI 顺序递增。HF 的熔点、沸点比较反常，主要是由于 HF 分子之间存在氢键。

2. 卤化物

典型离子型卤化物的溶解度取决于离子键的强弱。相同条件下，金属离子与卤素离子的半径差值越大，卤化物越易溶于水。例如，AgF、HgF_2 可溶于水，而其他卤化物则难溶于水，LiF 难溶于水，而 LiI 则易溶于水。

非金属卤化物除 CCl_4、SF_6 不与水反应外，其他均发生水解反应或分解反应。

$$SiCl_4 + 3H_2O = H_2SiO_3 + 4HCl$$

$$NCl_3 + 3H_2O = 3HClO + NH_3$$

$$2NI_3 = N_2 + 3I_2$$

10.1.4　卤素的含氧酸及其盐

除 F 外，其他卤素均可形成次卤酸(HXO)、亚卤酸(HXO_2)、正卤酸(HXO_3)、高卤酸(HXO_4)及相应的含氧酸盐。酸性按照 $HXO < HXO_2 < HXO_3 < HXO_4$ 顺序依次递增，除了碘酸和高碘酸能得到比较稳定的固体结晶外，其余都不稳定，且大多只能存在于水溶液中，它们的盐则较稳定，并得到普遍应用。

卤素含氧酸及其盐最突出的性质是氧化性，在卤素的含氧酸中，只有氯的含氧酸有实际用途。在氯的含氧酸中，随着氯氧化数的增加，氯和氧之间化学键数目增加，热稳定性增强，氧化性减弱。

10.2 氧族元素

10.2.1 氧族元素的通性

氧族元素的价电子构型为 ns^2np^4，与稀有气体的 8 电子稳定结构相差 2 个电子，因此，氧族元素最常见的氧化数是－2 价。除 O 以外，其他元素(如 S、Se、Te)由于最外价电子层有空的 d 轨道可用于成键，因而可形成＋2、＋4 和＋6 的氧化数。在氧族元素中以 O、S 及其化合物较为重要。

10.2.2 氧族元素的单质

1. 单质氧

氧有 O_2 和 O_3(臭氧)两种同素异形体。O_2 是无色无味的气体，在水中的溶解度较小，但却是水生动植物赖以生存的基础，也是化学反应的积极参与者。除 Pt、Au 及稀有气体外，加热条件下，O_2 可与大多数金属、非金属反应，通过间接方法还可与 Xe 形成氧化物。

O_3 是浅蓝色气体，能吸收太阳的紫外线辐射分解为 O_2，减弱紫外线对地球生物的伤害，起到保护地球上生物的作用。

2. 单质硫

单质硫为黄色晶状固体，有三种同素异形体：斜方硫(菱形硫)、单斜硫和弹性硫。斜方硫和单斜硫都是由 8 个 S 原子组成的环状结构的分子晶体，不溶于水，易溶于 CS_2 和 CCl_4 等有机溶剂。单质硫经加热熔融后迅速倒入冷水中可得到玻璃状弹性硫。硫的化学性质比氧弱，但在一定条件下仍可以与许多金属或非金属生成硫化物。S 能溶于 NaOH、Na_2S 及 $(NH_4)_2S$ 溶液中形成多硫化物，S 还可被浓 HNO_3 氧化为 H_2SO_4。

$$6S + 6NaOH = 2Na_2S_2 + Na_2S_2O_3 + 3H_2O$$
$$S + 2HNO_3 = H_2SO_4 + 2NO\uparrow$$

10.2.3 氧族元素的氢化物、硫化物

1. 过氧化氢(H_2O_2)

纯的 H_2O_2 是淡蓝色的黏稠液体，分子间有较强的氢键，极性、沸点和熔点都比水高，可与水以任意比例互溶。常用的 H_2O_2 溶液质量分数为 3%和 30%两种，3%的 H_2O_2 水溶液在医药上称为双氧水，具有消毒杀菌的作用，但是浓度较大的双氧水会灼烧皮肤，使用时应格外小心。

纯 H_2O_2 比较稳定，但在光照、加热或增大溶液的碱性都能促进其分解，重金属离子(Mn^{3+}、Cr^{3+}等)对其分解有催化作用，使其分解加剧，故 H_2O_2 溶液常用棕色瓶储存，并置于阴凉处。

H_2O_2 是极弱的二元酸，与碱反应可生成过氧化物。H_2O_2 中氧的价态为－1 价，因而 H_2O_2 既具有氧化性又具有还原性。

2. 硫化氢(H_2S)

H_2S 是无色有腐蛋臭味的有毒气体，吸入大量 H_2S 气体时会因中毒而造成昏迷甚至死亡，空气中 H_2S 浓度高过 0.1%就可以使人中毒。

10.2.4 硫的重要含氧化合物

1. 二氧化硫、亚硫酸及其盐

二氧化硫(SO_2)是无色、有强烈刺激性气味的有毒气体。工业上生产 SO_2 主要是用来制备 H_2SO_4 和亚硫酸盐。SO_2 不仅能杀灭细菌，用作食物和干果的防腐剂，还能和有机色素结合为无色化合物，达到漂白的效果。

S 或 H_2S 在空气中燃烧均可得到 SO_2 气体，另外煅烧硫铁矿(FeS_2)同样可以制得 SO_2

$$3FeS_2 + 8O_2 = Fe_3O_4 + 6SO_2$$

SO_2 易溶于水，生成的亚硫酸(H_2SO_3)很不稳定。H_2SO_3 是二元中强酸，在溶液中解离形成正盐和酸式盐，如 Na_2SO_3 和 $NaHSO_3$。

在 SO_2 和 H_2SO_3 及其盐溶液中，硫的氧化数均为＋4，处于硫的中间氧化数，所以它们同时具有氧化性和还原性，以还原性为主。例如，SO_2 或 H_2SO_3 能将 MnO_4^-、Cl_2 还原成 Mn^{2+}、Cl^-

$$2MnO_4^- + 5SO_3^{2-} + 6H^+ = 2Mn^{2+} + 5SO_4^{2-} + 3H_2O$$

$$Cl_2 + SO_3^{2-} + H_2O = 2Cl^- + SO_4^{2-} + 2H^+$$

在酸性溶液中，当 SO_2 或 H_2SO_3 遇到较强的氧化剂时，表现出氧化性。例如

$$H_2SO_3 + 2H_2S = 3S\downarrow + 3H_2O$$

2. 三氧化硫、硫酸及其盐

纯的三氧化硫(SO_3)是无色易挥发的固体，具有强氧化性，可以把 HBr、单质 P 和碘化物分别氧化为 Br_2、P_2O_5 和 I_2。SO_3 的热稳定性较差，温度达到 770K 以上就会分解成 SO_2 和 O_2。

SO_3 极易溶于水，生成 H_2SO_4，并放出大量的热

$$SO_3 + H_2O = H_2SO_4 \qquad \Delta E^\ominus = -133kJ\cdot mol^{-1}$$

纯 H_2SO_4(98.3%)是具有油状的无色透明液体，当浓 H_2SO_4 与水结合时，会产生大

量热，并以氢键形成一系列水合物，如 $H_2SO_4 \cdot H_2O$、$H_2SO_4 \cdot 2H_2O$、$H_2SO_4 \cdot 6H_2O$ 等，因此浓 H_2SO_4 具有强烈的吸水性，配制稀 H_2SO_4 溶液时，需将浓 H_2SO_4 缓慢注入水中，并不断搅拌，切不可将水倒入浓 H_2SO_4 中。

浓 H_2SO_4 不仅能吸收游离水，还能从有机物（如糖、油脂等）中夺取水，所以浓 H_2SO_4 能将有机物碳化。例如

$$C_{12}H_{22}O_{11}(\text{蔗糖}) + 11H_2SO_4(\text{浓}) = 12C + 11H_2SO_4 \cdot H_2O$$

浓 H_2SO_4 是强酸，属于中等强度的氧化剂，在加热的情况下，氧化性会增强。浓 H_2SO_4 能从易挥发性酸和较弱酸的盐中置换出某些酸，如 HF、HCl 等，几乎能氧化所有的金属和非金属。它的还原产物一般是 SO_2，当遇到比较活泼的金属时，会析出 S，甚至是 H_2S。例如

$$Cu + 2H_2SO_4(\text{浓}) = CuSO_4 + SO_2\uparrow + 2H_2O$$
$$3Zn + 4H_2SO_4(\text{浓}) = 3ZnSO_4 + S + 4H_2O$$
$$4Zn + 5H_2SO_4(\text{浓}) = 4ZnSO_4 + H_2S\uparrow + 4H_2O$$

Fe 和 Al 与冷的浓 H_2SO_4 不发生反应，这主要是由于在金属表面形成了一层致密的氧化物薄膜，阻止金属与酸的作用，这种现象称为“钝态”。

H_2SO_4 的用途广，是化学工业中的一种重要的化工原料，它大量用于肥料工业中制造 $Ca_3(PO_4)_3$ 和 $(NH_4)_2SO_4$；还用于制造各种矾、染料、颜料、药物等。

因为 H_2SO_4 是二元酸，能形成酸式盐和正盐两种，如 Na_2SO_4、$KHSO_4$、$NaHSO_4$ 等。酸式盐仅限于碱金属，大部分呈酸性，市售“洁厕净”的主要成分即 $NaHSO_4$。在碱金属的硫酸盐加入过量 H_2SO_4 可以得到酸式盐。例如

$$Na_2SO_4 + H_2SO_4 = 2NaHSO_4$$

酸式盐易溶于水，加热到熔点以上就能转变成焦硫酸盐。加热焦硫酸盐会生成正盐，放出 SO_3。

硫酸盐大多易溶于水，可溶性硫酸盐从水溶液中析出晶体时会带有结晶水，如 $Na_2SO_4 \cdot 10H_2O$、$CuSO_4 \cdot 5H_2O$、$MgSO_4 \cdot 7H_2O$ 等。多数硫酸盐有形成复盐的特征，将两种硫酸盐按一定比例混合，即可得到硫酸复盐，如 $K_2SO_4 \cdot Al_2(SO_4)_3 \cdot 24H_2O$（明矾）、$(NH_4)_2SO_4 \cdot FeSO_4 \cdot 6H_2O$（莫尔盐）等。

10.3 氮族元素

10.3.1 基本性质

氮族元素的价电子构型为 ns^2np^3，常见的氧化数为 -3、$+3$ 和 $+5$。从上至下随着原子序数的增加，氮族元素形成 -3 氧化数的倾向减小，$+3$ 氧化数稳定性增加，$+5$ 氧化数稳定性减小。铋的主要氧化数是 $+3$，这是因为在铋原子中出现了充满的 4f 和 5d 能级，由于 f 和 d 电子小的屏蔽作用以及 6s 电子大的穿透性致使 6s 能级显著降低，电子变得

“惰性”，不易参加成键，这就是无机化学中所谓的“惰性电子对效应”。

10.3.2　氮单质

N_2 是无色无臭的气体，在自然界中主要以游离状态存在。N_2 分子中含有三个共价键，键能很高（946kJ · mol^{-1}），所以 N_2 分子比任何其他双原子分子都稳定。在室温条件下，N_2 不与空气、水、酸反应，甚至在 3273K 时仅有 1%解离，因此 N_2 被广泛应用于电子、钢铁、玻璃工业中作为惰性覆盖介质，还可以作为灯泡和可膨胀橡胶的填充物，在实验中用作保护气体。

高温条件下，N_2 的活泼性会有所增强，能与一些金属（Li、Mg、Ca 等）反应生成金属氮化物

$$N_2(g) + 3Mg(s) \longequal Mg_3N_2(s)$$

N_2 与 O_2 在高温（2273K）或放电条件下可以直接化合成 NO，这是固氮的一种方法。

10.3.3　氮的重要化合物

1. 氨（NH_3）与铵盐

1）氨

氨是无色有刺激性气味的气体。当冷却至−33℃或 25℃条件下加压到 990kPa，氨即凝聚为液体，形成液氨，储存在钢瓶中备用。液氨气化时，气化热较高（23.35kJ · mol^{-1}），故氨常用作制冷剂。

工业上制氨是由氮气和氢气经催化合成

$$N_2(g) + 3H_2 \longrightarrow 2NH_3(g)$$

实验室中通常用铵盐和强碱的反应来制备少量的氨气

$$2NH_4Cl + Ca(OH)_2 \longrightarrow CaCl_2 + 2NH_3\uparrow + 2H_2O$$

2）铵盐

氨和酸作用可以得到相应的铵盐。铵盐一般是易溶于水的无色晶体。NH_4^+ 半径为 143pm，与 K^+（133pm）、Rb^+（149pm）接近，因此铵盐的性质与碱金属盐类的性质比较接近。

由于氨具有弱碱性，铵盐均发生一定程度的水解作用。由强酸组成的铵盐，其水溶液呈弱酸性

$$NH_4^+ + H_2O \Longleftrightarrow NH_3 \cdot H_2O + H^+$$

因此，在任何铵盐溶液中加入强碱会有 NH_3 放出（利用氨气可使红色石蕊试纸变蓝这一反应来鉴定 NH_4^+ 存在）

$$NH_4^+ + OH^- \longequal NH_3\uparrow + H_2O$$

2. 氮的氧化物、含氧酸及其盐

1）氮的氧化物

氮可以形成多种氧化物，其中最主要的是 NO 和 NO_2。

NO 是无色气体，在水中的溶解度很小，而且不与水发生反应。常温下，NO 很容易被氧化为 NO_2

$$2NO + O_2 = 2NO_2$$

NO_2 是一种红棕色的有毒气体，有特殊的气味。NO_2 与水反应生成 HNO_3 和 NO

$$3NO_2 + H_2O = 2HNO_3 + NO$$

NaOH 与 NO_2 反应生成硝酸盐和亚硝酸盐的混合物

$$2NO_2 + 2NaOH = NaNO_3 + NaNO_2 + H_2O$$

2）亚硝酸和亚硝酸盐

将等物质的量的 NO 和 NO_2 的混合物溶解在冷水中或在亚硝酸盐的冷溶液中加入 H_2SO_4，均可以得到 HNO_2

$$NO_2 + NO + H_2O = 2HNO_2$$

$$Ba(NO_2)_2 + H_2SO_4 = BaSO_4\downarrow + 2HNO_2$$

用碱吸收氮的氧化物可以得到亚硝酸盐

$$NO + NO_2 + 2NaOH = 2NaNO_2 + H_2O$$

3）硝酸及其盐

纯的 HNO_3 是无色液体，沸点为 86℃，易挥发，可以与水以任意比例混合。浓 HNO_3 受热或见光易分解，使溶液呈黄色。

$$4HNO_3 = 4NO_2\uparrow + O_2\uparrow + 2H_2O$$

所以 HNO_3 应保存在阴凉处，以避免分解。

HNO_3 是强酸，可以与氢氧化物、碱性及两性氧化物发生中和反应。

大部分的硝酸盐是易溶于水的无色晶体，在常温条件下比较稳定。但是在高温条件下固体硝酸盐会分解，分解产物因金属离子的不同而有所差别。硝酸盐受热分解通常分为三种情况（NH_4NO_3 除外）：

（1）比 Mg 活泼的碱金属的硝酸盐分解时会放出 O_2，同时生成亚硝酸盐。

（2）活泼性在 Mg 和 Cu 之间的金属硝酸盐，分解时得到相应的金属氧化物、NO_2 和 O_2。

（3）活泼性比 Cu 弱的金属的硝酸盐，分解时生成单质金属、NO_2 和 O_2。

几乎所有的硝酸盐受热都会分解，放出 O_2，所以硝酸盐在高温下大多是供氧剂。当与可燃物混合在一起时，受热会迅猛燃烧甚至爆炸，所以，存储使用时需注意安全。

10.3.4 磷

磷的分布比较广泛，不仅存在于地壳中，也存在于细胞、蛋白质骨骼和牙齿中，是动植物体不可缺少的元素之一。

磷有多种同素异形体，其中主要的有红磷、黑磷和白磷三种。白磷最活泼，唯有它能自然发光，与热、浓碱发生歧化反应。

1. 磷的氧化物

磷的氧化物常见的有 P_4O_6 和 P_4O_{10} 两种，它们分别是磷在空气不足和充足情况下燃烧后的产物，通常简写为 P_2O_3 和 P_2O_5。

P_2O_3 是白色固体，有滑腻感，称为亚磷酸酐，在冷水中能逐渐溶解而生成 H_3PO_3

$$P_2O_3 + 3H_2O(冷) = 2H_3PO_3$$

P_2O_3 在热水中会剧烈地发生歧化反应，生成 H_3PO_4 和膦（PH_3，剧毒）

$$P_2O_3+3H_2O(热)=H_3PO_4+PH_3\uparrow$$

P_2O_5 为白色晶体，称为磷酸酐，工业上俗称无水磷酸酐。P_2O_5 的用途较广，常用作半导体掺杂剂、脱水剂、干燥剂、有机合成缩合剂等，同时也是制备高纯磷酸和制药工业的原料。例如，P_2O_5 可以使 HNO_3 和 H_2SO_4 脱水分别变为硝酐和硫酐

$$P_2O_5 + 6HNO_3 = 3N_2O_5 + 2H_3PO_4$$

$$P_2O_5 + 3H_2SO_4 = 3SO_3 + 2H_3PO_4$$

2. 磷的含氧酸及其盐

磷有多种含氧酸，根据含氧酸中磷氧化数的不同分为次磷酸、亚磷酸和正磷酸三种。同一氧化数的磷酸可以脱水缩合形成很多种含有两个磷原子以上的酸，所以磷的含氧酸及其盐的应用非常广泛。在众多磷的含氧酸中，最为重要的是正磷酸。

1）磷酸

磷酸（H_3PO_4）又称正磷酸，为无色透明具有黏稠性的液体，密度为 $1.6g \cdot mL^{-1}$。H_3PO_4 是磷的含氧酸中最为稳定的酸，在常温下，当 H_3PO_4 含量达到 88%以上时可凝结为固体。

H_3PO_4 属于中强酸，无氧化性、无挥发性。PO_4^{3-} 具有较强的配位能力，与许多金属形成可溶性的配合物。例如，在含有 Fe^{3+} 的黄色溶液中加入 H_3PO_4 后，黄色很快消失，这是因为生成了$[Fe(HPO_4)]^+$、$[Fe(HPO_4)_2]^-$等无色配离子。

2）磷酸盐

磷酸是一种三元酸，可以形成一种正盐（如 Na_3PO_4）和两种酸式盐（如 Na_2HPO_4 和 NaH_2PO_4）。所有的磷酸二氢盐都能溶于水，而次磷酸氢盐和正磷酸盐中只有铵盐和碱金属盐（除锂外）可溶于水。

和其他多元弱酸一样，PO_4^{3-} 也存在多步水解，其中第一步水解是最主要的。例如，Na_3PO_4 的水解反应为

$$PO_4^{3-} + H_2O \rightleftharpoons HPO_4^{2-} + OH^-$$

因此，Na_3PO_4 溶液具有很强的碱性。

$H_2PO_4^-$、HPO_4^{2-} 同时具有解离和水解双重作用，因而溶液呈现不同的酸碱性，如 Na_2HPO_4 以水解反应为主，溶液呈弱碱性；NaH_2PO_4 以解离反应为主，溶液呈弱酸性。故钠、钾的酸式磷酸盐常用于制备缓冲溶液。

10.4 碳族元素

10.4.1 碳族元素的通性

碳族元素主要的氧化数为+2 和+4，它们的价电子构型为 ns^2np^2。有时碳也可形成−4 氧化数化合物。惰性电子对效应在碳族元素中表现也很显著，随着原子序数增加，+2 氧化数化合物稳定性依次增加，+4 氧化数化合物稳定性依次减小。所以，碳、硅主要表现为+4 氧化数，锗、锡的化合物具有较强的还原性，而铅的化合物氧化性比较强。

10.4.2 碳及其重要化合物

1. 碳

碳有三种同素异形体：金刚石、石墨和富勒烯。

金刚石的硬度较大，常被用来切削和研磨材料；石墨具有良好的导电性能，同时具有化学惰性，耐高温，所以常被用作电极和高温润滑剂，也用来作铅笔芯。富勒烯又称球烯（C_n 原子簇，$40<n<200$），其中 C_{60} 是最稳定的，它由 60 个碳原子构成，即由 12 个正五边形和 20 个正六边形组成近似于足球的三十二面体。因为这类形状的碳分子具有烯烃的某些特点，所以称为球烯。

2. 碳的氧化物

碳的氧化物主要有 CO 和 CO_2。

CO 是一种无色、无臭的有毒气体，它的产生是因为煤炭及烃类燃料在空气不充分的条件下燃烧的结果。它能和血液中的血红蛋白结合，破坏其输氧功能，所以当空气中 CO 的体积分数达到 0.1%时，就会引起中毒，使人体的心、肺和脑组织受到损伤，严重时会导致人死亡。在工业上，CO 是冶炼金属的重要还原剂。

CO_2 是无色、无臭气体，易液化，常温下加压变成液态，储存在钢瓶中。进一步冷却液态 CO_2 会形成雪花状固体，称为“干冰”。干冰是分子晶体，熔点很低，在−78.5℃升华，是一种很好的制冷剂，在化学和食品工业具有广泛应用。

实验室中用盐酸和 $CaCO_3$ 反应制备 CO_2

$$CaCO_3 + 2HCl = CaCl_2 + CO_2\uparrow + H_2O$$

3. 碳酸及其盐

CO_2 能溶于水，溶解的 CO_2 只有部分生成 H_2CO_3。H_2CO_3 是二元弱酸，很不稳定，只能在水溶液中存在。

$$H_2CO_3 \rightleftharpoons H^+ + HCO_3^-$$

$$HCO_3^- \rightleftharpoons H^+ + CO_3^{2-}$$

H_2CO_3 能生成碳酸盐和碳酸氢盐。它们的热稳定性和溶解性差异很大。

1）热稳定性

大多数的碳酸盐热稳定性较差，受热易分解，产物通常是金属氧化物和 CO_2。比较其热稳定性，具有以下规律：

碳酸盐＞酸式碳酸盐＞碳酸

对不同金属离子的碳酸盐，其热稳定性为

碱金属盐＞碱土金属盐＞过渡金属盐＞铵盐

2）溶解性

碳酸盐中常用的 Na_2CO_3、K_2CO_3、$(NH_4)_2CO_3$ 易溶于水，而多数碳酸盐难溶于水。酸式碳酸盐的溶解度通常比正盐的溶解度大（$NaHCO_3$ 除外）。例如，$Ca(HCO_3)_2$ 易溶于水，$CaCO_3$ 难溶于水。

另外，大多数碳酸盐在溶液中都有不同程度的水解。碱金属碳酸盐的水溶液呈强碱性。例如，Na_2CO_3 称为纯碱，$Na_2CO_3 \cdot 10H_2O$ 称为洗涤碱；碳酸氢盐的水溶液呈弱碱性；重金属或两性金属的碳酸盐在水溶液中会部分解离，生成碱式碳酸盐或氢氧化物。

10.4.3　硅的含氧化合物

硅也可以形成氧化数为＋4 的化合物，这和碳的性质相似。硅和氢也能形成一系列化合物，称为硅烷，如甲硅烷（SiH_4）、乙硅烷（Si_2H_6）等。

1. 二氧化硅

在自然界中，SiO_2 主要分布在岩石、土壤以及矿石中。SiO_2 分为晶态和非晶态两种，晶态的称为石英，纯净的天然石英又称水晶；硅藻土是天然无定形 SiO_2，是一种多孔性物质，工业上常用作吸附剂以及催化剂的载体。

虽然 SiO_2 和 CO_2 的化学组成相似，但结构和物理性质却差别很大。SiO_2 是原子晶体；CO_2 是分子晶体。硅原子以 sp^3 杂化形式与 4 个氧原子结合，形成 Si—O 四面体，每个硅原子均位于 4 个氧原子的中心，分别以单键与氧原子相连，而氧原子又与其他硅原子相连，因此形成了立体的硅氧网络晶体。

SiO_2 的熔点、沸点都很高。在 1600℃时，石英会熔化成黏稠液体，急剧冷却时，由于黏度大，不易结晶，而形成石英玻璃。石英玻璃虽然有较高的耐酸性，但能被 HF 腐蚀而生成 SiF_4

$$SiO_2 + 4HF = SiF_4\uparrow + 2H_2O$$

以 SiO_2 为主要原料的玻璃纤维与聚酯类树脂复合成的材料称为玻璃钢，广泛应用于飞机、汽车、船舶、建筑和家具等行业，以取代各种合金材料。

2. 硅酸及硅酸盐

硅酸是 SiO_2 的水合物，是二元酸，酸性比 H_2CO_3 还弱，溶解度很小，很容易被其他酸

(甚至 H_2CO_3、HAc)从硅酸盐中析出

$$SiO_3^{2-} + CO_2 + H_2O = H_2SiO_3 \downarrow + CO_3^{2-}$$

$$SiO_3^{2-} + 2HAc = H_2SiO_3 \downarrow + 2Ac^-$$

经过制备所得到的是原硅酸(H_4SiO_4),H_4SiO_4 是胶体状态物质,不溶于水,会逐渐发生脱水,缩合形成一系列组成不同的硅酸,通式为 $xSiO_2 \cdot yH_2O$。

$2SiO_2 \cdot 3H_2O$	$SiO_2 \cdot 2H_2O$	$SiO_2 \cdot H_2O$	$SiO_2 \cdot 0.5H_2O$
(二硅酸)	(原硅酸)	(偏硅酸)	(二偏硅酸)

硅酸盐在自然界中分布很广,种类繁多,除了 Na_2SiO_3(俗称水玻璃)为可溶性硅酸盐外,大多数硅酸盐难溶于水,且有特征颜色。硅酸盐结构复杂,以 Si—O 四面体为结构单元,可以连接成线、层、主体网状。一般以氧化物形式表示硅酸盐,如白云石($K_2O \cdot 3Al_2O_3 \cdot 6SiO_2 \cdot 2H_2O$)、泡沸石($Na_2O \cdot Al_2O_3 \cdot 2SiO_2 \cdot nH_2O$)等。

3. 铝硅酸盐

在 Si—O 四面体中,如果有 Al 原子代替 Si 原子,网络骨架则带有负电荷,因此在骨架的空隙中必须存在中和负电荷的正离子。这样的矿物为硅铝酸盐,如正长石 $KAlSi_3O_8$、黏土($Al_2O_3 \cdot 2SiO_2 \cdot 2H_2O$)和上面提到的泡沸石等。

分子筛为天然的或人工合成的沸石型水合硅铝酸盐。泡沸石就是天然的分子筛;人工合成的分子筛是由硅氧四面体(SiO_2)和铝氧四面体(AlO_4)的结构单元所组成的多孔笼型骨架结构,结构中有许多内表面积很大的空穴,这些孔道孔径均一。

分子筛具有吸附某些分子的能力,是极性吸附剂,它的吸附能力除与本身的空穴和孔道尺寸大小有关外,还与被吸附物质的极性有关。分子筛对极性分子的吸附强于对非极性分子的吸附,同时可以对不饱和有机物进行选择性吸附,这是与其他吸附剂的不同之处。另外,分子筛还可用于干燥气体或液体,用作催化剂载体等。

10.5 硼族元素

10.5.1 硼族元素的通性

硼族元素是指周期系ⅢA 族元素,包括硼(B)、铝(Al)、镓(Ga)、铟(In)、铊(Ta)五种元素。其中 B 是非金属,其余都是金属。自然界中 B 主要以各种硼酸盐的形式存在,最常见的是硼砂($Na_2B_4O_7 \cdot 10H_2O$)。Al 主要以铝矾土矿的形式存在,即含有杂质的水合氧化铝矿($Al_2O_3 \cdot xH_2O$)、冰晶石矿($Na_3[AlF_6]$)和硅铝酸盐矿,Al 在地壳中的含量仅次于 O 和 Si,居第三位。Ga、In、Ta 为稀散元素,大多以杂质形式共生于其他元素的矿物中。

硼族元素原子的价电子构型为 ns^2np^1,主要氧化数为+3 和+1。由于硼族元素价电子数小于价轨道数目,因此硼族元素又称缺电子元素。氧化数为+3 的硼族元素具有相当强的形成共价键的倾向,特别是 B 只能通过共用电子形成共价化合物,不存在离子化合物。这是因为 B 为第二周期元素,电负性大(2.04),原子半径很小(88pm),失去 3 个电

子的总电离能高（6887.4kJ·mol^{-1}）。Al、Ga、In、Ta 的原子半径、电离能相差不大，它们可以失去电子形成离子键，成键和 B 原子差别很大，但其+3 价化合物仍有一定程度的共价性。例如，$AlCl_3$ 是共价化合物，在水溶液中存在 Al^{3+} 水合离子。Ta 的化合物中+1 价是稳定离子化合物。由于 $6s^2$ 惰性电子对效应，Ta 的+3 价化合物不稳定，是强氧化剂。

硼族元素从 B 到 Ta 低氧化数（+1）稳定性逐渐增强，高氧化数（+3）稳定性逐渐减弱，这是因为 $6s^2$ 惰性电子对效应随族数的递增而影响越来越小。

10.5.2 硼族元素的主要单质

单质 B 有多种同素异形体，无定形 B 为棕色粉末，晶态 B 呈灰黑色，其硬度近似于金刚石。高温下 B 可与 N_2、O_2、X_2、S 等单质和所有的金属反应，在室温下即能与 F_2 发生反应，但不与 H_2 反应。B 具有强烈的亲氧性，通常用作还原剂，能从许多稳定的氧化物（如 SiO_2、P_2O_5、H_2O）中夺取 O。B 不与 HCl 反应，但与热浓 H_2SO_4 和热浓 HNO_3 反应生成硼酸 $B(OH)_3$。在氧化剂下，B 与强碱共熔生成偏硼酸盐

$$4B + 3O_2 = 2B_2O_3$$

$$2B + 3F_2 = 2BF_3$$

$$2B + 3H_2SO_4(浓) = 2B(OH)_3 + 3SO_2\uparrow$$

$$B + 3HNO_3(浓) = B(OH)_3 + 3NO_2\uparrow$$

$$2B + 2NaOH + 3KNO_3 = 2NaBO_2 + 3KNO_2 + H_2O$$

Al 为银白色金属，具有良好的延展性和导电性，可代替铜各类导电材料。Al 为典型的两性元素，易溶于稀酸，并可从稀酸中置换出 H_2，在冷的浓 HNO_3 和浓 H_2SO_4 中，Al 的表面被钝化，不能进一步发生反应。Al 与碱反应的速率比与酸反应的速率更快。Al 也具有一定的亲氧性，接触空气，其表面生成一层致密的氧化膜，可阻止内层的 Al 被继续氧化。在高温下，Al 常被用来从其他金属氧化物中置换金属，该方法称为铝热法。例如

$$2Al + Fe_2O_3 = 2Fe + Al_2O_3$$

Al 在高温下也容易与其他非金属反应生成硫化物、卤化物等。

Ga 为银白色软金属，熔点为 302.78K，沸点却为 2676K，熔点、沸点相差之大是所有金属中独一无二的。Ga 凝固时体积会发生膨胀，这一点与其他金属也不同。Ga 的化学活性比 Al 低，也属于两性金属元素。应当注意，Ga 及其化合物都有毒，其毒性远远超过 Hg 和 As。

10.5.3 硼族元素的重要化合物

1. 硼酸和硼砂

硼酸（H_3BO_3）难溶于冷水，是具有白色有光泽的鳞片状晶体，较易溶于热水中，可由氧化硼（B_2O_3）溶于水生成。

硼酸是一元弱酸。它在水中的解离是以接收 OH^- 形成配位键，而不是给出 H^+。形成的配位键是以 OH^- 中的 O 的孤对电子填入 B 原子 p 空轨道中。

$$\overset{\displaystyle OH}{\overset{\uparrow}{B}}(OH)_3 + 2H_2O \rightleftharpoons [HO-\underset{\displaystyle OH}{\underset{|}{B}}\rightarrow OH] + H_3O^+$$

这种解离形式反映了硼元素化合物的缺电子特点，这也是 Al^{3+}、Ga^{3+}、In^{3+} 的氢氧化物的共同特点。

最重要的含硼化合物是四硼酸钠($Na_2B_4O_7 \cdot 10H_2O$)，又称硼砂。硼砂是一种无色透明的晶体，容易风化，在水中溶解度较小，因水解而使水溶液成碱性。

$$Na_2B_4O_7 + 3H_2O = 2NaBO_2 + 2H_3BO_3$$

$$2NaBO_2 + 4H_2O = 2NaOH + 2H_3BO_3$$

硼砂珠实验是硼砂在 878℃时熔化成玻璃状物质，此状态可以溶解各种金属氧化物，并因为金属种类的不同而显出不同的特征颜色。例如

$$NaB_4O_7 + CoO = 2NaBO_2 \cdot Co(BO_2)_2\text{（宝石蓝）}$$

这一性质可以用来鉴定某些金属离子。

2. 氧化铝和氢氧化铝

氧化铝(Al_2O_3)有多种变体，其中最常见的是刚玉 α-Al_2O_3 和 γ-Al_2O_3。γ-Al_2O_3 是氢氧化铝[$Al(OH)_3$]在较低温度下脱水得到的，比 α-Al_2O_3 性质活泼，具有典型的两性，既可溶于酸，又可溶于碱，称为活性 Al_2O_3。

向铝盐溶液中加入氨水或者通入 CO_2 可以得到蓬松的白色 $Al(OH)_3$ 沉淀。$Al(OH)_3$ 是一种典型的两性氢氧化物，其碱性略强于酸性，故属于弱碱。$Al(OH)_3$ 在溶液中的解离方式有以下两种

$$Al^{3+} \rightleftharpoons Al(OH)_3 = H_3AlO_3 \rightleftharpoons [Al(OH)_4]^-$$

10.6　碱金属和碱土金属元素

10.6.1　碱金属和碱土金属的通性

碱金属和碱土金属具有强还原性，碱金属是最强的还原剂。碱金属在空气中极易与氧化合，尤其铷和铯在遇到空气时即可燃烧生成不同类型的氧化物。碱土金属在空气中也较易被氧化成氧化物。碱金属和碱土金属能与卤素或硫直接化合生成卤化物或硫化物；在加热时可与氮化合生成氮化物。

10.6.2　碱金属和碱土金属与氢的反应

在加热条件下，碱金属和镁、钙、锶、钡在氢气流中均可反应生成离子型的氢化物

M^+H^- 和 $M^{2+}H_2^-$，一般这些氢化物都是熔融可以导电的白色固体，具有 NaCl 型晶格，又称盐型氢化物。

离子型氢化物遇水即可剧烈水解放出氢气，故 CaH_2 常用作军事和气象野外作业的生氢剂。

$$MH + H_2O = MOH + H_2\uparrow$$

离子型氢化物还具有强还原性。例如，金属钛的冶炼

$$LiH + Ti_2O \longrightarrow LiOH + 2Ti$$
$$4NaH + TiCl_4 \longrightarrow 4NaCl + 2H_2 + Ti$$

离子型氢化物能形成配位氢化物，反应式为

$$4LiH + AlCl_3 \longrightarrow 3LiCl + Li[AlH_4]$$

10.6.3　碱金属和碱土金属与水的反应

碱金属中钠、钾与水发生剧烈反应。一方面因为锂元素升华焓很大，不易熔化，导致反应速率很小；另一方面，生成的氢氧化锂的溶解度较小，覆盖在金属的表面上，导致锂单质与水反应不如钠剧烈。同周期的碱土金属与水反应不如碱金属剧烈。碱金属与水的反应式为

$$2M + 2H_2O \longrightarrow 2MOH + H_2\uparrow$$

10.6.4　氧化物和氢氧化物的性质

1. 氧化物

碱金属的氧化物种类繁多，一般存在有：普通氧化物 M_2O、过氧化物 M_2O_2 和超氧化物 MO_2 等。

当碱金属在空气中燃烧时，因反应活性不同产物不同，锂的主要产物是氧化锂，钠的主要产物是过氧化钠，钾、铷、铯的主要产物分别是超氧化钾、超氧化铷、超氧化铯。为了获得钠、钾、铷、铯的正常氧化物，采用相应的金属单质与它们相对应的过氧化物或硝酸盐作用而制得的。例如

$$Na_2O_2 + 2Na = 2Na_2O$$
$$2KNO_3 + 10K = 6K_2O + N_2\uparrow$$

室温下，碱金属的过氧化物、超氧化物可与水或稀酸反应生成过氧化氢，过氧化氢分解放出氧气

$$Na_2O_2 + H_2O = 2NaOH + H_2O_2$$
$$Na_2O_2 + H_2SO_4 = Na_2SO_4 + H_2O_2$$
$$2KO_2 + 2H_2O = 2KOH + H_2O_2 + O_2\uparrow$$
$$2KO_2 + H_2SO_4 = K_2SO_4 + H_2O_2 + O_2\uparrow$$

过氧化钠是最常见的碱金属过氧化物。制备方法一般是将金属钠在铝制容器中加热到 300℃并通入不含二氧化碳的干燥空气，得到淡黄色的过氧化钠。

过氧化物和超氧化物与二氧化碳反应可放出氧气

$$2Na_2O_2 + 2CO_2 \xlongequal{} 2Na_2CO_3 + O_2\uparrow$$

$$4KO_2 + 2CO_2 \xlongequal{} 2K_2CO_3 + 3O_2\uparrow$$

碱土金属的氧化物可以由它们的碳酸盐或硝酸盐加热分解而得到。例如

$$CaCO_3 \xlongequal{} CaO + CO_2\uparrow$$

$$2Sr(NO_3)_2 \xlongequal{} 2SrO + 4NO_2 + O_2\uparrow$$

2. 氢氧化物

碱金属和碱土金属的氢氧化物是通过碱金属和碱土金属的氧化物（除 BeO、MgO 外）与水作用得到的，反应过程中释放出大量的热。碱金属和碱土金属的氢氧化物均为易潮解的白色固体，在空气中可以吸收 CO_2 生成碳酸盐。

$$M_2O + H_2O \xlongequal{} 2MOH$$

$$MO + H_2O \xlongequal{} 2M(OH)_2$$

碱金属的氢氧化物均为强碱（仅 LiOH 属中强碱），并且从 CsOH 到 LiOH 的碱性依次减小，溶解时放出大量的热。碱土金属氢氧化物的碱性比同周期的碱金属氢氧化物的碱性弱一些。碱性强度从 $Ba(OH)_2$ 到 $Be(OH)_2$ 依次减小，其中 $Be(OH)_2$ 呈两性，能溶于强碱，与 $Al(OH)_3$ 相似。

$$CsOH > RbOH > KOH > NaOH > LiOH$$

强碱　强碱　强碱　强碱　中强碱

$$Ba(OH)_2 > Sr(OH)_2 > Ca(OH)_2 > Mg(OH)_2 > Be(OH)_2$$

两性　强碱　强碱　中强碱　强碱

阅读材料

生命中的元素

随着科学技术的发展，人们认识到地球上的一切生物都是由化学元素构成的。其中有 20 多种元素是构成人体生命所必需的。它们在生命体中发挥着各自的重要作用。根据这些元素对人体所产生的作用不同，可分为必需元素、非必需元素和有害元素。

1. 氮、磷、碳

氮是生命的基础物质和生命调节物质的组成部分。各种蛋白质中含氮量达 16%～18%。没有氮就无法合成氨基酸，也就不能合成蛋白质。

碳是生物界的主要元素。动物体中的脂肪、蛋白质、淀粉、纤维素等都是含碳的化合物。氨基酸、核苷酸也是以碳元素做骨架衍变而来的。因此，没有碳就没有生命。

磷是细胞核的重要成分，磷酸和糖结合而成的核苷酸是遗传基因的物质基础。磷元素以 $Ca_3(PO_4)_2$ 的形式大量存在于动物骨骼之中。在脑、神经组织中都含有磷。脑磷脂供给大脑巨大的能量。因此说，磷是思维元素。

2. 氟、氯、碘

氟是骨骼生长和预防牙病的必需微量元素。人体骨骼中含氟量为 0.01%～0.03%，牙釉中含氟在 0.01%～0.02%之间就能起到预防老年性骨质疏松症和龋齿的作用。而人体所需的氟主要来源于饮水，故水中含氟量的高低会直接影响人的身体健康。饮水中含氟量高达 2～4mg · L^{-1}时，或者含氟量小于 0.005mg · L^{-1}时，龋齿发病率相当高。当饮水中含氟量大于 4mg · L^{-1}时，人体容易得斑釉病，出现氟中毒，造成骨骼生长异常，严重时会导致最终瘫痪。故饮水中最适宜的含氟量为 1～1.5mg · L^{-1}。

氯常以 NaCl 和 KCl 的形式存在于人体中。氯的生理功能是控制人体中的细胞、组织液和血液内的电解质平衡和酸碱平衡，使体液保持畅通。人体排出的汗水中因含有 NaCl、KCl 而略带咸味。排汗会使人体内 K^+、Na^+、Cl^- 浓度降低，引起人体内电解质紊乱，导致恶心、呕吐。因此大量出汗后，饮水中应补充一定的盐分，以保持体内电平衡。

碘在人体内的含量极少，但对人的健康却有着密切的关系。人体中甲状腺含碘最多。甲状腺产生的甲状腺素，是人体发育中必不可少的，若膳食中碘的含量过少，就会引起人体缺碘，而使甲状腺合成受阻，引起甲状腺肿大。预防甲状腺肿大需要补充适量的碘，但若摄取的碘过量也会引起甲状腺肿大。

3. 钾、钠、钙、镁

Na^+ 主要存在于细胞外液，K^+ 主要存在于细胞内液，它们形成的钠钾泵对维持和调节细胞的渗透压有着重要的作用。Na^+、K^+、Ca^{2+}、Mg^{2+} 在一起，还能保持神经、肌肉系统的应急能力处于正常状态。正常的膳食一般能满足每日所需的 Na^+、K^+。

正常的成年人体内含钙 700～1400g，占人体总量的 2%左右。人体中的钙 99%以上存在于人体的骨骼和牙齿中。另外，约有 1%的钙存在于人体的软组织、细胞和血液中，其最主要的功能是信使作用，通过 Ca^{2+} 在细胞内外的浓度差可传递细胞的信息。缺钙儿童易引起佝偻病、生长发育迟缓等，因此，人们在膳食中要保证钙的供应。

正常人体内含镁 35g，其中约半数以上存在于牙齿和骨骼中，其余的镁存在于软组织和血液中，镁在骨骼中的作用是增强骨骼的强度。镁是酶的活化剂，能激活人体内的几百种酶。人体中蛋白质的合成、葡萄糖的氧化、细胞膜的能量转换都需要镁的参加。人体缺镁会使骨骼过早老化，四肢无力、肌肉痉挛、神经功能紊乱，还会造成心血管疾病。

4. 铬、锰、钼

生物体中铬主要以＋3 氧化数形式存在，人体中铬较多存在于组织和器官中。铬的生理功能和胰岛素密切有关。在生物体内的葡萄糖代谢过程中，往往利用胰岛素来促进由简单物质合成脂肪。而在上述合成过程中需要 Cr^{3+}，因而 Cr^{3+} 是人体正常的糖代谢和脂代谢必需的微量元素。若人体中含铬量太低，往往会导致胆固醇不正常，引起动脉粥样硬化，使人体血液病变。

锰是人体所必需的微量元素，是一种酶激活剂。它参与了人体内各种氧化还原反应，参与体内生物造血过程，使人体肌肉有力。因而人体的健康和正常生存都离不开锰。人体缺少了锰，将会影响人体内部多种维生素的合成，降低人的抗病能力，造成骨骼畸形，严重缺锰还可导致不孕症。当然人体锰过多，也会导致头晕头痛、记忆力减退、易疲劳等。

钼也是人体所必需的微量元素。它参与了人体的代谢过程。

5. 铁、钴、镍

铁是生命机体正常生存所必需的痕量元素。铁在生物体内主要以小分子形式存在，它参与蛋白质的组成。骨骼、肝、红细胞中均有铁的存在。已发现有 70 种以上的铁蛋白质。在生命体中的血红蛋白即是以 Fe^{2+} 为中心离子的六配位的配合物。当血红蛋白在肺部结合了吸入的 O_2 后，随血液流送到身体的各个需氧部位，然后这些部位的水可替代血红蛋白中的氧配位体。如此循环以维持生命体的正常心跳和呼吸。因此，人体缺铁将直接影响健康。

钴在人体中的作用主要是刺激造血、影响脂肪代谢，蛋白质、氨基酸、脂蛋白的合成，改善锌的生物活性，对甲状腺有一定的作用。人体中的维生素可促进红细胞增长和肌肉蛋白的合成。而钴是维生素 B_{12} 的一个重要成分。正常人体内含钴量为 1.1～1.5mg，主要分布在肌肉组织、软组织中，小部分分布在骨骼中。人体若缺钴将引起脱毛症等疾病。

镍在生物体中主要以＋2 氧化数形式存在，它与蛋白质结合形成有生物作用的配合物。

6. 铜、锌

铜在人体中的含量仅次于铁和锌，成年人身体里含铜 100～150mg，其中大部分在骨骼和肝脏中，只有 5%～10%在血液里。生物体中 30 多种蛋白质和酶中含有铜，铜和蛋白质结合在一起形成铜酶(铜蛋白)，绝大多数铜酶的主要生理作用是氧化还原作用，一般是通过酶分子中铜离子的氧化数的改变来实现的。人体中缺少铜酶，就不能在毛发和皮肤上形成黑色素，导致头发变白、白癜病等遗传性的白化症。

锌是人体所必需的微量元素之一，成年人体中含锌量为 1.4～2.5g，仅次于铁。人体中的锌约有 1/4～1/3 储存在在皮肤和骨骼里，其余的存在于血液中。还有极少量锌主要分布在胰脏和眼睛等器官里。人体缺锌会损害骨骼的发育、减弱糖类和蛋白质的代谢，造成发育不良、反应迟钝、智力低下等疾病。例如，侏儒症就是先天性缺锌所致。

生命体需要全面、均衡的各种微量元素。因此，在日常生活中注意全面摄取营养，以维持人体的生理平衡，保证身体健康。

本章小结

熟悉卤素、氧族元素、氮族元素、碳族元素、硼族元素、碱金属、碱土金属和过渡元素主要化合物的基本性质；熟悉ⅠA 和ⅠB、ⅡA 和ⅡB 族元素的性质对比；熟悉部分过渡元素离子的鉴定。

习　题

10-1　将氯气不断通入 KI 溶液中，为什么开始时溶液呈黄色，继而有棕褐色沉淀产生，最后又变成无色溶液？

10-2　一般不用玻璃容器称 NH_4F 溶液的原因是什么？已知 $K_b(NH_3 \cdot H_2O)=6\times10^{-8}$，$K_a(HF)=1.8\times10^{-5}$。

10-3　漂白粉为什么在潮湿的空气中易失效？

10-4　SO_2 与 Cl_2 的漂白机理有什么不同？

10-5　两种盐的晶体 A、B 溶于水都能得到无色溶液。在 A 溶液中加入饱和 H_2S 溶液没有沉淀生成；B 溶液中加入饱和 H_2S 溶液有黑色沉淀 C 生成；将溶液 A 和 B 混合后生成白色沉淀 D 与溶液 E；D 溶于 $Na_2S_2O_3$ 溶液可生成无色溶液 F；F 中加入 KI 生成黄色沉淀 G；若在 F 中加入 Na_2S 溶液可生成沉淀 C，C 与硝酸混合后加热生成含 B 的溶液和淡黄色的沉淀 H，并有气体生成。溶液 E 中加入 Na_2SO_4 生成不溶于盐酸的白色沉淀 I。试确定 A～I 的化学式，并写出相关的反应方程式。

10-6　写出下列物质的化学式：胆矾；石膏；芒硝；绿矾；泻盐；莫尔盐；明矾。

10-7　试用一种试剂将硫化钠、多硫化钠、亚硫酸盐和硫酸盐区分开来，并写出相关的化学方程式。

10-8　怎样除去 N_2O 中少量的 NO，NO 中少量的 NO_2，氨气中微量的水蒸气？

10-9　实验室中是怎样制备 $SnCl_2$ 溶液的？制备后要采取什么措施？各起的作用是什么？

10-10　如何用简单的实验证明 Pb_3O_4 中铅具有两种不同的价态？

* 第 11 章　现代仪器分析概论

现代仪器分析的发展非常迅猛，已进入了一个广泛应用的新时期。它不但在传统的工业、农业、食品业、制药、轻工业等领域中的应用越来越广泛，而且在现代生命科学、环境科学等飞速发展的学科中具有举足轻重的作用。仪器分析提供物质的组成、结构、性质、功能等重要信息，对揭示事物的本质具有重要的意义，为生命科学、环境科学等自然科学的发展奠定了坚实的基础。

11.1　现代仪器分析的任务和特点

11.1.1　仪器分析的任务

分析化学一般可以分为化学分析和仪器分析两大类。

化学分析是以化学反应及其化学计量关系为基础的分析方法；仪器分析是以物质的物理性质或物理化学性质为基础，采用特殊仪器设备对物质进行表征和测量的分析方法。仪器分析通常是通过测量能表征物质的物理性质或物理化学性质的某些参数或参数的变化，来确定物质的化学组成、含量和结构。仪器分析不但可以用于定性分析和定量分析，还可以完成化学分析难以胜任的特殊分析任务，如可以进行结构分析、无损分析、表面分析、微区分析、分布分析、在线分析、活体分析和临床分析等。仪器分析不仅是分析测试手段，而且是强有力的科学研究方法。

11.1.2　仪器分析的特点

仪器分析和化学分析是分析化学相辅相成的两个重要组成部分。化学分析法是经典的分析方法，也是分析化学的基础；仪器分析法具有准确、灵敏、快速、自动化程度高等特点，是分析化学的发展方向。仪器分析主要有以下特点：

(1) 灵敏度高。仪器分析法的绝对检出限可以达到微克数量级（10^{-6}g 或 μg）或纳克数量级（10^{-9}g 或 ng），甚至皮克数量级（10^{-12}或 pg）；相对检出限可以达到 $\mu g \cdot mL^{-1}$，或 $ng \cdot mL^{-1}$甚至 $pg \cdot mL^{-1}$。化学分析法的灵敏度较低，只能用于常量组分（>1%）及微量组分（0.01%～1%）的分析，而仪器分析法可以很方便地用于痕量组分（<0.01%）的测定。

(2) 试样用量少。仪器分析法固体试样用量为数毫克（mg）或数微克（μg），试液用量为数毫升（mL）或数微升（μL）；化学分析法在常量分析中，固体试样用量一般大于 0.1g，试液用量一般大于 10mL。在微量分析中，试液用量一般为 2 滴，即 0.08mL。

(3) 分析速度快，适用于批量样品的分析。例如，采用流动注射-原子吸收联用技术，每小时可以测定 60～120 个试样的数据；采用高频电感耦合等离子体光电直读光谱法，每分钟可以同时测定 10～40 个元素的含量。

(4) 选择性高，适用于复杂组分样品分析。很多仪器分析方法可以通过选择或调整测定条件，使共存组分与测定组分相互不发生干扰，有时也可以利用分析方法和分析对象的专属性进行有效的分离分析。例如，电位分析和高效液相色谱分析中的相关分析方法。

(5) 容易实现在线分析和自动化分析。将被测定组分的物理或物理化学信号转换、放大处理成电信号，并与计算机联用或多机联用，方便实现在线分析和自动化程控分析，加快在线分析和程控分析的速度，提高工作效率。

仪器分析也存在不足之处。第一，仪器比较昂贵，不易普及，应用受到一定限制；第二，仪器设备比较复杂，需要专门技术掌握和使用；第三，仪器分析是一种相对分析法，需要纯物质作标准对照；第四，仪器分析法相对误差通常在 1%～5%，有的甚至会大于 10%，对于化学分析法无法进行的痕量分析而言，能够满足对准确度的要求。

由于采用了现代计算机技术、微电子技术、光电子技术及精密仪器制造技术，新型仪器不断出现，仪器分析方法迅速发展，仪器分析的应用越来越广泛。仪器分析已经成为理、工、农、医类高等院校相关专业的一门基础课，并成为农业科学、生命科学、食品科学、环境科学、化学化工、材料科学、医药和临床科学等进行分析测试和科学研究的重要手段，发挥着越来越重要的作用。

11.2 仪器分析方法的分类

随着科学技术的进步和发展，新的仪器分析方法和技术不断涌现。仪器分析方法种类不断增多(现已有 40 余种)，各种分析方法都有相对独立的物理及物理化学原理。根据测量原理和测量参数的特点，仪器分析大致分为光学分析法、电化学分析法、色谱分析法和其他仪器分析法四大类。

11.2.1 光学分析法

基于物质发射光或光与物质相互作用而建立的一类分析方法称为光学分析法。光学分析法又分为光谱法和非光谱法。

光谱是按照波长顺序排列的电磁辐射，光谱依其形式又可以分为线光谱、带光谱和连续光谱。线光谱是气体状态下的原子经激发后产生的，称为原子光谱。带光谱是分子被激发时产生的。液态和固态物质在高温下激发，发射出具有各种波长的光，称为连续光谱。光谱法是依据物质对光的吸收、发射或拉曼散射作用建立的光学分析法。属于光谱法的有紫外-可见吸收光谱法、核磁共振光谱法。非光谱法是依据光与物质作用之后，其反射、折射、衍射、干涉、偏振等性质的变化建立的光学分析法。属于非光谱法的有折射法、X 射线衍射法、偏振法等。

1. 原子吸收光谱分析

原子吸收光谱是利用气态原子对同种元素原子辐射的特征光谱能量自吸的现象。原子吸收光谱分析则是基于原子吸收光谱的强弱关系进行定量分析的一种方法。

1）原子化方法

待测样品中的金属元素往往以化合态的形式存在。如果将样品处理为溶液，则溶液中的待测金属元素是以离子的形式存在，将待测试液中的金属元素转变成基态的原子蒸气的过程称为原子化。

(1) 火焰原子化。待测样品与燃气、助燃气混合一起通过燃烧产生火焰，而使各种形式的试样游离出在原子吸收中起作用的基态原子，这一过程就是火焰原子化。在原子吸收分光光度计中，它是通过火焰原子化器来完成的。火焰原子化器包括把试样溶液变成高度分散状态的雾化器和燃烧器。利用雾化器将试样分散为很小的雾滴，在燃烧器中使雾滴继续接受能量而解离出基态原子。

研究证明，在 3000K 以下的原子蒸气中，基态原子数目实际接近或等于火焰中待测元素的原子总数。应该注意火焰温度对原子化效率的影响，在 3000K 以上，随温度的升高，自由原子数可能相对减小，特别是当温度高达足以引起待测元素的原子电离时，将严重影响测定结果。

(2) 无火焰原子化。近年来利用电流直接加热石墨或金属以达到高温的原子化技术得到广泛的应用。

石墨炉原子化器的主要部件是石墨管，它长 50mm，直径 9mm，管内径 5mm。管上有 3 个孔，孔径为 1～2mm。中间孔用于滴加试液，当对石墨管道电加热时，试液在石墨管中干燥、灰化和原子化。由于石墨炉体积小，管内产生的原子化气体浓度很高。因此，用石墨炉原子化器进行分析时比火焰原子化器具有更高的灵敏度。使用石墨炉的主要缺点是精密度较差，相对标准偏差为 4%～12%。

2）光源

原子吸收光谱分析的光源要求能产生一定强度的待测元素的特征光谱，这种光谱应该是锐线光谱，即光源发射线的半宽度非常窄。在原子吸收分光光度计上一般采用空心阴极灯作为光源。

空心阴极灯由阳极(钨棒)和空心圆柱形阴极组成，与待测金属元素同种的元素材料被选为阴极材料或衬在阴极上。制造空心阴极的金属材料必须很纯，这两个电极被密封在一个充入稀有气体并带有石英窗的玻璃管中。当两极间加上电压达到一定电位时，在空心阴极内发生放电。由于稀有气体离子的轰击，自由金属原子从阴极溅出，又与稀有气体原子碰撞而激发，放出元素的特征光谱辐射线。灯的发光强度与工作电流有关，增大电流可提高发光强度，但电流过大则会使发射谱线变宽。

一种元素的空心阴极灯只能发射该种元素的特征射线，在原子吸收分析中测量某种金属元素只能使用该种金属的空心阴极灯，改变被测元素时就必须换灯。目前已研制了多元素空心阴极灯，一灯可测六七种元素，可避免换灯的麻烦，减少预热消耗的时间，提高分析速度，但多元素空心阴极灯也存在发射强度较弱、光谱有时不纯等缺点。

3）原于吸收光谱分析的基本过程和定量分析原理

原子吸收分光光度计主要由光源、原子化器、分光系统、检测系统组成。

由光源发射出的锐线谱线经透镜成一束平行光，该平行光通过原子化器的火焰或石墨炉的石墨管，在这里，基态原子吸收该元素的锐线辐射而使光源射出辐射的强度降低。

通过原子化器的辐射经单色器后照射在检测系统中的光电倍增管上，将光信号转成电信号，再经电路系统放大，记录处理。

与分光光度法的基本原理相似，原子吸收与原子浓度的关系也符合朗伯-比尔定律

$$I = I_0^{-KL} \tag{11-1}$$

式中，I_0为频率为 ν 的光源辐射光强度；I 为频率为 ν 的透射光强度；K 为原子蒸气对频率为 ν 的光的吸收系数；L 为火焰的厚度或光程。

进一步的理论研究证明，吸光度 A 与火焰中待测元素原子的总数 N 之间关系为

$$A = KbN \tag{11-2}$$

显然，当 b 为常数时，A 与 N 呈直线关系，可利用在标准条件下作直线的方法进行定量测定。

4）原子吸收光谱分析的应用

原子吸收光谱分析测定金属元素的灵敏度较高，选择性较好，测定步骤简单迅速。目前，原子吸收光谱法已经可测定 60～70 种元素，其应用范围日益广泛。原子吸收光谱法主要应用于冶金方面的黑色金属和有色金属的原材料分析，中间产品和成品分析；地质方面的矿物和岩石分析；建筑材料方面的玻璃、水泥及陶瓷材料分析；燃化方面的石油、塑料、润滑油、药品、化学试剂分析；农业方面的肥料、植物、土壤等分析；在环境监测、医学以及食品加工等方面也有广泛的应用。

2. 原子发射光谱分析

微观粒子的各种状态中，能量最低的状态称为基态。当原子获得能量时，客观存在的外层电子跃迁到离核较远的轨道上，原子处于激发态。处于激发态的原子很不稳定，在很短的时间内（10^{-8}～10^{-7}s）电子跃迁回基态或其他比较低的能级上，同时以光的形式释放出一定的能量，产生固定波长的光谱线。不同元素的原子结构各不相同，其不同状态的能量差值各异，不同元素有各自特征波长的光谱线。原子可能存在的能量状态有多种，因此某一元素的特征光谱线往往不止一条。根据试样物质中原子的能级跃迁所产生的光谱，研究物质化学组成的分析方法称为原子发射光谱分析。它是依据元素的原子或离子在热激发或电激发下发射特征波长的电磁辐射来进行元素定性与定量分析的方法。

将被分析的试样引入光源中，供给能量，使试样蒸发成气态原子，并将气态原子的外层电子激发至高能态。处于激发态的原子不稳定，跃迁至基态或低能态产生辐射，这种辐射经过摄谱仪进行分光，按波长顺序记录在感光板上，得到有规则曲线条即光谱图。从光谱图中观察辨认各特征波长谱线可对试样进行定性分析。根据各特征谱线的强度可以进行定量分析。

1）原子发射光谱分析的基本仪器

（1）光源。光源提供试样蒸发和激发所需的能量，使之产生光谱，在发射光谱分析中最常用的光源有火焰光源、直流电弧、交流电弧、电火花光源以及等离子体光源等。

（2）摄谱仪。摄谱仪是将复合的电磁波分解为按一定次序排列的光谱并用感光板记录的仪器，分为棱镜摄谱仪和光栅摄谱仪。

(3) 感光板。感光板是将卤化银的微小晶体均匀地分散在精制的明胶中，并涂布在支持体——玻璃或软片上而制成的一种感光材料，用以记录摄谱仪的光学系统分光得到的光谱。

(4) 映谱仪。映谱仪又称光谱投影仪，它的作用是将感光板上的谱线放大约 20 倍，以便辨认谱线。

(5) 测微光度计。其作用是用来测量感光板上所记录的谱线黑度，也称黑度计。

2) 原子发射光谱分析的定性、定量方法

(1) 定性方法。根据某元素的一组灵敏谱线是否出现来判别该元素在样品中是否存在。

应该注意的是，这里的"有"或"无"等结论不是绝对的，而是相对于分析方法的检出限而言的。

(2) 定量方法。在一定条件下，某元素特征谱线的黑度与该元素含量成正比，据此可以进行半定量或定量分析。

3) 原子发射光谱分析的特点

(1) 操作简单，分析速度快。发射光谱分析的最大特点是选择合适的工作条件，减少光谱线的重叠干扰，一次摄谱便可进行多组分定性分析以及半定量分析。例如，岩石、矿物采样和采矿用原子发射光谱分析法可以不经任何处理就能同时对样品中几十种金属进行全分析，并得出半定量结果，这种特性在农业土壤普查过程中也有应用价值。

(2) 选择性好。对于一些化学性质相近的元素，如稀土元素，用一般化学分析难以分别测定它们，而用光谱分析则能较容易地进行各元素的单独分析。

(3) 灵敏度高。在光谱分析中如果采用直接法光谱测定，相对灵敏度可以达到 0.1～100mg · kg^{-1}，绝对灵敏度可以达 10^{-9}～10^{-8}g。如果预先进行化学富集及物理浓缩，绝对灵敏度可达 10^{-11}g。当采用激光显微光谱对试样进行微区分析时，绝对灵敏度可以达 10^{-11}g。

(4) 准确度较高。相对误差一般为 5%～20%。当组分的含量大于 1%时，光谱法准确度较差；当含量为 0.1%～1%时，其准确度近似于化学分析法。当含量为 0.001%～0.1%或更低时，其准确度优于化学分析法。因此光谱分析法主要适用于微量及痕量元素的分析。

原子发射光谱也有一些缺点：①它是一种相对的分析方法，一般需要标准样品作为对照，如果找不到标准样品或标准样品的组成与待测样品差距较大，则给光谱定性分析造成困难；②光谱分析法仪器昂贵，使其推广受到限制，而对于某些非金属元素(如 S、Te、Se 以及卤素等)灵敏度较低，对于高含量元素的测定，其准确度较差。

11.2.2 电化学分析法

电化学分析法是根据物质在溶液中和电极上的电化学性质为基础建立的一类分析方法。属于电化学分析法的有电位分析法、极谱和伏安分析法、电导分析法、库仑分析法等。

电位分析法是电化学分析法的重要分支，通过在零电流的条件下测定两电极间的电位差(即构成原电池的电动势)进行分析测定。电位分析法包括直接电位法和电位滴定法。直接电位法是通过直接测定试液组成原电池的电动势来计算待测离子的活度(浓度),而电位滴定法是以滴定过程中指示电极电位(或原电池的电动势)的变化为依据进行分析的。一般电位分析法具有以下特点:

(1) 设备简单,操作方便。一般电位分析法只用酸度计(离子活度计)或自动电位滴定计即可,操作起来也非常方便。

(2) 可用于连续、自动和遥控测定。由于电位分析测量的是电信号,所以可方便地将其传播、放大,也可作为反馈信号来遥控测定和控制。

(3) 灵敏度高、选择性好、重现性好。例如,直接电位法一般可测离子的浓度范围为 $10^{-5}\sim10^{-1}\text{mol}\cdot\text{L}^{-1}$,个别可达 $10^{-8}\text{mol}\cdot\text{L}^{-1}$。电位滴定法的灵敏度更高。

11.2.3 色谱分析法

色谱分析法是以物质的不同组分在互不相溶的两相(流动相和固定相)中吸附能力、溶解能力或其他亲和作用力的差异而建立的分离分析方法。其中固定不动的相称为固定相;携带试样流过固定相的流体(气体或液体),称为流动相。

色谱分析法根据流动相状态的不同可分为气相色谱法和液相色谱法。以气体为流动相的色谱分析法称为气相色谱法;以液体为流动相的色谱分析法称为液相色谱法。气相色谱法根据所用的固定相不同可分为气固色谱和气液色谱;按色谱分离的原理可分为吸附色谱和分配色谱;根据所用的色谱柱内径不同又可分为填充柱色谱和毛细管柱色谱。

1. 气相色谱法

1) 气相色谱法的特点

气相色谱法是由惰性气体将气化后的试样带入加热的色谱柱,并携带各组分分子与固定相发生作用,并最终将组分从固定相带走,达到样品中各组分的分离。

气相色谱法不仅能对混合物进行分离,还能对混合物中各组分进行定性和定量分析,因此应用于食品、药品、环境等各个领域。其特点有以下几点:

(1) 高效能、高选择性。可分离分析性质相似的多组分混合物,如同系物、同分异构体等;可分离制备高纯物质,纯度可达 99.99%。

(2) 灵敏度高。可检出 $10^{-13}\sim10^{-11}$g 的物质。

(3) 分析速度快。一般分析时间为几分钟到几十分钟。

(4) 应用范围广。在仪器允许的气化条件下,凡是能够气化且稳定、不具腐蚀性的液体或气体,都可用气相色谱法分析。有的化合物沸点过高难以气化或热不稳定而分解,则可通过化学衍生化的方法,使其转变成易气化或热稳定的物质后再进行分析。但不适于高沸点、难挥发、热稳定性差的高分子化合物和生物大分子化合物分析。

2) 气相色谱仪的基本构造

气相色谱仪的工作流程如图 11-1 所示。即由高压钢瓶供给的流动相(简称载气),经减压阀、净化器、稳压阀、流量计后,以稳定的压力和流速连续经过气化室、色谱柱、检测器,最后放空。气化室与进样口连接,它的作用是把从进样口注入的液体试样瞬间气化为蒸气,以便随载气带入色谱柱中进行分离。分离后的试样随载气依次进入检测器,检测器将组分的浓度(或质量)变化转变为电信号。电信号经放大器放大后,由记录器记录下来,得到色谱图。

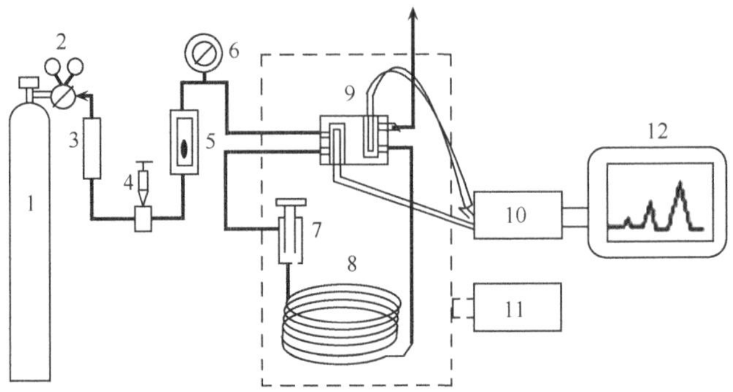

图 11-1　气相色谱仪的基本结构

1. 载气;2. 减压阀;3. 净化器;4. 稳压阀;5. 转子流量计;6. 压力表;7. 进样器;8. 色谱柱;9. 热导池检测器;10. 皂膜流量计;11. 恒温箱;12. 记录器

气相色谱仪的型号种类繁多,但它们的基本构造是一致的。它们都是由气路系统、进样系统、分离系统、检测系统、温度控制系统和数据处理系统六大部分组成。

2. 液相色谱法

液相色谱法的分类方法很多,若按固定相性质及形式分类,可分为柱色谱法、纸色谱法、薄层色谱法;按分离原理分类,可分为吸附色谱、分配色谱、离子交换色谱、凝胶色谱;按流动相输送压力大小分为经典液相色谱法(包括柱色谱法、纸色谱法、薄层色谱法)和高效液相色谱法。

1) 薄层色谱法

经典色谱法的特点是仪器设备简单,费用低,分析速度快,能同时分析多个样品,对样品预处理的要求不高,试样不受沸点、热稳定性的限制。因此广泛应用于医药工业中产品的纯度控制和杂质检查、天然药物研究中有效成分分离、中药的定性鉴别、临床实验室和生物化学中各种样品的分析。

薄层色谱法(TLC)是经典液相色谱法中最常见的一种。薄层色谱法是将固定相均匀地涂布在一块玻璃板、塑料板或铝箔上,形成一定厚度的薄层并使其具有一定的活性,在此薄层上进行色谱分离。虽然薄层色谱是在纸色谱之后发展起来的,但薄层色谱比纸色谱发展更快,应用更广泛。薄层色谱具有以下特点:

(1) 设备简单,操作简易。

(2) 展开速度快,展开一次只需几到几十分钟。

(3) 分离能力强,斑点集中。

(4) 灵敏度高,可检测 $10^{-6}\times10^{-9}$ g 物质。

(5) 样品用量少,只需几微克,甚至还能不破坏样品。

薄层色谱按其分离机理可分为吸附薄层色谱、分配薄层色谱、离子交换及排阻薄层色谱等,但使用得较多的是薄层吸附色谱。

2）高效液相色谱法

高效液相色谱法(HPLC)是20世纪70年代初期，以经典液相色谱法为基础，引入气相色谱理论与实验方法而发展起来的一种的新色谱技术，或称高压液相色谱法、高速液相色谱法。高效液相色谱法是在经典的柱色谱的基础上，引入了气相色谱法的理论，在技术上采用了高压泵、高效固定相和高灵敏度检测器。高效液相色谱法具有以下特点：

(1) 可以分离分析高沸点的有机物。气相色谱法需要将被测样品气化才能进行分离和测定，分析对象只限于分析气体和沸点较低的化合物，它们仅占有机物总数的20%左右。对于80%高沸点、热稳定性差、相对分子质量大的有机物，目前主要采用高效液相色谱法进行分离和分析。

(2) 高柱压。高效液相色谱柱的阻力较大，一般色谱柱进口压力为15～30MPa。

(3) 高柱效。由于高效液相色谱使用了许多新型的固定相，柱效可达每米5000块塔板，因为分离效能高，故高效液相色谱柱的长度较短，目前多采用10～30cm，最短的柱子可达3cm。

(4) 高分析速度。高效液相色谱法分析样品只需要几分钟或几十分钟，一般小于1h。例如，氨基酸分离采用经典液相色谱法需用20多小时才能分离出20种氨基酸，而用高效液相色谱法在1h内即可完成。

(5) 高灵敏度。高效液相色谱法采用高灵敏度的检测器，大大提高了检测的灵敏度，检出限可达10^{-11}g。

典型的高效液相色谱仪主要由高压输液系统、进样系统、分离系统、检测系统四个部分构成，如图11-2所示。高压输液泵将储液器中的流动相以稳定的流速(或压力)输送至分析体系，在色谱柱之前通过进样器将样品导入，流动相将样品依次带入色谱柱，在色谱柱中各组分被分离，并依次随流动相流至检测器，检测到的信号送至工作站记录、处理和保存。

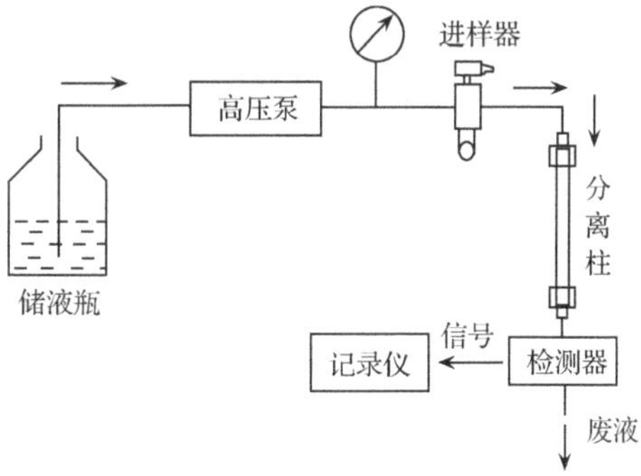

图11-2 HPLC的工作流程

11.2.4 其他仪器分析法

1. 质谱分析法

质谱分析法是带电粒子在电磁场中根据物质的质荷比(m/z)的大小不同而进行分离分析的方法。它是研究有机物结构和同位素组成的重要方法。

2. 热分析法

热分析法是根据物质的质量、体积、热导、反应热等性质与温度之间的动态关系来进行分析的方法。热分析法可用于成分分析，但更多地用于热力学、动力学、化学反应机理和物质状态等方面的研究。热分析法有热重法、差热分析法等。

阅读材料

核磁共振波谱法

核磁共振波谱法(NMR)是通过测量原子核对射频辐射(4～600MHz)的吸收来确定有机物或某些生化物质的结构、构型和进行化学研究的一种极为重要的方法。不是所有的原子核都能吸收射频辐射，只有那些放在强磁场中的磁性核(自旋量子数 $I\neq0$)才有可能产生吸收。磁性核在外磁场的作用下，原来简并的核自旋能级分裂成$(2I+1)$个分立的核磁能级。当外来辐射的能量 $h\nu$ 恰好与指定核素的相邻磁能级的能量间隔 ΔE 相等时，低能级的核就会吸收电磁辐射，跃迁到高能级，此即核磁共振现象。此时接收检测电磁波的情况，以频率为横坐标，吸收电磁波强度为纵坐标记录下来，就得到核磁共振谱。因此，就本质而言，核磁共振波谱与红外及紫外-可见吸收光谱一样，是物质与电磁辐射相互作用而产生的，属于吸收光谱范畴。根据核磁共振波谱图上共振峰的位置、强度和峰的裂分情况可以研究分子结构。

早在 1924 年 Pauli 就预言了核磁共振的基本理论：有些核同时具有自旋和磁量子数，这些核在磁场中会发生能级分裂。

1938 年，Rabi 创造分子束核磁共振法，用共振方法记录了原子核的磁矩；1945 年～1946 年，Bloch 和 Purcell 各自独立地创立了设备简单而又非常实用的方法，发展了核磁共振精细测量方法；近年来，Ernst 发展了多维核磁共振理论与技术。为此，他们分别荣获 1944 年、1952 年和 1991 年诺贝尔奖。三次诺贝尔奖的授予，充分说明了核磁共振的重要性。

NMR 发展最初阶段的应用局限于物理学领域，主要用于测定原子核的磁矩等物理常数。1949～1950 年，Knight、Proctor 和虞福春等发现处于不同化学环境的同种原子核有不同的共振频率，即化学位移。接着又发现因相邻自旋核而引起的多重谱线，即自旋-自旋耦合，这一切开拓了 NMR 在化学领域中的应用。1956 年，制造出了第一台连续波方式的高分辨率核磁共振商品仪器，并很快普及了 ^{1}H NMR 波谱法。

20 世纪 70 年代中期以后，由于脉冲技术和计算机技术的发展，使脉冲傅里叶变换核磁共振方法和谱仪得以实现和推广，引起了该领域革命性进步，使 NMR 从丰核(主要是 ^{1}H 核)的测量向稀核，尤其是 ^{13}C 核的研究迅速发展，使之成为常规的测量方法，极大地方便了有机分子结构的确定。

近年来，随着 NMR 和计算机的理论与技术不断发展并日趋成熟，NMR 无论在深度和广度方面均出现了飞跃性进展，主要表现在下列几方面：

(1) 谱仪磁场从低强度(0.7T，相当于 ^{1}H NMR 频率 30MHz)发展到高强度(23.49T，^{1}H NMR 频率 1000MHz)，大大提高了灵敏度和分辨率。

(2) 提出并实现了二维核磁共振谱以及三维和多维核磁共振谱、多量子跃迁等 NMR 测定新技术，在归属复杂分子的谱线方面非常有用，为研究十分复杂的生物大分子结构、构象及其性能提供了极其有力的武器，NMR 是目前测定溶液中蛋白质三级结构的重要方法。

(3) 近年来，不仅液体核磁共振波谱法及谱仪取得了极其迅速的进展，还发展了用于固体材料的结构分析的固体高分辨率核磁共振技术，以及已成为医学临床诊断重要手段的核磁共振成像技术。

由此可见，NMR 的研究与应用范围早已远远超出核物理学的范畴，广泛地应用于化合物分子的结构分析，也广泛地应用于跟踪化学反应、化学交换和分子内部运动等动态过程，进而了解这些过程的机理。NMR 波谱法是一种无需破坏试样的分析方法，虽然灵敏度不高，但可从中获取分子结构的大量信息，是最有效的结构鉴定方法。此外，还可以获得化学键、热力学参数和反应动力学机理方面的信息，也可作定性、定量分析，用于产品质量的科学鉴定。所以，NMR 波谱法在有机化学、生物化学、药物化学、物理学、临床医学以及众多工业部门中得到广泛的应用，成为化学家、生物化学家、物理学家以及医学家等研究者不可缺少的重要工具。

本章小结

(1) 现代仪器分析是以物质的物理性质或物理化学性质为基础，采用特殊仪器设备对物质进行表征和测量的分析方法。

(2) 仪器分析不但可以用于定性分析和定量分析，还可以完成化学分析难以胜任的特殊分析任务，如可以进行结构分析、无损分析、表面分析、微区分析、分布分析、在线分析、活体分析和临床分析等。

(3) 仪器分析根据测量原理和测量参数的特点，仪器分析大致分为光学分析法、电化学分析法、色谱分析法和其他仪器分析法四大类。

习 题

11-1 现代仪器分析有哪些特点?

11-2 化学分析法和仪器分析法的原理有何区别?

11-3 简述仪器分析的任务。

11-4 根据测量原理和测量参数的特点，仪器分析可分为哪些类型?

11-5 仪器分析的发展趋势有哪些方面?

参 考 文 献

董元彦.2011.无机及分析化学.3版.北京:科学出版社.
范文秀,娄天军,侯振雨.2012.无机及分析化学.2版.北京:化学工业出版社.
房存金,王继臣.2011.无机及分析化学.武汉:华中科技大学出版社.
冯务群.2010.无机化学学习指导与习题集.2版.北京:人民卫生出版社.
蒋疆,蔡向阳.2012.无机及分析化学.厦门:厦门大学出版社.
李春民.2012.无机及分析化学.北京:中国林业出版社.
刘云军.2009.无机化学笔记.2版. 北京:科学出版社.
南京大学无机及分析化学编写组.2006.无机及分析化学.4版.北京:高等教育出版社.
万家亮,李耀仓.2012.仪器分析(附实验). 武汉:华中师范大学出版社.
曾泳淮,林树昌.2004.分析化学(仪器分析部分).2版.北京:高等教育出版社.
钟国清,朱云云.2007.无机及分析化学学习指导.北京:科学出版社.

附　　录

附录Ⅰ　物质的标准摩尔生成焓、标准摩尔生成吉布斯函数、标准摩尔熵和摩尔热容(298.15K,100kPa)

物质	$\Delta_f H_m^\ominus$ /(kJ·mol^{-1})	$\Delta_f G_m^\ominus$ /(kJ·mol^{-1})	$S_m^\ominus$ /(J·mol^{-1}·K^{-1})	$C_{p,m}^\ominus$ /(J·mol^{-1}·K^{-1})
Ag(s)	0	0	42.712	25.48
Ag_2CO_3(s)	−506.14	−437.09	167.36	
Ag_2O(s)	−30.56	−10.82	121.71	65.57
Al(s)	0	0	28.315	24.35
Al(g)	313.80	273.2	164.553	
Al_2O_3-α	−1669.8	−2213.16	0.986	79.0
$Al_2(SO_4)_3$(s)	−3434.98	−3728.53	239.3	259.4
Br_2(g)	111.884	82.396	175.021	
Br_2(g)	30.71	3.109	245.455	35.99
Br_2(l)	0	0	152.3	35.6
C(g)	718.384	672.942	158.101	
C(金刚石)	1.896	2.866	2.439	6.07
C(石墨)	0	0	5.694	8.66
CO(g)	−110.525	−137.285	198.016	29.142
CO_2(g)	−393.511	−394.38	213.76	37.120
Ca(s)	0	0	41.63	26.27
CaC_2(s)	−62.8	−67.8	70.2	62.34
$CaCO_3$(方解石)	−1206.87	−1128.70	92.8	81.83
$CaCl_2$(s)	−795.0	−750.2	113.8	72.63
CaO(s)	−635.6	−604.2	39.7	48.53
$Ca(OH)_2$(s)	−986.5	−896.89	76.1	84.5
$CaSO_4$(硬石膏)	−1432.68	−1320.24	106.7	97.65
Cl^-(aq)	−167.456	−131.168	55.10	
Cl_2(g)	0	0	222.948	33.9
Cu(s)	0	0	33.32	24.47
CuO(s)	−155.2	−127.1	43.51	44.4
Cu_2O-α	−166.69	−146.33	100.8	69.8
F_2(g)	0	0	203.5	31.46
Fe-α	0	0	27.15	25.23
$FeCO_3$(s)	−747.68	−673.84	92.8	82.13
FeO(s)	−266.52	−244.3	54.0	51.1

续表

物质	$\Delta_f H_m^\ominus$ /(kJ·mol^{-1})	$\Delta_f G_m^\ominus$ /(kJ·mol^{-1})	$S_m^\ominus$ /(J·mol^{-1}·K^{-1})	$C_{p,m}^\ominus$ /(J·mol^{-1}·K^{-1})
Fe_2O_3(s)	−822.1	−741.0	90.0	104.6
Fe_3O_4(s)	−117.1	−1014.1	146.4	143.42
H(g)	217.94	203.122	114.724	20.80
H_2(g)	0	0	130.695	28.83
D_2(g)	0	0	144.884	29.20
HBr(g)	−36.24	−53.22	198.60	29.12
HBr(aq)	−120.92	−102.80	80.71	
HCl(g)	−92.311	−95.265	186.786	29.12
HCl(aq)	−167.44	−131.17	55.10	
H_2CO_3(aq)	−698.7	−623.37	191.2	
HI(g)	−25.94	−1.32	206.42	29.12
H_2O(g)	−241.825	−228.577	188.823	33.571
H_2O(l)	−285.838	−237.142	69.940	75.296
H_2O(s)	−291.850	(−234.03)	(39.4)	
H_2O_2(l)	−187.61	−118.04	102.26	82.29
H_2S(g)	−20.146	−33.040	205.75	33.97
H_2SO_4(l)	−811.35	(−866.4)	156.85	137.57
H_2SO_4(aq)	−811.32			
HSO_4(aq)	−885.75	−752.99	126.86	
I_2(g)	0	0	116.7	55.97
I_2(g)	62.242	19.34	260.60	36.87
N_2(g)	0	0	191.598	29.12
NH_3(g)	−46.19	−16.603	192.61	35.65
NO(g)	89.860	90.37	210.309	29.861
NO_2(g)	33.85	51.86	240.57	37.90
N_2O(g)	81.55	103.62	220.10	38.70
N_2O_4(g)	9.660	98.39	304.42	79.0
N_2O_5(g)	2.51	110.5	342.4	108.0
O(g)	247.521	230.095	161.063	21.93
O_2(g)	0	0	205.138	29.37
O_3(g)	142.3	163.45	237.7	38.15
OH^-(aq)	−229.940	−157.297	−10.539	
S(单斜)	0.29	0.096	32.55	23.64
S(斜方)	0	0	31.9	22.60
S(g)	222.80	182.27	167.825	
SO_2(g)	−296.90	−300.37	248.64	39.79
SO_3(g)	−395.18	−370.40	256.34	50.70
SO_4^{2-}(aq)	−907.51	−741.90	17.2	

本附录数据主要取自 Handbook of Chemistry and Physics. 70th ed. 1990; Lange's Handbook of Chemistry, 1967。

附录Ⅱ 弱酸弱碱在水中的解离常数 $K^{\ominus}$(298.15K)

弱酸	分子式	$K_a^{\ominus}$(或 $K_b^{\ominus}$)	$pK_a^{\ominus}$(或 $pK_b^{\ominus}$)
砷酸	H_3AsO_4	$6.3\times10^{-3}(K_{a_1}^{\ominus})$	2.20
		$1.0\times10^{-7}(K_{a_2}^{\ominus})$	7.00
		$3.2\times10^{-12}(K_{a_3}^{\ominus})$	11.50
亚砷酸	$HAsO_2$	$6.0\times10^{-10}(K_a^{\ominus})$	9.22
硼酸	H_3BO_3	$5.8\times10^{-10}(K_a^{\ominus})$	9.24
焦硼酸	$H_2B_4O_7$	$1.0\times10^{-4}(K_{a_1}^{\ominus})$	4
		$1.0\times10^{-9}(K_{a_2}^{\ominus})$	9
碳酸	$H_2CO_3(CO_2+H_2O)$	$4.2\times10^{-7}(K_{a_1}^{\ominus})$	6.38
		$5.6\times10^{-11}(K_{a_2}^{\ominus})$	10.25
氢氰酸	HCN	$6.2\times10^{-10}(K_a^{\ominus})$	9.21
铬酸	H_2CrO_4	$1.8\times10^{-1}(K_{a_1}^{\ominus})$	0.74
		$3.2\times10^{-7}(K_{a_2}^{\ominus})$	6.50
氢氟酸	HF	$6.6\times10^{-4}(K_a^{\ominus})$	3.18
亚硝酸	HNO_2	$5.1\times10^{-4}(K_a^{\ominus})$	3.29
过氧化氢	H_2O_2	$1.8\times10^{-12}(K_a^{\ominus})$	11.75
磷酸	H_3PO_4	$7.6\times10^{-3}(K_{a_1}^{\ominus})$	2.12
		$6.3\times10^{-3}(K_{a_2}^{\ominus})$	7.2
		$4.4\times10^{-13}(K_{a_3}^{\ominus})$	12.36
焦磷酸	$H_4P_2O_7$	$3.0\times10^{-2}(K_{a_1}^{\ominus})$	1.52
		$4.4\times10^{-3}(K_{a_2}^{\ominus})$	2.36
		$2.5\times10^{-7}(K_{a_3}^{\ominus})$	6.60
		$5.6\times10^{-10}(K_{a_4}^{\ominus})$	9.25
亚磷酸	H_3PO_3	$5.0\times10^{-2}(K_{a_1}^{\ominus})$	1.30
		$2.5\times10^{-7}(K_{a_2}^{\ominus})$	6.60
氢硫酸	H_2S	$1.3\times10^{-7}(K_{a_1}^{\ominus})$	6.88
		$7.1\times10^{-15}(K_{a_2}^{\ominus})$	14.15
硫酸	HSO_4^-	$1.0\times10^{-2}(K_{a_1}^{\ominus})$	1.99
亚硫酸	$H_3SO_3(SO_2+H_2O)$	$1.3\times10^{-2}(K_{a_1}^{\ominus})$	1.90
		$6.3\times10^{-8}(K_{a_2}^{\ominus})$	7.20

续表

弱酸	分子式	$K_a^\ominus$(或 $K_b^\ominus$)	$pK_a^\ominus$(或 $pK_b^\ominus$)
偏硅酸	H_2SiO_3	$1.7\times10^{-10}(K_{a_1}^\ominus)$	9.77
		$1.6\times10^{-12}(K_{a_2}^\ominus)$	11.8
甲酸	HCOOH	$1.8\times10^{-4}(K_a^\ominus)$	3.74
乙酸	CH_3COOH	$1.8\times10^{-5}(K_a^\ominus)$	4.74
一氯乙酸	$CH_2ClCOOH$	$1.4\times10^{-3}(K_a^\ominus)$	2.86
二氯乙酸	$CHCl_2COOH$	$5.0\times10^{-2}(K_a^\ominus)$	1.30
三氯乙酸	CCl_3COOH	$0.23(K_a^\ominus)$	0.64
氨基乙酸盐	$^+NH_3CH_2COOH^-$	$4.5\times10^{-3}(K_{a_1}^\ominus)$	2.35
	$^+NH_3CH_2COO^-$	$2.5\times10^{-10}(K_{a_2}^\ominus)$	9.60
抗坏血酸	—CHOH—CH_2OH	$5.0\times10^{-5}(K_{a_1}^\ominus)$	4.30
		$1.5\times10^{-10}(K_{a_2}^\ominus)$	9.82
乳酸	$CH_3CHOHCOOH$	$1.4\times10^{-4}(K_a^\ominus)$	3.86
苯甲酸	C_6H_5COOH	$6.2\times10^{-5}(K_a^\ominus)$	4.21
草酸	$H_2C_2O_4$	$5.9\times10^{-2}(K_{a_1}^\ominus)$	1.22
		$6.4\times10^{-5}(K_{a_2}^\ominus)$	4.19
d-酒石酸	CH(OH)COOH	$9.1\times10^{-4}(K_{a_1}^\ominus)$	3.04
	CH(OH)COOH	$4.3\times10^{-5}(K_{a_2}^\ominus)$	4.37
邻苯二甲酸	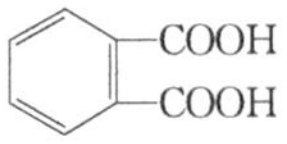	$1.1\times10^{-3}(K_{a_1}^\ominus)$	2.95
		$3.9\times10^{-6}(K_{a_2}^\ominus)$	5.41
柠檬酸	CH_2COOH | CH(OH)COOH | CH_2COOH	$7.4\times10^{-4}(K_{a_1}^\ominus)$	3.13
		$1.7\times10^{-5}(K_{a_2}^\ominus)$	4.76
		$4.0\times10^{-7}(K_{a_3}^\ominus)$	6.40
苯酚	C_6H_5OH	$1.1\times10^{-10}(K_a^\ominus)$	9.95
乙二胺四乙酸	H_6-$EDTA^{2+}$	$0.1(K_{a_1}^\ominus)$	0.9
	H_5-$EDTA^+$	$3\times10^{-2}(K_{a_2}^\ominus)$	1.6
	H_4-EDTA	$1\times10^{-2}(K_{a_3}^\ominus)$	2.0
	H_3-$EDTA^-$	$2.1\times10^{-3}(K_{a_4}^\ominus)$	2.67
	H_2-$EDTA^{2-}$	$6.9\times10^{-7}(K_{a_5}^\ominus)$	6.17
	H-$EDTA^{3-}$	$5.5\times10^{-11}(K_{a_6}^\ominus)$	10.26
氨水	NH_3	$1.8\times10^{-5}(K_b^\ominus)$	4.74
联氨	H_2NNH_2	$3.0\times10^{-6}(K_{b_1}^\ominus)$	5.52
		$1.7\times10^{-5}(K_{b_2}^\ominus)$	14.12

续表

弱酸	分子式	$K_a^{\ominus}$(或 $K_b^{\ominus}$)	$pK_a^{\ominus}$(或 $pK_b^{\ominus}$)
羟胺	NH_2OH	$9.1\times10^{-6}(K_b^{\ominus})$	8.04
甲胺	CH_3NH_2	$4.2\times10^{-4}(K_b^{\ominus})$	3.38
乙胺	$C_2H_5NH_2$	$5.6\times10^{-4}(K_b^{\ominus})$	3.25
二甲胺	$(CH_3)_2NH$	$1.2\times10^{-4}(K_b^{\ominus})$	3.93
二乙胺	$(C_2H_5)_2NH$	$1.3\times10^{-3}(K_b^{\ominus})$	2.89
乙醇胺	$HOCH_2CH_2NH_2$	$3.2\times10^{-5}(K_b^{\ominus})$	4.50
三乙醇胺	$(HOCH_2CH_2)_3N$	$5.8\times10^{-7}(K_b^{\ominus})$	6.24
六次甲基四胺	$(CH_2)_6N_4$	$1.4\times10^{-9}(K_b^{\ominus})$	8.85
乙二胺	$H_2NHC_2CH_2NH_2$	$8.5\times10^{-5}(K_{b_1}^{\ominus})$	4.07
		$7.1\times10^{-8}(K_{b_2}^{\ominus})$	7.15
吡啶		$1.7\times10^{-5}(K_b^{\ominus})$	8.77

附录Ⅲ　标准电极电位表(298.15K)

1. 在酸性溶液中

电对	方程式	$E^{\ominus}$/V
Li(Ⅰ)-(0)	$Li^{+}+e^{-}=Li$	−3.0401
Cs(Ⅰ)-(0)	$Cs^{+}+e^{-}=Cs$	−3.026
Rb(Ⅰ)-(0)	$Rb^{+}+e^{-}=Rb$	−2.98
K(Ⅰ)-(0)	$K^{+}+e^{-}=K$	−2.931
Ba(Ⅱ)-(0)	$Ba^{2+}+2e^{-}=Ba$	−2.912
Sr(Ⅱ)-(0)	$Sr^{2+}+2e^{-}=Sr$	−2.89
Ca(Ⅱ)-(0)	$Ca^{2+}+2e^{-}=Ca$	−2.868
Na(Ⅰ)-(0)	$Na^{+}+e^{-}=Na$	−2.71
La(Ⅲ)-(0)	$La^{3+}+3e^{-}=La$	−2.379
Mg(Ⅱ)-(0)	$Mg^{2+}+2e^{-}=Mg$	−2.372
Ce(Ⅲ)-(0)	$Ce^{3+}+3e^{-}=Ce$	−2.336
H(0)-(−Ⅰ)	$H_2(g)+2e^{-}=2H^{-}$	−2.23
Al(Ⅲ)-(0)	$AlF_6^{3-}+3e^{-}=Al+6F^{-}$	−2.069
Th(Ⅳ)-(0)	$Th^{4+}+4e^{-}=Th$	−1.899
Be(Ⅱ)-(0)	$Be^{2+}+2e^{-}=Be$	−1.847

续表

电对	方程式	$E^\ominus$/V
U(Ⅲ)-(0)	$U^{3+}+3e^-$ ══ U	−1.798
Hf(Ⅳ)-(0)	$HfO^{2+}+2H^++4e^-$ ══ $Hf+H_2O$	−1.724
Al(Ⅲ)-(0)	$Al^{3+}+3e^-$ ══ Al	−1.662
Ti(Ⅱ)-(0)	$Ti^{2+}+2e^-$ ══ Ti	−1.630
Zr(Ⅳ)-(0)	$ZrO_2+4H^++4e^-$ ══ $Zr+2H_2O$	−1.553
Si(Ⅳ)-(0)	$[SiF_6]^{2-}+4e^-$ ══ $Si+6F^-$	−1.24
Mn(Ⅱ)-(0)	$Mn^{2+}+2e^-$ ══ Mn	−1.185
Cr(Ⅱ)-(0)	$Cr^{2+}+2e^-$ ══ Cr	−0.913
Ti(Ⅲ)-(Ⅱ)	$Ti^{3+}+e^-$ ══ Ti^{2+}	−0.9
B(Ⅲ)-(0)	$H_3BO_3+3H^++3e^-$ ══ $B+3H_2O$	−0.8698
* Ti(Ⅳ)-(0)	$TiO_2+4H^++4e^-$ ══ $Ti+2H_2O$	−0.86
Te(0)-(−Ⅱ)	$Te+2H^++2e^-$ ══ H_2Te	−0.793
Zn(Ⅱ)-(0)	$Zn^{2+}+2e^-$ ══ Zn	−0.7618
Ta(Ⅴ)-(0)	$Ta_2O_5+10H^++10e^-$ ══ $2Ta+5H_2O$	−0.750
Cr(Ⅲ)-(0)	$Cr^{3+}+3e^-$ ══ Cr	−0.744
Nb(Ⅴ)-(0)	$Nb_2O_5+10H^++10e^-$ ══ $2Nb+5H_2O$	−0.644
As(0)-(−Ⅲ)	$As+3H^++3e^-$ ══ AsH_3	−0.608
U(Ⅳ)-(Ⅲ)	$U^{4+}+e^-$ ══ U^{3+}	−0.607
Ga(Ⅲ)-(0)	$Ga^{3+}+3e^-$ ══ Ga	−0.549
P(Ⅰ)-(0)	$H_3PO_2+H^++e^-$ ══ $P+2H_2O$	−0.508
P(Ⅲ)-(Ⅰ)	$H_3PO_3+2H^++2e^-$ ══ $H_3PO_2+H_2O$	−0.499
* C(Ⅳ)-(Ⅲ)	$2CO_2+2H^++2e^-$ ══ $H_2C_2O_4$	−0.49
Fe(Ⅱ)-(0)	$Fe^{2+}+2e^-$ ══ Fe	−0.447
Cr(Ⅲ)-(Ⅱ)	$Cr^{3+}+e^-$ ══ Cr^{2+}	−0.407
Cd(Ⅱ)-(0)	$Cd^{2+}+2e^-$ ══ Cd	−0.4030
Se(0)-(−Ⅱ)	$Se+2H^++2e^-$ ══ $H_2Se(aq)$	−0.399
Pb(Ⅱ)-(0)	PbI_2+2e^- ══ $Pb+2I^-$	−0.365
Eu(Ⅲ)-(Ⅱ)	$Eu^{3+}+e^-$ ══ Eu^{2+}	−0.36
Pb(Ⅱ)-(0)	$PbSO_4+2e^-$ ══ $Pb+SO_4^{2-}$	−0.3588
In(Ⅲ)-(0)	$In^{3+}+3e^-$ ══ In	−0.3382
Tl(Ⅰ)-(0)	Tl^++e^- ══ Tl	−0.336
Co(Ⅱ)-(0)	$Co^{2+}+2e^-$ ══ Co	−0.28
P(Ⅴ)-(Ⅲ)	$H_3PO_4+2H^++2e^-$ ══ $H_3PO_3+H_2O$	−0.276
Pb(Ⅱ)-(0)	$PbCl_2+2e^-$ ══ $Pb+2Cl^-$	−0.2675
Ni(Ⅱ)-(0)	$Ni^{2+}+2e^-$ ══ Ni	−0.257

续表

电对	方程式	$E^\ominus$/V
V(Ⅲ)-(Ⅱ)	$V^{3+}+e^-=V^{2+}$	−0.255
Ge(Ⅳ)-(0)	$H_2GeO_3+4H^++4e^-=Ge+3H_2O$	−0.182
Ag(Ⅰ)-(0)	$AgI+e^-=Ag+I^-$	−0.15224
Sn(Ⅱ)-(0)	$Sn^{2+}+2e^-=Sn$	−0.1375
Pb(Ⅱ)-(0)	$Pb^{2+}+2e^-=Pb$	−0.1262
* C(Ⅳ)-(Ⅱ)	$CO_2(g)+2H^++2e^-=CO+H_2O$	−0.12
P(0)-(−Ⅲ)	P(白磷)$+3H^++3e^-=PH_3(g)$	−0.063
Hg(Ⅰ)-(0)	$Hg_2I_2+2e^-=2Hg+2I^-$	−0.0405
Fe(Ⅲ)-(0)	$Fe^{3+}+3e^-=Fe$	−0.037
H(Ⅰ)-(0)	$2H^++2e^-=H_2$	0.0000
Ag(Ⅰ)-(0)	$AgBr+e^-=Ag+Br^-$	0.07133
S(Ⅱ,Ⅴ)-(Ⅱ)	$S_4O_6^{2-}+2e^-=2S_2O_3^{2-}$	0.08
* Ti(Ⅳ)-(Ⅲ)	$TiO^{2+}+2H^++e^-=Ti^{3+}+H_2O$	0.1
S(0)-(−Ⅱ)	$S+2H^++2e^-=H_2S(aq)$	0.142
Sn(Ⅳ)-(Ⅱ)	$Sn^{4+}+2e^-=Sn^{2+}$	0.151
Sb(Ⅲ)-(0)	$Sb_2O_3+6H^++6e^-=2Sb+3H_2O$	0.152
Cu(Ⅱ)-(Ⅰ)	$Cu^{2+}+e^-=Cu^+$	0.153
Bi(Ⅲ)-(0)	$BiOCl+2H^++3e^-=Bi+Cl^-+H_2O$	0.1583
S(Ⅵ)-(Ⅳ)	$SO_4^{2-}+4H^++2e^-=H_2SO_3+H_2O$	0.172
Sb(Ⅲ)-(0)	$SbO^++2H^++3e^-=Sb+H_2O$	0.212
Ag(Ⅰ)-(0)	$AgCl+e^-=Ag+Cl^-$	0.22233
As(Ⅲ)-(0)	$HAsO_2+3H^++3e^-=As+2H_2O$	0.248
Hg(Ⅰ)-(0)	$Hg_2Cl_2+2e^-=2Hg+2Cl^-$(饱和 KCl)	0.26808
Bi(Ⅲ)-(0)	$BiO^++2H^++3e^-=Bi+H_2O$	0.320
U(Ⅵ)-(Ⅳ)	$UO_2^{2+}+4H^++2e^-=U^{4+}+2H_2O$	0.327
C(Ⅳ)-(Ⅲ)	$2HCNO+2H^++2e^-=(CN)_2+2H_2O$	0.330
V(Ⅳ)-(Ⅲ)	$VO^{2+}+2H^++e^-=V^{3+}+H_2O$	0.337
Cu(Ⅱ)-(0)	$Cu^{2+}+2e^-=Cu$	0.3419
Re(Ⅶ)-(0)	$ReO_4^-+8H^++7e^-=Re+4H_2O$	0.368
Ag(Ⅰ)-(0)	$Ag_2CrO_4+2e^-=2Ag+CrO_4^{2-}$	0.4470
S(Ⅳ)-(0)	$H_2SO_3+4H^++4e^-=S+3H_2O$	0.449
Cu(Ⅰ)-(0)	$Cu^++e^-=Cu$	0.521
I(0)-(−Ⅰ)	$I_2+2e^-=2I^-$	0.5355
I(0)-(−Ⅰ)	$I_3^-+2e^-=3I^-$	0.536
As(Ⅴ)-(Ⅲ)	$H_3AsO_4+2H^++2e^-=HAsO_2+2H_2O$	0.560

续表

电对	方程式	$E^\ominus$/V
Sb(Ⅴ)-(Ⅲ)	$Sb_2O_5+6H^++4e^-$ ══ $2SbO^++3H_2O$	0.581
Te(Ⅳ)-(0)	$TeO_2+4H^++4e^-$ ══ $Te+2H_2O$	0.593
U(Ⅴ)-(Ⅳ)	$UO_2{}^++4H^++e^-$ ══ $U^{4+}+2H_2O$	0.612
** Hg(Ⅱ)-(Ⅰ)	$2HgCl_2+2e^-$ ══ $Hg_2Cl_2+2Cl^-$	0.63
Pt(Ⅳ)-(Ⅱ)	$[PtCl_6]^{2-}+2e^-$ ══ $[PtCl_4]^{2-}+2Cl^-$	0.68
O(0)-(－Ⅰ)	$O_2+2H^++2e^-$ ══ H_2O_2	0.695
Pt(Ⅱ)-(0)	$[PtCl_4]^{2-}+2e^-$ ══ $Pt+4Cl^-$	0.755
* Se(Ⅳ)-(0)	$H_2SeO_3+4H^++4e^-$ ══ $Se+3H_2O$	0.74
Fe(Ⅲ)-(Ⅱ)	$Fe^{3+}+e^-$ ══ Fe^{2+}	0.771
Hg(Ⅰ)-(0)	$Hg_2^{2+}+2e^-$ ══ $2Hg$	0.7973
Ag(Ⅰ)-(0)	Ag^++e^- ══ Ag	0.7996
Os(Ⅷ)-(0)	$OsO_4+8H^++8e^-$ ══ $Os+4H_2O$	0.8
N(Ⅴ)-(Ⅳ)	$2NO_3^-+4H^++2e^-$ ══ $N_2O_4+2H_2O$	0.803
Hg(Ⅱ)-(0)	$Hg^{2+}+2e^-$ ══ Hg	0.851
Si(Ⅳ)-(0)	SiO_2(石英)$+4H^++4e^-$ ══ $Si+2H_2O$	0.857
Cu(Ⅱ)-(Ⅰ)	$Cu^{2+}+I^-+e^-$ ══ CuI	0.86
N(Ⅲ)-(Ⅰ)	$2HNO_2+4H^++4e^-$ ══ $H_2N_2O_2+2H_2O$	0.86
Hg(Ⅱ)-(Ⅰ)	$2Hg^{2+}+2e^-$ ══ Hg_2^{2+}	0.920
N(Ⅴ)-(Ⅲ)	$NO_3^-+3H^++2e^-$ ══ HNO_2+H_2O	0.934
Pd(Ⅱ)-(0)	$Pd^{2+}+2e^-$ ══ Pd	0.951
N(Ⅴ)-(Ⅱ)	$NO_3^-+4H^++3e^-$ ══ $NO+2H_2O$	0.957
N(Ⅲ)-(Ⅱ)	$HNO_2+H^++e^-$ ══ $NO+H_2O$	0.983
I(Ⅰ)-(－Ⅰ)	$HIO+H^++2e^-$ ══ I^-+H_2O	0.987
V(Ⅴ)-(Ⅳ)	$VO_2{}^++2H^++e^-$ ══ $VO^{2+}+H_2O$	0.991
V(Ⅴ)-(Ⅳ)	$V(OH)_4{}^++2H^++e^-$ ══ $VO^{2+}+3H_2O$	1.00
Au(Ⅲ)-(0)	$[AuCl_4]^-+3e^-$ ══ $Au+4Cl^-$	1.002
Te(Ⅵ)-(Ⅳ)	$H_6TeO_6+2H^++2e^-$ ══ TeO_2+4H_2O	1.02
N(Ⅳ)-(Ⅱ)	$N_2O_4+4H^++4e^-$ ══ $2NO+2H_2O$	1.035
N(Ⅳ)-(Ⅲ)	$N_2O_4+2H^++2e^-$ ══ $2HNO_2$	1.065
I(Ⅴ)-(－Ⅰ)	$IO_3^-+6H^++6e^-$ ══ I^-+3H_2O	1.085
Br(0)-(－Ⅰ)	$Br_2(aq)+2e^-$ ══ $2Br^-$	1.0873
Se(Ⅵ)-(Ⅳ)	$SeO_4^{2-}+4H^++2e^-$ ══ $H_2SeO_3+H_2O$	1.151
Cl(Ⅴ)-(Ⅳ)	$ClO_3^-+2H^++e^-$ ══ ClO_2+H_2O	1.152
Pt(Ⅱ)-(0)	$Pt^{2+}+2e^-$ ══ Pt	1.18
Cl(Ⅶ)-(Ⅴ)	$ClO_4^-+2H^++2e^-$ ══ $ClO_3^-+H_2O$	1.189

续表

电对	方程式	$E^{\ominus}$/V
I(Ⅴ)-(0)	$2IO_3^- + 12H^+ + 10e^- = I_2 + 6H_2O$	1.195
Cl(Ⅴ)-(Ⅲ)	$ClO_3^- + 3H^+ + 2e^- = HClO_2 + H_2O$	1.214
Mn(Ⅳ)-(Ⅱ)	$MnO_2 + 4H^+ + 2e^- = Mn^{2+} + 2H_2O$	1.224
O(0)-(－Ⅱ)	$O_2 + 4H^+ + 4e^- = 2H_2O$	1.229
Tl(Ⅲ)-(Ⅰ)	$Tl^{3+} + 2e^- = Tl^+$	1.252
Cl(Ⅳ)-(Ⅲ)	$ClO_2 + H^+ + e^- = HClO_2$	1.277
N(Ⅲ)-(Ⅰ)	$2HNO_2 + 4H^+ + 4e^- = N_2O + 3H_2O$	1.297
* * Cr(Ⅵ)-(Ⅲ)	$Cr_2O_7^{2-} + 14H^+ + 6e^- = 2Cr^{3+} + 7H_2O$	1.33
Br(Ⅰ)-(－Ⅰ)	$HBrO + H^+ + 2e^- = Br^- + H_2O$	1.331
Cr(Ⅵ)-(Ⅲ)	$HCrO_4^- + 7H^+ + 3e^- = Cr^{3+} + 4H_2O$	1.350
Cl(0)-(－Ⅰ)	$Cl_2(g) + 2e^- = 2Cl^-$	1.35827
Cl(Ⅶ)-(－Ⅰ)	$ClO_4^- + 8H^+ + 8e^- = Cl^- + 4H_2O$	1.389
Cl(Ⅶ)-(0)	$ClO_4^- + 8H^+ + 7e^- = 1/2Cl_2 + 4H_2O$	1.39
Au(Ⅲ)-(Ⅰ)	$Au^{3+} + 2e^- = Au^+$	1.401
Br(Ⅴ)-(－Ⅰ)	$BrO_3^- + 6H^+ + 6e^- = Br^- + 3H_2O$	1.423
I(Ⅰ)-(0)	$2HIO + 2H^+ + 2e^- = I_2 + 2H_2O$	1.439
Cl(Ⅴ)-(－Ⅰ)	$ClO_3^- + 6H^+ + 6e^- = Cl^- + 3H_2O$	1.451
Pb(Ⅳ)-(Ⅱ)	$PbO_2 + 4H^+ + 2e^- = Pb^{2+} + 2H_2O$	1.455
Cl(Ⅴ)-(0)	$ClO_3^- + 6H^+ + 5e^- = 1/2Cl_2 + 3H_2O$	1.47
Cl(Ⅰ)-(－Ⅰ)	$HClO + H^+ + 2e^- = Cl^- + H_2O$	1.482
Br(Ⅴ)-(0)	$BrO_3^- + 6H^+ + 5e^- = 1/2Br_2 + 3H_2O$	1.482
Au(Ⅲ)-(0)	$Au^{3+} + 3e^- = Au$	1.498
Mn(Ⅶ)-(Ⅱ)	$MnO_4^- + 8H^+ + 5e^- = Mn^{2+} + 4H_2O$	1.507
Mn(Ⅲ)-(Ⅱ)	$Mn^{3+} + e^- = Mn^{2+}$	1.5415
Cl(Ⅲ)-(－Ⅰ)	$HClO_2 + 3H^+ + 4e^- = Cl^- + 2H_2O$	1.570
Br(Ⅰ)-(0)	$HBrO + H^+ + e^- = 1/2Br_2(aq) + H_2O$	1.574
N(Ⅱ)-(Ⅰ)	$2NO + 2H^+ + 2e^- = N_2O + H_2O$	1.591
I(Ⅶ)-(Ⅴ)	$H_5IO_6 + H^+ + 2e^- = IO_3^- + 3H_2O$	1.601
Cl(Ⅰ)-(0)	$HClO + H^+ + e^- = 1/2Cl_2 + H_2O$	1.611
Cl(Ⅲ)-(Ⅰ)	$HClO_2 + 2H^+ + 2e^- = HClO + H_2O$	1.645
Ni(Ⅳ)-(Ⅱ)	$NiO_2 + 4H^+ + 2e^- = Ni^{2+} + 2H_2O$	1.678
Mn(Ⅶ)-(Ⅳ)	$MnO_4^- + 4H^+ + 3e^- = MnO_2 + 2H_2O$	1.679
Pb(Ⅳ)-(Ⅱ)	$PbO_2 + SO_4^{2-} + 4H^+ + 2e^- = PbSO_4 + 2H_2O$	1.6913

续表

电对	方程式	$E^{\ominus}$/V
Au(Ⅰ)-(0)	$Au^{+}+e^{-}=Au$	1.692
Ce(Ⅳ)-(Ⅲ)	$Ce^{4+}+e^{-}=Ce^{3+}$	1.72
N(Ⅰ)-(0)	$N_2O+2H^{+}+2e^{-}=N_2+H_2O$	1.766
O(－Ⅰ)-(－Ⅱ)	$H_2O_2+2H^{+}+2e^{-}=2H_2O$	1.776
Co(Ⅲ)-(Ⅱ)	$Co^{3+}+e^{-}=Co^{2+}$ $(2mol \cdot L^{-1}\ H_2SO_4)$	1.83
Ag(Ⅱ)-(Ⅰ)	$Ag^{2+}+e^{-}=Ag^{+}$	1.980
S(Ⅶ)-(Ⅵ)	$S_2O_8{}^{2-}+2e^{-}=2SO_4^{2-}$	2.010
O(0)-(－Ⅱ)	$O_3+2H^{+}+2e^{-}=O_2+H_2O$	2.076
O(Ⅱ)-(－Ⅱ)	$F_2O+2H^{+}+4e^{-}=H_2O+2F^{-}$	2.153
Fe(Ⅵ)-(Ⅲ)	$FeO_4^{2-}+8H^{+}+3e^{-}=Fe^{3+}+4H_2O$	2.20
O(0)-(－Ⅱ)	$O(g)+2H^{+}+2e^{-}=H_2O$	2.421
F(0)-(－Ⅰ)	$F_2+2e^{-}=2F^{-}$	2.866
	$F_2+2H^{+}+2e^{-}=2HF$	3.053

2. 在碱性溶液中

电对	方程式	$E^{\ominus}$/V
Ca(Ⅱ)-(0)	$Ca(OH)_2+2e^{-}=Ca+2OH^{-}$	－3.02
Ba(Ⅱ)-(0)	$Ba(OH)_2+2e^{-}=Ba+2OH^{-}$	－2.99
La(Ⅲ)-(0)	$La(OH)_3+3e^{-}=La+3OH^{-}$	－2.90
Sr(Ⅱ)-(0)	$Sr(OH)_2 \cdot 8H_2O+2e^{-}=Sr+2OH^{-}+8H_2O$	－2.88
Mg(Ⅱ)-(0)	$Mg(OH)_2+2e^{-}=Mg+2OH^{-}$	－2.690
Be(Ⅱ)-(0)	$Be_2O_3^{2-}+3H_2O+4e^{-}=2Be+6OH^{-}$	－2.63
Hf(Ⅳ)-(0)	$HfO(OH)_2+H_2O+4e^{-}=Hf+4OH^{-}$	－2.50
Zr(Ⅳ)-(0)	$H_2ZrO_3+H_2O+4e^{-}=Zr+4OH^{-}$	－2.36
Al(Ⅲ)-(0)	$H_2AlO_3^{-}+H_2O+3e^{-}=Al+4OH^{-}$	－2.33
P(Ⅰ)-(0)	$H_2PO_2^{-}+e^{-}=P+2OH^{-}$	－1.82
B(Ⅲ)-(0)	$H_2BO_3^{-}+H_2O+3e^{-}=B+4OH^{-}$	－1.79
P(Ⅲ)-(0)	$HPO_3^{2-}+2H_2O+3e^{-}=P+5OH^{-}$	－1.71
Si(Ⅳ)-(0)	$SiO_3^{2-}+3H_2O+4e^{-}=Si+6OH^{-}$	－1.697
P(Ⅲ)-(Ⅰ)	$HPO_3^{2-}+2H_2O+2e^{-}=H_2PO_2^{-}+3OH^{-}$	－1.65
Mn(Ⅱ)-(0)	$Mn(OH)_2+2e^{-}=Mn+2OH^{-}$	－1.56
Cr(Ⅲ)-(0)	$Cr(OH)_3+3e^{-}=Cr+3OH^{-}$	－1.48
* Zn(Ⅱ)-(0)	$[Zn(CN)_4]^{2-}+2e^{-}=Zn+4CN^{-}$	－1.26

续表

电对	方程式	$E^{\ominus}/V$
Zn(Ⅱ)-(0)	$Zn(OH)_2+2e^-$ ══ $Zn+2OH^-$	−1.249
Ga(Ⅲ)-(0)	$H_2GaO_3^-+H_2O+2e^-$ ══ $Ga+4OH^-$	−1.219
Zn(Ⅱ)-(0)	$ZnO_2{}^{2-}+2H_2O+2e^-$ ══ $Zn+4OH^-$	−1.215
Cr(Ⅲ)-(0)	$CrO_2^-+2H_2O+3e^-$ ══ $Cr+4OH^-$	−1.2
Te(0)-(−Ⅱ)	$Te+2e^-$ ══ Te^{2-}	−1.143
P(Ⅴ)-(Ⅲ)	$PO_4^{3-}+2H_2O+2e^-$ ══ $HPO_3^{2-}+3OH^-$	−1.05
* Zn(Ⅱ)-(0)	$[Zn(NH_3)_4]^{2+}+2e^-$ ══ $Zn+4NH_3$	−1.04
* W(Ⅵ)-(0)	$WO_4^{2-}+4H_2O+6e^-$ ══ $W+8OH^-$	−1.01
* Ge(Ⅳ)-(0)	$HGeO_3^-+2H_2O+4e^-$ ══ $Ge+5OH^-$	−1.0
Sn(Ⅳ)-(Ⅱ)	$[Sn(OH)_6]^{2-}+2e^-$ ══ $HSnO_2^-+H_2O+3OH^-$	−0.93
S(Ⅵ)-(Ⅳ)	$SO_4^{2-}+H_2O+2e^-$ ══ $SO_3^{2-}+2OH^-$	−0.93
Se(0)-(−Ⅱ)	$Se+2e^-$ ══ Se^{2-}	−0.924
Sn(Ⅱ)-(0)	$HSnO_2^-+H_2O+2e^-$ ══ $Sn+3OH^-$	−0.909
P(0)-(−Ⅲ)	$P+3H_2O+3e^-$ ══ $PH_3(g)+3OH^-$	−0.87
N(Ⅴ)-(Ⅳ)	$2NO_3^-+2H_2O+2e^-$ ══ $N_2O_4+4OH^-$	−0.85
H(Ⅰ)-(0)	$2H_2O+2e^-$ ══ H_2+2OH^-	−0.8277
Cd(Ⅱ)-(0)	$Cd(OH)_2+2e^-$ ══ $Cd(Hg)+2OH^-$	−0.809
Co(Ⅱ)-(0)	$Co(OH)_2+2e^-$ ══ $Co+2OH^-$	−0.73
Ni(Ⅱ)-(0)	$Ni(OH)_2+2e^-$ ══ $Ni+2OH^-$	−0.72
As(Ⅴ)-(Ⅲ)	$AsO_4^{3-}+2H_2O+2e^-$ ══ $AsO_2^-+4OH^-$	−0.71
Ag(Ⅰ)-(0)	Ag_2S+2e^- ══ $2Ag+S^{2-}$	−0.691
As(Ⅲ)-(0)	$AsO_2^-+2H_2O+3e^-$ ══ $As+4OH^-$	−0.68
Sb(Ⅲ)-(0)	$SbO_2^-+2H_2O+3e^-$ ══ $Sb+4OH^-$	−0.66
* Re(Ⅶ)-(Ⅳ)	$ReO_4^-+2H_2O+3e^-$ ══ ReO_2+4OH^-	−0.59
* Sb(Ⅴ)-(Ⅲ)	$SbO_3^-+H_2O+2e^-$ ══ $SbO_2^-+2OH^-$	−0.59
Re(Ⅶ)-(0)	$ReO_4^-+4H_2O+7e^-$ ══ $Re+8OH^-$	−0.584
* S(Ⅳ)-(Ⅱ)	$2SO_3^{2-}+3H_2O+4e^-$ ══ $S_2O_3^{2-}+6OH^-$	−0.58
Te(Ⅳ)-(0)	$TeO_3^{2-}+3H_2O+4e^-$ ══ $Te+6OH^-$	−0.57
Fe(Ⅲ)-(Ⅱ)	$Fe(OH)_3+e^-$ ══ $Fe(OH)_2+OH^-$	−0.56
S(0)-(−Ⅱ)	$S+2e^-$ ══ S^{2-}	−0.47627
Bi(Ⅲ)-(0)	$Bi_2O_3+3H_2O+6e^-$ ══ $2Bi+6OH^-$	−0.46
N(Ⅲ)-(Ⅱ)	$NO_2^-+H_2O+e^-$ ══ $NO+2OH^-$	−0.46
* Co(Ⅱ)-(0)	$[Co(NH_3)_6]^{2+}+2e^-$ ══ $Co+6NH_3$	−0.422

续表

电对	方程式	$E^{\ominus}$/V
Se(Ⅳ)-(0)	$SeO_3^{2-}+3H_2O+4e^-$ ══ $Se+6OH^-$	−0.366
Cu(Ⅰ)-(0)	$Cu_2O+H_2O+2e^-$ ══ $2Cu+2OH^-$	−0.360
Tl(Ⅰ)-(0)	$Tl(OH)+e^-$ ══ $Tl+OH^-$	−0.34
* Ag(Ⅰ)-(0)	$[Ag(CN)_2]^-+e^-$ ══ $Ag+2CN^-$	−0.31
Cu(Ⅱ)-(0)	$Cu(OH)_2+2e^-$ ══ $Cu+2OH^-$	−0.222
Cr(Ⅵ)-(Ⅲ)	$CrO_4^{2-}+4H_2O+3e^-$ ══ $Cr(OH)_3+5OH^-$	−0.13
* Cu(Ⅰ)-(0)	$[Cu(NH_3)_2]^++e^-$ ══ $Cu+2NH_3$	−0.12
O(0)-(−Ⅰ)	$O_2+H_2O+2e^-$ ══ $HO_2^-+OH^-$	−0.076
Ag(Ⅰ)-(0)	$AgCN+e^-$ ══ $Ag+CN^-$	−0.017
N(Ⅴ)-(Ⅲ)	$NO_3^-+H_2O+2e^-$ ══ $NO_2^-+2OH^-$	0.01
Se(Ⅵ)-(Ⅳ)	$SeO_4^{2-}+H_2O+2e^-$ ══ $SeO_3^{2-}+2OH^-$	0.05
Pd(Ⅱ)-(0)	$Pd(OH)_2+2e^-$ ══ $Pd+2OH^-$	0.07
S(Ⅱ,Ⅴ)-(Ⅱ)	$S_4O_6^{2-}+2e^-$ ══ $2S_2O_3^{2-}$	0.08
Hg(Ⅱ)-(0)	$HgO+H_2O+2e^-$ ══ $Hg+2OH^-$	0.0977
Co(Ⅲ)-(Ⅱ)	$[Co(NH_3)_6]^{3+}+e^-$ ══ $[Co(NH_3)_6]^{2+}$	0.108
Pt(Ⅱ)-(0)	$Pt(OH)_2+2e^-$ ══ $Pt+2OH^-$	0.14
Co(Ⅲ)-(Ⅱ)	$Co(OH)_3+e^-$ ══ $Co(OH)_2+OH^-$	0.17
Pb(Ⅳ)-(Ⅱ)	$PbO_2+H_2O+2e^-$ ══ $PbO+2OH^-$	0.247
I(Ⅴ)-(−Ⅰ)	$IO_3^-+3H_2O+6e^-$ ══ I^-+6OH^-	0.26
Cl(Ⅴ)-(Ⅲ)	$ClO_3^-+H_2O+2e^-$ ══ $ClO_2^-+2OH^-$	0.33
Ag(Ⅰ)-(0)	$Ag_2O+H_2O+2e^-$ ══ $2Ag+2OH^-$	0.342
Fe(Ⅲ)-(Ⅱ)	$[Fe(CN)_6]^{3-}+e^-$ ══ $[Fe(CN)_6]^{4-}$	0.358
Cl(Ⅶ)-(Ⅴ)	$ClO_4^-+H_2O+2e^-$ ══ $ClO_3^-+2OH^-$	0.36
* Ag(Ⅰ)-(0)	$[Ag(NH_3)_2]^++e^-$ ══ $Ag+2NH_3$	0.373
O(0)-(−Ⅱ)	$O_2+2H_2O+4e^-$ ══ $4OH^-$	0.401
I(Ⅰ)-(−Ⅰ)	$IO^-+H_2O+2e^-$ ══ I^-+2OH^-	0.485
* Ni(Ⅳ)-(Ⅱ)	$NiO_2+2H_2O+2e^-$ ══ $Ni(OH)_2+2OH^-$	0.490
Mn(Ⅶ)-(Ⅵ)	$MnO_4^-+e^-$ ══ MnO_4^{2-}	0.558
Mn(Ⅶ)-(Ⅳ)	$MnO_4^-+2H_2O+3e^-$ ══ MnO_2+4OH^-	0.595
Mn(Ⅵ)-(Ⅳ)	$MnO_4^{2-}+2H_2O+2e^-$ ══ MnO_2+4OH^-	0.60
Ag(Ⅱ)-(Ⅰ)	$2AgO+H_2O+2e^-$ ══ Ag_2O+2OH^-	0.607
Br(Ⅴ)-(−Ⅰ)	$BrO_3^-+3H_2O+6e^-$ ══ Br^-+6OH^-	0.61
Cl(Ⅴ)-(−Ⅰ)	$ClO_3^-+3H_2O+6e^-$ ══ Cl^-+6OH^-	0.62

续表

电对	方程式	$E^{\ominus}/V$
Cl(Ⅲ)-(Ⅰ)	$ClO_2^- + H_2O + 2e^- = ClO^- + 2OH^-$	0.66
I(Ⅶ)-(Ⅴ)	$H_3IO_6^{2-} + 2e^- = IO_3^- + 3OH^-$	0.7
Cl(Ⅲ)-(－Ⅰ)	$ClO_2^- + 2H_2O + 4e^- = Cl^- + 4OH^-$	0.76
Br(Ⅰ)-(－Ⅰ)	$BrO^- + H_2O + 2e^- = Br^- + 2OH^-$	0.761
Cl(Ⅰ)-(－Ⅰ)	$ClO^- + H_2O + 2e^- = Cl^- + 2OH^-$	0.841
* Cl(Ⅳ)-(Ⅲ)	$ClO_2(g) + e^- = ClO_2^-$	0.95
O(0)-(－Ⅱ)	$O_3 + H_2O + 2e^- = O_2 + 2OH^-$	1.24

摘自 Lide D R. Handbook of Chemistry and Physics. 78th ed. 1997～1998。

* 摘自 Dean J A. Lange's Handbook of Chemistry. 13th ed. 1985。

** 摘自其他参考书。

附录Ⅳ　难溶化合物的溶度积常数 $K_{sp}^{\ominus}$(298.15K)

分子式	$K_{sp}^{\ominus}$	$pK_{sp}^{\ominus}(-\lg K_{sp}^{\ominus})$	分子式	$K_{sp}^{\ominus}$	$pK_{sp}^{\ominus}(-\lg K_{sp}^{\ominus})$
Ag_3AsO_4	1.0×10^{-22}	22.0	Ag_2SeO_4	5.7×10^{-8}	7.25
$AgBr$	5.0×10^{-13}	12.3	$AgVO_3$	5.0×10^{-7}	6.3
$AgBrO_3$	5.50×10^{-5}	4.26	Ag_2WO_4	5.5×10^{-12}	11.26
$AgCl$	1.8×10^{-10}	9.75	$Al(OH)_3$①	4.57×10^{-33}	32.34
$AgCN$	1.2×10^{-16}	15.92	$AlPO_4$	6.3×10^{-19}	18.24
Ag_2CO_3	8.1×10^{-12}	11.09	Al_2S_3	2.0×10^{-7}	6.7
$Ag_2C_2O_4$	3.5×10^{-11}	10.46	$Au(OH)_3$	5.5×10^{-46}	45.26
$Ag_2Cr_2O_4$	1.2×10^{-12}	11.92	$AuCl_3$	3.2×10^{-25}	24.5
$Ag_2Cr_2O_7$	2.0×10^{-7}	6.70	AuI_3	1.0×10^{-46}	46.0
AgI	8.3×10^{-17}	16.08	$Ba_3(AsO_4)_2$	8.0×10^{-51}	50.1
$AgIO_3$	3.1×10^{-8}	7.51	$BaCO_3$	5.1×10^{-9}	8.29
$AgOH$	2.0×10^{-8}	7.71	BaC_2O_4	1.6×10^{-7}	6.79
Ag_2MoO_4	2.8×10^{-12}	11.55	$BaCrO_4$	1.2×10^{-10}	9.93
Ag_3PO_4	1.4×10^{-16}	15.84	$Ba_3(PO_4)_2$	3.4×10^{-23}	22.44
Ag_2S	6.3×10^{-50}	49.2	$BaSO_4$	1.1×10^{-10}	9.96
$AgSCN$	1.0×10^{-12}	12.00	BaS_2O_3	1.6×10^{-5}	4.79
Ag_2SO_3	1.5×10^{-14}	13.82	$BaSeO_3$	2.7×10^{-7}	6.57
Ag_2SO_4	1.4×10^{-5}	4.84	$BaSeO_4$	3.5×10^{-8}	7.46
Ag_2Se	2.0×10^{-64}	63.7	$Be(OH)_2$②	1.6×10^{-22}	21.8
Ag_2SeO_3	1.0×10^{-15}	15.00	$BiAsO_4$	4.4×10^{-10}	9.36

续表

分子式	$K_{sp}^{\ominus}$	$pK_{sp}^{\ominus}(-\lg K_{sp}^{\ominus})$	分子式	$K_{sp}^{\ominus}$	$pK_{sp}^{\ominus}(-\lg K_{sp}^{\ominus})$
$Bi_2(C_2O_4)_3$	3.98×10^{-36}	35.4	$Cu_3(PO_4)_2$	1.3×10^{-37}	36.9
$Bi(OH)_3$	4.0×10^{-31}	30.4	Cu_2S	2.5×10^{-48}	47.6
$BiPO_4$	1.26×10^{-23}	22.9	Cu_2Se	1.58×10^{-61}	60.8
$CaCO_3$	2.8×10^{-9}	8.54	CuS	6.3×10^{-36}	35.2
$CaC_2O_4\cdot H_2O$	4.0×10^{-9}	8.4	CuSe	7.94×10^{-49}	48.1
CaF_2	2.7×10^{-11}	10.57	$Dy(OH)_3$	1.4×10^{-22}	21.85
$CaMoO_4$	4.17×10^{-8}	7.38	$Er(OH)_3$	4.1×10^{-24}	23.39
$Ca(OH)_2$	5.5×10^{-6}	5.26	$Eu(OH)_3$	8.9×10^{-24}	23.05
$Ca_3(PO_4)_2$	2.0×10^{-29}	28.70	$FeAsO_4$	5.7×10^{-21}	20.24
$CaSO_4$	3.16×10^{-7}	5.04	$FeCO_3$	3.2×10^{-11}	10.50
$CaSiO_3$	2.5×10^{-8}	7.60	$Fe(OH)_2$	8.0×10^{-16}	15.1
$CaWO_4$	8.7×10^{-9}	8.06	$Fe(OH)_3$	4.0×10^{-38}	37.4
$CdCO_3$	5.2×10^{-12}	11.28	$FePO_4$	1.3×10^{-22}	21.89
$CdC_2O_4\cdot 3H_2O$	9.1×10^{-8}	7.04	FeS	6.3×10^{-18}	17.2
$Cd_3(PO_4)_2$	2.5×10^{-33}	32.6	$Ga(OH)_3$	7.0×10^{-36}	35.15
CdS	8.0×10^{-27}	26.1	$GaPO_4$	1.0×10^{-21}	21.0
CdSe	6.31×10^{-36}	35.2	$Gd(OH)_3$	1.8×10^{-23}	22.74
$CdSeO_3$	1.3×10^{-9}	8.89	$Hf(OH)_4$	4.0×10^{-26}	25.4
CeF_3	8.0×10^{-16}	15.1	Hg_2Br_2	5.6×10^{-23}	22.24
$CePO_4$	1.0×10^{-23}	23.0	Hg_2Cl_2	1.3×10^{-18}	17.88
$Co_3(AsO_4)_2$	7.6×10^{-29}	28.12	HgC_2O_4	1.0×10^{-7}	7.0
$CoCO_3$	1.4×10^{-13}	12.84	Hg_2CO_3	8.9×10^{-17}	16.05
CoC_2O_4	6.3×10^{-8}	7.2	$Hg_2(CN)_2$	5.0×10^{-40}	39.3
$CoHPO_4$	2.0×10^{-7}	6.7	Hg_2CrO_4	2.0×10^{-9}	8.70
$Co_3(PO_4)_3$	2.0×10^{-35}	34.7	Hg_2I_2	4.5×10^{-29}	28.35
$CrAsO_4$	7.7×10^{-21}	20.11	HgI_2	2.82×10^{-29}	28.55
$Cr(OH)_3$	6.3×10^{-31}	30.2	$Hg_2(IO_3)_2$	2.0×10^{-14}	13.71
$CrPO_4\cdot 4H_2O$(绿)	2.4×10^{-23}	22.62	$Hg_2(OH)_2$	2.0×10^{-24}	23.7
$CrPO_4\cdot 4H_2O$(紫)	1.0×10^{-17}	17.0	HgSe	1.0×10^{-59}	59.0
CuBr	5.3×10^{-9}	8.28	HgS(红)	4.0×10^{-53}	52.4
CuCl	1.2×10^{-6}	5.92	HgS(黑)	1.6×10^{-52}	51.8
CuCN	3.2×10^{-20}	19.49	Hg_2WO_4	1.1×10^{-17}	16.96
$CuCO_3$	2.34×10^{-10}	9.63	$Ho(OH)_3$	5.0×10^{-23}	22.30
CuI	1.1×10^{-12}	11.96	$In(OH)_3$	1.3×10^{-37}	36.9
$Cu(OH)_2$	4.8×10^{-20}	19.32	$InPO_4$	2.3×10^{-22}	21.63

续表

分子式	$K_{sp}^{\ominus}$	$pK_{sp}^{\ominus}(-\lg K_{sp}^{\ominus})$	分子式	$K_{sp}^{\ominus}$	$pK_{sp}^{\ominus}(-\lg K_{sp}^{\ominus})$
In_2S_3	5.7×10^{-74}	73.24	PbSe	7.94×10^{-43}	42.1
$La_2(CO_3)_3$	3.98×10^{-34}	33.4	$PbSeO_4$	1.4×10^{-7}	6.84
$LaPO_4$	3.98×10^{-23}	22.43	$Pd(OH)_2$	1.0×10^{-31}	31.0
$Lu(OH)_3$	1.9×10^{-24}	23.72	$Pd(OH)_4$	6.3×10^{-71}	70.2
$Mg_3(AsO_4)_2$	2.1×10^{-20}	19.68	PdS	2.03×10^{-58}	57.69
$MgCO_3$	3.5×10^{-8}	7.46	$Pm(OH)_3$	1.0×10^{-21}	21.0
$MgCO_3\cdot3H_2O$	2.14×10^{-5}	4.67	$Pr(OH)_3$	6.8×10^{-22}	21.17
$Mg(OH)_2$	1.8×10^{-11}	10.74	$Pt(OH)_2$	1.0×10^{-35}	35.0
$Mg_3(PO_4)_2\cdot8H_2O$	6.31×10^{-26}	25.2	$Pu(OH)_3$	2.0×10^{-20}	19.7
$Mn_3(AsO_4)_2$	1.9×10^{-29}	28.72	$Pu(OH)_4$	1.0×10^{-55}	55.0
$MnCO_3$	1.8×10^{-11}	10.74	$RaSO_4$	4.2×10^{-11}	10.37
$Mn(IO_3)_2$	4.37×10^{-7}	6.36	$Rh(OH)_3$	1.0×10^{-23}	23.0
$Mn(OH)_4$	1.9×10^{-13}	12.72	$Sr_3(AsO_4)_2$	8.1×10^{-19}	18.09
MnS(粉红)	2.5×10^{-10}	9.6	$SrCO_3$	1.1×10^{-10}	9.96
MnS(绿)	2.5×10^{-13}	12.6	$SrC_2O_4\cdot H_2O$	1.6×10^{-7}	6.80
$Ni_3(AsO_4)_2$	3.1×10^{-26}	25.51	SrF_2	2.5×10^{-9}	8.61
$NiCO_3$	6.6×10^{-9}	8.18	$Sr_3(PO_4)_2$	4.0×10^{-28}	27.39
$NiC2O_4$	4.0×10^{-10}	9.4	$SrSO_4$	3.2×10^{-7}	6.49
$Ni(OH)_2$(新)	2.0×10^{-15}	14.7	$SrWO_4$	1.7×10^{-10}	9.77
$Ni_3(PO_4)_2$	5.0×10^{-31}	30.3	$Tb(OH)_3$	2.0×10^{-22}	21.7
α-NiS	3.2×10^{-19}	18.5	$Te(OH)_4$	3.0×10^{-54}	53.52
β-NiS	1.0×10^{-24}	24.0	$Th(C_2O_4)_2$	1.0×10^{-22}	22.0
γ-NiS	2.0×10^{-26}	25.7	$Th(IO_3)_4$	2.5×10^{-15}	14.6
$Pb_3(AsO_4)_2$	4.0×10^{-36}	35.39	$Th(OH)_4$	4.0×10^{-45}	44.4
$PbBr_2$	4.0×10^{-5}	4.41	$Ti(OH)_3$	1.0×10^{-40}	40.0
$PbCl_2$	1.6×10^{-5}	4.79	TlBr	3.4×10^{-6}	5.47
$PbCO_3$	7.4×10^{-14}	13.13	TlCl	1.7×10^{-4}	3.76
$PbCrO_4$	2.8×10^{-13}	12.55	Tl_2CrO_4	9.77×10^{-13}	12.01
PbF_2	2.7×10^{-8}	7.57	TlI	6.5×10^{-8}	7.19
$PbMoO_4$	1.0×10^{-13}	13.0	TlN_3	2.2×10^{-4}	3.66
$Pb(OH)_2$	1.2×10^{-15}	14.93	Tl_2S	5.0×10^{-21}	20.3
$Pb(OH)_4$	3.2×10^{-66}	65.49	$TlSeO_3$	2.0×10^{-39}	38.7
$Pb_3(PO_4)_3$	8.0×10^{-43}	42.10	$UO_2(OH)_2$	1.1×10^{-22}	21.95
PbS	1.0×10^{-28}	28.00	$VO(OH)_2$	5.9×10^{-23}	22.13
$PbSO_4$	1.6×10^{-8}	7.79	$Y(OH)_3$	8.0×10^{-23}	22.1

续表

分子式	$K_{sp}^{\ominus}$	$pK_{sp}^{\ominus}(-\lg K_{sp}^{\ominus})$	分子式	$K_{sp}^{\ominus}$	$pK_{sp}^{\ominus}(-\lg K_{sp}^{\ominus})$
$Yb(OH)_3$	3.0×10^{-24}	23.52	$Zn_3(PO_4)_2$	9.0×10^{-33}	32.04
$Zn_3(AsO_4)_2$	1.3×10^{-28}	27.89	α-ZnS	1.6×10^{-24}	23.8
$ZnCO_3$	1.4×10^{-11}	10.84	β-ZnS	2.5×10^{-22}	21.6
$Zn(OH)_2$ ③	2.09×10^{-16}	15.68	$ZrO(OH)_2$	6.3×10^{-49}	48.2

①②③：形态均为无定形。

附录Ⅴ　希腊字母读音表及意义

大写	小写	英文读音	国际音标	意义
Α	α	alpha	/ˈalfa/	角度，系数，角加速度
Β	β	beta	/ˈbeitə/	磁通系数，角度，系数
Γ	γ	gamma	/ˈgæmə/	电导系数，角度，比热容比
Δ	δ	delta	/ˈdeltə/	变动，密度，屈光度
Ε	ε	epsilon	/epˈsilon/	对数的基数，介电常数
Ζ	ζ	zeta	/ˈzi:tə/	系数，方位角，阻抗，相对黏度
Η	η	eta	/ˈi:tə/	迟滞系数，效率
Θ	θ	theta	/ˈθi:tə/	温度，角度
Ι	ι ℩	iota	/aiˈoute/	微小，一点
Κ	κ	kappa	/kæpə/	介质常数，绝热指数
Λ	λ	lambda	/ˈlæmdə/	波长，体积，导热系数
Μ	μ	mu	/mju:/	磁导系数，微，动摩擦系（因）数，流体黏度
Ν	ν	nu	/nju:/	磁阻系数，动力黏度
Ξ	ξ	xi	/ksi/	随机数，（小）区间内的一个未知特定值
Ο	ο	omicron	/oumaikˈrən/	高阶无穷小函数
Π	π	pi	/pai/	圆周率，π(*n*)表示不大于 *n* 的质数个数
Ρ	ρ	rho	/rou/	电阻系数，柱坐标和极坐标中的极径，密度
Σ	σ ς	sigma	/ˈsigmə/	总和，表面密度，跨导，正应力
Τ	τ	tau	/tau/	时间常数，切应力
Υ	υ	upsilon	/ju:pˈsilən/	位移
Φ	φ	phi	/fai/	磁通，角，透镜焦度，热流量
Χ	χ	chi	/kai/	统计学中有卡方(χ^2)分布
Ψ	ψ	psi	/psai/	角速，介质电通量
Ω	ω	omega	/ˈoumigə/	欧姆，角速度，交流电的电角度